福建遗存古塔
形制与审美文化研究

孙群 著

福建工程学院地方文献整理研究中心

九州出版社 JIUZHOUPRESS | 全国百佳图书出版单位

图书在版编目（CIP）数据

福建遗存古塔形制与审美文化研究 / 孙群著. —— 北京：九州出版社，2018.4
ISBN 978-7-5108-6951-8

Ⅰ．①福⋯ Ⅱ．①孙⋯ Ⅲ．①古塔－建筑艺术－审美文化－研究－福建 Ⅳ．①TU-092.2

中国版本图书馆CIP数据核字(2018)第080599号

福建遗存古塔形制与审美文化研究

作　　者	孙　群　著
出版发行	九州出版社
地　　址	北京市西城区阜外大街甲 35 号 (100037)
发行电话	(010)68992190/3/5/6
网　　址	www.jiuzhoupress.com
电子信箱	jiuzhou@jiuzhoupress.com
印　　刷	北京九州迅驰传媒文化有限公司
开　　本	710 毫米 ×1000 毫米　16 开
印　　张	19.25
字　　数	340 千字
版　　次	2018 年 6 月第 1 版
印　　次	2018 年 6 月第 1 次印刷
书　　号	ISBN 978-7-5108-6951-8
定　　价	86.00 元

前　言

　　塔起源于古印度，又名窣堵婆、塔婆、浮屠等，原是坟冢、圆丘的意思，是佛教文化的重要标志物之一。塔作为佛法的象征，被奉为吉祥的圣物，后来逐渐演变为一种特有的宗教建筑。东汉永平十年（67年），塔随着佛教传入我国，至南北朝开始兴盛，后随着时代的发展，与中国传统建筑形制相融合。塔作为中国古代建筑的一个重要类型，是珍贵的历史文化资源，被称为活的"历史档案"与"文化档案"。

　　福建地处中国东南沿海，历史悠久，古迹众多，具有极为丰富的文化资源。福建自古以来佛教兴盛，寺庙众多，而塔的兴建与佛教的发展有着密切的联系，因此，研究福建古塔有着特殊的意义。福建古塔融汇了建筑、艺术、生活之美，是古代劳动人民智慧与汗水的结晶，也是八闽人民的骄傲。如何更好地保护和开发利用福建目前留存的400多座古塔，是当前首要任务。随着历史的发展，许多古塔都已经消失在人们的视线中，即使遗留下来的，也失去了往日的光辉，处于亟需保护、维修的境地。

　　福建古塔研究首先需要探究塔的建筑与装饰的设计特征。通过建筑材料、建筑样式、层数高度、平面形式、塔基样式、塔身造型、塔身结构、雕刻工艺、塔身色彩以及内部构造等方面，对古塔进行深入的研究。其次，考察古塔的功能类型性质。佛塔传入中国后，与传统文化相互交融，从最初的佛教意味到后来佛塔的道化、儒化以及世俗化，在用途上有许多的发展与变化，并和中国传统风水思想结合，出现了许多风水塔。福建古塔的类型较多，主要有佛塔、风水塔、航标塔、纪念塔、墓塔等，需要对各种类型的古塔进行分析。再次，研究古塔的选址特点。每座塔所在的位置都是精心选择的，特别是风水塔的选址，体现了古代环境设计理念。复次，研究古塔的起源以及在漫长历史过程中的演变状况。最后，还需研究古塔与福建佛教发展的情况、古塔与当地社会经济的关系、古塔与福建文化艺术和民风民俗的关系、古塔与福建航运的关系等，尽可能地对福建古塔进行全面探究。

福建古塔在中国建筑史和佛教美术中写下了辉煌的篇章，它的演变轨迹体现了闽文化吸收融合外来文化的状况及其过程，对弘扬地域文化、民族文化以及精神文明建设等方面都具有一定的现实意义，而且有利于挖掘其深藏着的审美意趣，探究古人的建筑智慧，为当今高层建筑的建造提供经验。

本书是笔者多年来对福建古塔调查研究的总结，因福建古塔数量众多，分布范围广，建造时间跨度大，涉及内容十分广泛，加上本人学识有限，对于福建古塔还有许多方面的研究不够深入，因此书中难免会有疏漏之处，恳请专家和读者对本书的不足给予批评指正。

关于福建古塔计划出 3 本书，这本书主要探讨了莆田、宁德、厦门、漳州、南平、三明、龙岩等地区的古塔，而福州和泉州的 200 多座古塔将再出两本专著进行论述。

孙群

2017 年 12 月于福建工程学院建筑与城乡规划学院

目录 MULU

第一章　中国古塔简述

一、塔的渊源

塔起源于古印度，为佛教重要的标志性建筑，具有宗教的神圣性与象征性，充满了佛教信徒对佛陀精神的崇拜和信仰，蕴含着丰富的历史文化信息，被称为活的"历史档案"与"文化档案"。塔的梵文称"stupa"（汉译为"窣堵婆"），原是坟冢、圆丘的意思，还可称作"塔婆""浮屠"等。据《大唐西域记》记载：释迦牟尼佛的弟子曾向其请教如何供养"佛物"（佛的头发或指甲），佛祖于是脱下袈裟，"叠成方形，在上倒覆食钵，钵上再竖锡杖"，这就是塔最初的雏形。塔原先是埋葬释迦牟尼佛的舍利子，后来高僧圆寂后火化的骨灰也建塔供奉，因此，佛塔不仅成为佛的象征，而且是佛教信徒顶礼膜拜的对象。

印度原有的佛塔是由塔座、覆钵、宝箧与相轮四部分所组成，其基本造型是在一个方形高台之上，立一覆钵状塔体，上方安置塔刹，其整体建筑形态表达了一种宇宙空间模式，体现佛教对"天圆地方"的空间阐释，具有极其深邃的宗教内涵。在山东嘉祥宋山汉墓的画像石上，就出现这种半球状覆钵，上方立一个类似于树木的塔刹，四周有跪拜的信徒。可以认为这是印度佛塔最初传入中国时的基本造型。

最先把塔传播出去的是古印度摩揭陀国孔雀王朝的第三代国王——阿育王（前273—前232年在位）。传说阿育王早年好杀戮，但晚年时有所悔悟，于是皈依佛教，一心向善，奉立佛教为国教，又在王舍城取出 280 年前阿阇世王埋藏的释迦牟尼灵骨舍利，分藏在以七宝制成的八万四千座佛塔内，并送往四方，以此大力宣传佛教。佛塔经过两千多年的传播，如今，主要分布于亚洲的部分地域，如东亚、南亚、西北亚、中亚等地区。

佛塔在佛教中具有极为丰富的含义，它代表了佛陀的圣意与法身，而且塔的每个部分都揭示了成佛之道，体现了证悟之心，象征着成佛的不同特质。在许多佛教传统的修行方式中，佛塔是朝圣之地，也是人们从事供养、大礼拜和经行之处。释迦牟尼佛曾说过："任何一个能够看到佛塔的人，都将会获得解脱；任何一个在佛塔附近能够感受到微风吹拂的人，都将会获得解脱；任何一个在佛塔周围能够听到铃声的人，都将会获得解脱。而任何曾经看见佛塔的人，借由回忆当时的情景，也将会获得解脱。"佛教认为，建造佛塔能够利益所有的众生，为众生带来吉祥、安乐的环境，降伏一切负面的力量。《僧祇律》中说："真金百千担，持用行布施，不如一泥团，敬心治佛塔。"《佛说造塔延命功德经》云："若以清净心造作佛塔，于此生中，不为一切毒药所中。寿命长远，无有横死。究竟当得不坏之身。一切鬼神不敢逼近，一切怨家悉皆退散。随所生处，身常无病。一切众生见皆欢喜。"《无垢净光大陀罗尼经》中说，无论是自造佛塔，或教人造塔，皆能够成就广大善根福德，命短者亦能得延寿，并有常为一切诸佛忆念、授记生于极乐世界等诸功德。《譬喻经》还列出十种造塔的好处：①不出生于边国；②不会贫穷；③不得愚昧之身；④可得十六大国之王位；⑤长寿；⑥可得金刚那罗延力；⑦可得无穷的福德；⑧得蒙诸佛菩萨之慈悲；⑨具足三明、六通与八解脱之力；⑩能够往生十方净土。而且不仅造塔功德无量，绕塔与敬塔也会获得许多福报。《菩萨本行经》记载："若人旋佛及旋佛塔所生之处得福无量也。"《僧祇律》里说："若人于百千黄金布施别人，所获得的功德，不如一善心，恭敬礼佛塔的功德。"于是，经常会看到佛教徒们右旋环绕礼拜佛塔。正因为有如此多的好处，当佛塔在东汉时随着佛教传入中国后，历代僧众及官民建造了大量的塔以求积功累德，消除灾祸。

二、中国古塔发展历程

东汉时期，塔随着佛教传入中国。塔最初被译为"窣堵婆""佛图""浮屠"等名称。后来，译经者根据窣堵婆的造型与含义，创造出"塔"这一名称。最早出现"塔"字的书是东晋葛洪著的《字苑》，书中记载："塔，佛堂也，音他合反。""塔"

字创造得十分巧妙，以"土"为偏旁，象征土冢之义，表示舍利等埋藏在土层下方。中国古塔的建筑造型十分丰富，比印度佛塔有了更大的创新与发展，是我国传统建筑样式与外来文化相互结合的产物。中国是世界上古塔最多、最丰富、艺术与文物价值最高的国家之一，虽经历1700多年的历史，遭到人为和自然的破坏，如今仍保存有3000多座千姿百态、造型各异的古塔。中国古塔有多种建筑类型，包括楼阁式塔、密檐式塔、宝箧印经塔、金刚宝座塔、喇嘛塔、五轮塔、亭阁式塔、窣堵婆式塔、经幢式塔、文笔塔、异形塔等。

东汉末期是我国古塔的萌芽成长期，大多为方形楼阁式木塔，如今皆已不存。另外，考古人员在新疆地区发现了一些建于东汉前后的土塔，如楼兰土塔、密兰土佛塔以及尼尔河佛塔等。

三国时代，吴国首都建业（今南京市）开始建塔，为江南造塔之始。

南北朝时期战乱频繁，导致许多人信仰佛教，于是建寺造塔数量逐渐增多，如西晋慧远法师塔、东晋北凉石塔、北魏云冈石窟楼阁式塔、北魏永宁寺塔、北魏长秋寺塔、北魏景明寺塔以及保留至今的北魏嵩山嵩岳寺塔等。据杨衒之的《洛阳伽蓝记》记载，当时仅洛阳城内就有将近20座佛塔。这一时期，塔基本都建在佛寺的中心位置，是寺院里最重要的建筑。建塔材料主要为木材，其余还有石材、砖材等，形制基本上为四方形多重楼阁式建筑。

隋朝建有不少塔，如隋文帝杨坚下令建造了113座舍利木塔，为楼阁式造型，只可惜这些木塔大都没有留存下来。目前保留下来的最著名的隋塔是山东历城神通寺的石造四门塔。

唐代是我国佛教发展的高峰期，国家的繁荣为佛教发展提供了有利条件，我国各种佛教宗派在此时均已成熟，从而建立了许多寺庙，因此也建造了大量佛塔，而且保留下来的也较多。唐代古塔主要集中在陕西西安、河南嵩山、山西、山东和北京房山等地，如西安大雁塔与小雁塔、陕西蒲城崇寿寺塔与慧彻寺塔、河南登封法王寺塔、山西沁水玉溪石塔与高平羊头山清化寺石塔群、山西运城招福寺塔等。另外，云南大理建于唐南诏丰祐时期（824—859）的崇圣寺三塔，具有典型的唐塔风格。唐代大型塔以砖塔为主，小型塔大多数为石塔，形制主要为楼阁式与密檐式，平面多为四方形，还有少量六边形、八边形和圆形，塔心室多为空筒式结构。唐代古塔具有朴实雄健的建筑风格。

五代十国虽然社会动乱，但佛教仍然得到较大发展，各地纷纷建塔，而江南地区最为兴盛，著名的有苏州虎丘云岩寺塔、南京栖霞寺舍利塔、杭州雷峰塔以及吴

云岩寺塔（虎丘塔） 　　　　　栖霞寺舍利塔

越国王钱弘俶造的大量金属宝箧印经塔。

宋辽时代的造塔技术比隋唐更加
进步，佛塔建造进入繁荣期，不论是
雄伟的北方塔，还是秀丽的南方塔，
都体现出典雅细致的文人气息。这时
更具科学性的八边形塔大量出现，如
江苏吴江慈云寺塔、杭州六和塔、泉
州开元寺东西双塔、河南开封祐国寺
琉璃塔、山西应县释迦塔、河北正定
广惠寺花塔、河北定县开元寺塔、江
苏苏州北寺塔等。这一时期随着佛教
世俗化的发展趋势，佛塔已经从寺院
中心位置移往大殿之后或两侧，有的
建在寺院外面。

金元时期的塔继承了宋辽古塔的
建筑风格，在构造形式上基本一致，

北寺塔

并开创了藏式喇嘛塔，如北京妙应寺白塔、江苏镇江昭关石塔等。特别是元代因奉行藏传密宗，建造了许多金刚宝座塔和覆钵式塔。

明清古塔延续了宋元时期古塔的建筑造型，如山西太原永祚寺双塔、陕西延安岭山寺塔、河北承德须弥福寿庙琉璃塔、浙江宁波天童寺塔、北京北海白塔、北京西黄寺清净化城塔等。特别是明代风水学盛行，全国各地建了大量风水塔。由于明代制砖业的发达，大多数明塔为砖塔，平面以八边形、六边形居多。明清古塔的雕刻除了原有的佛教题材外，还出现许多民俗故事，体现了佛教此时更加世俗化。

民国时期，我国也建了一些佛塔和风水塔，并出现以水泥为材料的塔，但已少有精品。

印度佛塔传入中国后，建筑构造和功能性质发生了很大变化，含义不断扩大，从最初单纯的礼佛敬佛为目的逐渐演变成导航引渡、登高览胜、弥补风水、振新文运、纪念名人等世俗化功能。我国早期佛塔还具有较为纯粹的佛教功能与佛学内涵，但随着佛教不断中国化和世俗化，也随着佛教与中国传统儒学与道教学说的相互融合，佛塔已经由单纯的佛教内涵，演变成具有儒、释、道以及民间传统思想观念的建筑了，体现出浓郁的中国传统文化意识趋向，是中国既有民族意识将佛教文化消融吸纳过程的一个侧面反映，体现了不同时期人文思想的追求，也决定了艺术的取向，这是佛教中国化的必然趋势。

经过 1700 多年的发展，中国古塔已成为中华传统建筑艺术中的一个重要类型。

第二章　福建古塔概况

凡是佛教兴盛的地区，往往拥有许多塔。福建是佛教十分发达的省份，目前留存有 400 多座瑰丽多姿、玲珑挺拔的古塔，广泛分布于八闽各地，往往在寺院、山林、江畔、海滨、城市及乡村中，都能见到它们的身影。其实还有部分小型墓塔隐藏在深山密林中，目前还难以统计。福建依山傍海，群山环绕，丘陵连绵，河流盆地众多，号称"八山一水一分田"，地形错综复杂，而这 400 余座古塔就耸立在八闽的山水寺庙之间。福建古塔融汇了建筑、艺术、生活之美，为秀美的河山增添了隽雅的风采，是古代劳动人民智慧与汗水的结晶，也是八闽人民的骄傲。

一、福建古塔的历史

福建简称"闽"，位于我国东南沿海，远离中原腹地，东临台湾海峡，三面环山，自然条件优越，文化底蕴深厚，自古以来佛教兴盛，因此兴建有许多塔。福建自唐代以来，每个朝代或多或少都有建塔，由于早期主要的塔几乎都是木塔，皆已不存。目前留存的唐代和五代时期的古塔较少，两宋的塔最多，明清时期也有许多塔，元代和民国时期的塔比较少。

佛教早在西晋时期就传入福建。《八闽通志》记载，西晋太康元年（280 年）福州就建有药山寺。南安九日山于西晋太康九年（288 年）建延福寺。这两座佛寺是文献记载中福建最早的寺院。南北朝时期，随着佛教由闽中向闽北和闽东传播，各地陆续建造寺院，同时也开始建佛塔。福建造塔历史可追溯到南朝，在清代道光年间福州人林枫的《榕城考古略》里记载："闽之浮屠始于萧梁，高者三百尺，至有倍之者，铦峻相望。"说明福州在南梁（502—557）时就开始建塔。目前，福建仅存的一座南朝时期的塔是福州市晋安区林阳寺建于南朝天嘉元年（560年）的隐山墓塔。

隋唐时期福建佛教开始得到较大的发展，全省新建747座寺院，主要集中在闽东、闽中、闽南和闽北地区。唐代，福建佛教发展较快，名刹林立，佛塔的建造也得到发展。如今福建还保留了11座唐代古塔，而由于历史、政治和地理等因素的不同，这些塔大部分都在经济、交通较为发达的东南沿海地区。如泉州开元寺经幢、仙游无尘塔与望夫塔、仙游菜溪岩石墓塔、福鼎太姥山国兴寺楞伽宝塔、平和四面佛塔和闽侯义存祖师塔等。不过有几座唐塔是后来重修的，至于使用了多少原有的材料较难确定，基本保留唐代构件的塔仅有义存祖师塔、菜溪岩石墓塔和四面佛塔。

楞伽宝塔

五代闽国时期，由于闽王王审知大力提倡佛教，在沿海地区建造许多佛寺和塔。由于受到王审知的影响，王氏家族对佛教也极为推崇。南宋大儒福州人黄榦的《勉斋集》卷37记载："王氏入闽，崇奉释氏尤甚，故闽中塔庙之盛甲于天下。"王审知父子曾建有闽都七塔，如今只剩崇妙保圣坚牢塔以及明代重建的报恩定光多宝塔。王审知还曾命人浮海运木材到泉州建仁寿塔。福建保存完好的五代古塔有12座，除坚牢塔外，其他建于五代的塔还有宁德同圣寺塔、仙游天中万寿塔和闽侯镇国宝塔等。可以看出，五代福建佛塔也多在沿海县市。这几座塔基本还保留着原有的建筑样式。

两宋期间，福建佛教愈加兴盛，寺院与僧尼数量为全国之冠。《八闽通志》卷75《寺观》中称闽地寺院"至于宋极矣！名山胜地多为所占，绀宇琳宫，罗布郡邑"。《三山志》卷33《寺观》记载："祠庐塔庙，雕绘藻饰。真侯王居。"南宋著名理学家朱熹曾称泉州"此地古称佛国，满街都是圣人"。而且，宋代是中国造塔的黄金时期，

坚牢塔

建筑学经典著作《营造法则》的问世，更加促进了塔建造的兴盛局面，无论是形式、技艺，都得到长足的发展，福建也不例外，目前留存的宋塔有 134 座。宋代福建的楼阁式花岗岩塔代表了我国建塔史上的一个新的时期，这主要是因为福建沿海台风较多，地气潮湿，而花岗岩建筑能适合这种自然环境，因此，宋代福建石塔数量相当多，并成为全国建造楼阁式石塔技术最好、数量最多的地区，目前保存大量宋代楼阁式石塔。著名的有泉州开元寺东西双塔、泉州洛阳桥北塔、福清龙山祝圣塔、长乐圣寿宝塔、同安西安桥塔、连江仙塔、闽侯陶江石塔与青圃石塔、莆田释迦文佛塔与龙华双塔、古田吉祥寺塔、福安倪下塔和福州金山寺塔等。宋代，福建还建造了一些砖塔和陶塔，如晋江瑞光塔和福州涌泉寺千佛陶塔等。

龙山祝圣塔

元代统治者热衷于各种佛事，也建了
不少寺塔。福建地区的佛教在元代仍有所
发展，在佛塔的建造上继承了两宋时期的
造型风格，基本保持相类似的构造样式。
福建元代的塔较少，仅有 19 座，相比当
时北方的喇嘛塔、金刚宝座塔、花塔等佛
塔，高大的塔很少，大部分都是小型塔，
建筑造型与装饰手法也各有差异，但却具
有时代与地域的特色。如石狮六胜塔和镇
海塔、连江普光塔和德化文峰塔等。

普光塔

福建佛教在明代时又再次兴盛。明代
寺院占有大量田地，明人蔡清在其《蔡文
庄公集》中记载"天下僧田之多，福建为
最"。而且明代中国风水学盛行，福建官
民与僧人还在各地建了许多风水塔。福建目前留存约 120 座明代的古塔。如福州圣

圣泉寺双塔

泉寺双石塔和马尾罗星塔、福清万安祝圣塔、福清上迳鳌江宝塔、福清瑞云塔、闽清台山石塔、晋江江上塔与刘埯塔、石狮布金院双石塔、南安永济宝塔、安溪雁塔、东山文峰塔、福鼎清溪寺双塔等。明代福建制砖业比较发达，达到历史的高峰，因此建了一些砖塔，主要分布在内陆地区，沿海县市较少。如建阳多宝塔与联升塔、武平相公塔、龙岩挺秀塔、永定天后宫塔等。

清代，福建佛教仍然有所发展，许多明末战乱被毁掉的寺院逐渐得以修复。清代福建古塔数量有 107 座，但大型塔较少，大多是小型风水塔或和尚墓塔。如南安凤聚塔、永春留安塔与盈美塔、德化鹏都塔和驷高塔、福州石步塔仔与螺洲石塔、福州鼓山七佛经幢塔、罗源惜字纸塔、霞浦虎镇塔、顺昌龙山塔、武夷山岚峰塔、漳平毓秀塔等。但这些清塔的建筑技术已不如宋元古塔，说明此时福建古塔的建造已经进入衰退期。

民国时期，福建造塔进入尾声，数量较少，目前保留有 17 座塔。如龙岩擎天塔、连江林森藏骨塔等。民国塔除了传统的砖石塔外，还出现了水泥塔。如尤溪福星塔、莆田萩芦溪大桥塔等。

鹏都塔

福建佛教自唐代开始，基本上发展较好，长期持久不衰，中原地区几次反佛运动对福建影响较小，因此，还保留了大量珍贵的古塔。

二、福建古塔的统计数字

福建造塔历史悠久，表现类型多样，据笔者统计，目前遗存的古塔共有 464 座。福建 9 个行政市都有古塔。其中，福州市 128 座，泉州市 143 座，莆田市 36 座，宁德市 29 座，厦门市 18 座，漳州市 27 座，南平市 28 座，三明市 30 座，龙岩市 25 座。可以看出，福建古塔主要分布在泉州、福州及莆田等佛教兴盛、经济发达、文化深厚的沿海地区，而内陆县市古塔相对较少。

这 464 座古塔中，建筑样式多样，其中，楼阁式塔 203 座，窣堵婆式塔 70 座，宝箧印经式塔 30 座，五轮塔 68 座，经幢式塔 38 座，亭阁式塔 38 座，台堡式塔 3 座，文笔塔 3 座，密檐式塔 5 座，灯塔 3 座，喇嘛塔 1 座，异形塔 2 座。楼阁式塔数量最多，占 43.75%；窣堵婆塔占 15.1%；宝箧印经塔占 6.5%，五轮塔占 14.65%；经幢塔占 8.18%；亭阁式塔占 8.18%；台堡塔占 0.64%；文笔式塔占 0.64%；密檐式塔占 1.07%；灯塔占 0.64%；喇嘛式塔占 0.21%；异形塔占 0.43%。可以看出，楼阁式塔是福建古塔的主流。

福建古塔的建造年代跨度从西晋至民国。其中，宋代最多，然后是明代、清代、唐、元、民国、五代和南朝。

福建古塔浓缩了宗教思想、建筑技术、雕刻艺术、历史人文、社会经济等诸多元素，是福建丰富的地方文化遗产的重要组成部分，见证了八闽兴衰沉浮的沧桑历史。这些古塔造型丰富多彩，既有南方塔轻巧玲珑的特点，又有北方塔庄严雄伟的特色。

表 1　福建古塔统计表

样式／地区	楼阁式塔	窣堵婆式塔	宝箧印经式塔	五轮式塔	经幢式塔	亭阁式塔	台堡式塔	文笔式塔	密檐式塔	灯塔	喇嘛式塔	异形塔	
福州市	51	46	8	3	8	9				2	1		128
泉州市	45	13	13	51	17	2	1	1					143
莆田市	15	4	2	6	3	1			4				36
宁德市	19	6	1		1	1				1			29
厦门市	7		3	2	3			2	1				18
漳州市	13		3	6	3	1		1					27
南平市	20				3	5							28
三明市	11	1				18							30
龙岩市	22					1						2	25
合计	203	70	30	68	38	38	3	3	5	3	1	2	464

表2 福建古塔年代表

地区＼朝代	南朝	唐	五代	宋	元	明	清	民国	待考	
福州	1	2	5	36	2	28	34	9	11	128
泉州		1	1	62	11	24	16	1	27	143
莆田		4	1	10	2	10	1	4	4	36
宁德	1	1	1	9	2	10	4	1		29
厦门				7	1	7	3			18
漳州		2	4	5		9	7			27
南平				2	1	12	13			28
三明						9	20	1		30
龙岩		1		3		11	9	1		25
合计	2	11	12	134	19	120	107	17	42	464

第三章　福建古塔的性质及其功能

佛塔传入中国后，与中国传统文化相互交融，逐渐从神圣的宗教走向民间，用途上有了许多发展与变化，成为多种文化内涵的结合体。福建古塔的类型性质较多，主要有佛塔、风水塔、航标塔、纪念塔、报恩塔、字库塔等，但无论何种类型的塔，基本上都与佛教有着内在的联系。

一、佛塔

塔是佛教的产物，是佛教信徒顶礼膜拜的神圣之物，也是佛教文化的重要组成部分。佛塔一般又分两种类型，一种是埋藏佛祖舍利、佛骨等圣物，后来也埋僧人舍利，又称为坟冢；另一种内藏佛像、佛经等，但未必有舍利，又称为塔庙。福建佛教发达，高僧云集，佛教徒众多，历史上建有大量佛塔。

福建唯一有记载藏匿佛舍利的塔是鼓山涌泉寺藏经阁内的释迦如来灵牙舍利宝塔，据传内有一枚佛牙和78颗舍利。福建还有大量埋藏僧人舍利的墓塔，一般都采用窣堵婆式造型，少数使用亭阁式。如泉州丰泽区开元寺祖师塔为3座并排的五轮塔，是元至正年间（1341—1370），开元寺第一世主持妙恩禅师修建的，中间一座藏历代主持灵骨，左右两座藏其他僧人的灵骨。塔身上部分各刻有一尊佛像，下部分分别刻佛、法、僧各一字。这种一字排开的3座墓塔在国内极其少见，是研究泉州佛教墓葬的宝贵实物。其他著名的墓塔有福州雪峰寺义存禅师塔、福州林阳寺隐山墓塔、福州西禅寺慧稜禅师墓塔、福州崇福寺报亲塔、福清灵石寺三塔墓、连江宝林寺尊宿塔、仙游菜溪岩舍利塔、连江林森藏骨塔、福州鼓山神晏国师塔、鼓山海会塔和泰宁宝盖岩舍利塔群等。福建还有一些小型墓塔隐藏在深山密林中，或被盗，或损坏，具体数量已很难统计。

福建还有许多具有宣传佛教教义、代表佛教精神的塔。这些塔具有浓郁的宗教气氛，如建于南宋的开元寺东西双塔。由于东西塔是由僧人主持建造的，具有浓厚的佛教义理和妙胜的含义，其中东塔代表东方娑婆世界，西塔代表西方极乐世界，因此，东西塔的雕

林森藏骨塔

刻内容紧密结合佛教的主题思想。东塔雕刻以佛教修行的五种境界，即五乘为标准，从第一层到第五层依次为人天乘、声闻乘、缘觉乘、菩萨乘与佛乘，并按照人物之间"性类相近，相应对称"的关系，每两尊一对排列在塔门和佛龛两边，形成尊卑有序、层次分明的佛教人物图，表现了东方娑婆世界的佛教精神。西塔所代表的极乐世界提倡众生平等，因此，人物排列没有东塔如此分明的等级次序，而是相互穿插，每一层均有佛、菩萨、罗汉或高僧像。东西塔完全按照佛教的仪轨进行雕刻，体现了佛教的思想与观念。虽然东西塔的建造有官员与民众参与，但主要还是由僧人来主持与设计，因此，极具佛学含义，在佛教氛围的营造上相当成功。东西塔的建造体现了泉州佛教最兴旺的黄金时期，表明当时佛教已深深融入当地的社会生活之中，并成为人们精神文化生活的一部分。因此，东西塔是南宋泉州佛教极盛的标志。而莆田释迦文佛塔也是典型的佛塔，有着浓厚的佛教内涵，表现了佛法的义理，塔上雕刻有佛像、菩萨像、罗汉像、护法武士、佛弟子、飞天，以及频伽鸟、莲花、牡丹、凤凰、卷云等佛教题材的造型图案，犹如一幅佛国的缩影，有着对信徒的教化功能，包含着佛教深刻的含义。其他较有代表性的佛塔还有泉州开元寺阿育王双塔、南安五塔岩石塔、惠安平山寺塔、福州金山寺塔、福鼎昭明寺塔与楞伽宝塔、福鼎清溪寺双塔和莆田石室岩塔与东岩山塔等，这些佛塔从一个侧面反映了福建佛教的发展状况。

二、风水塔

风水塔是佛教思想世俗化的产物，与道教阴阳五行学说有着密切的联系。自14世纪风水学在中国兴起后，各地开始大量兴建风水塔，福建作为一个传统文化思想浓厚的地区，也建了许多风水塔。风水塔一般修在水口或山上，主要是为了补全风水上的缺陷，都有镇守一方水土、驱散邪气、保佑当地人民幸福生活、人才辈出的重要作用，具有追荐、普度、锁水、镇风等诸多功能。古人认为，一个地方的人才兴盛，也与风水环境有关，所谓"地美则人昌""人杰地灵"。如果一个地方人才缺乏，就需引水植树、兴建人文景观等来弥补其不足，而建塔补风水是古人常用的方法。风水塔的建造是为求得国家昌盛，人民富裕，渴望人文环境的改善，祈盼官运亨通，而且还有"镇邪"之用。明代宁德人礼部员外郎陈邦校在《建塔议》中说："塔为文星，形家风水之说塔之效验极灵，未有名城巨镇而无塔者。"在古代，修建风水塔是件利国利民的功德之事，因此，从古至今，福建各地官民在海边、河岸边或山上建造了大量风水塔。如水口塔、文峰塔等均是为了满足人们的美好愿望。福建风水塔主要有以下五种作用。

1. 镇煞压邪，以保安康

风水塔中有相当一部分是用来镇煞压邪的，此处的"邪"往往是指古人无法抗拒的洪水、台风、火灾等自然灾害以及各种传说中的怪兽。如泉州市洛阳桥上的7座石塔均为镇煞压邪之塔。据《泉州府志》中记载："万安桥未建，旧设海渡渡人，每岁遇飓风大作，沉舟被溺而死者无算。"于是人们在此建塔，镇龙平灾，保护石桥与行人。另有石狮市的塘园塔，乃北宋修建的玄坛宫的驱邪镇煞之塔，原立于桥头镇邪，今被村民移到玄坛宫旁，以求继续发挥其功效；石狮市石湖村的水尾塔位于海边，也是座典型的镇妖压邪风水塔，保佑村民生活的平安富足。还有湄洲湾秀屿港和涵江区三江口港都是莆田重要的港口，秀屿镇风塔明显有祈风、镇浪的作用；塔仔塔屹立在莆田三江口港外的海中礁石上，不仅事关堪舆，也具有固堤防洪的实际功用。其他镇邪之塔还有晋江安海瑞光塔与星塔、晋江金井无尾塔、石狮镇海塔和莆田芹山镇风塔等。在古代，由于生产力落后，民众面对自然灾害往往束手无策，因此寄希望建风水塔来改变命运。

2. 祈求文运

明清时期，以"兴文运"为主要目的的塔很多。《阳宅三要》云："凡都省、府庭、州县、场市，文人不利、不发科甲者，宜于甲、巽、丙、丁四字上立一文笔峰，只要高过别山，即发科甲。或山上立文笔，或平地修高塔，皆为文笔。"玄学上也认为："塔呈挺秀之形，名曰文笔，若在飞星之一四、一六之方，当运主科名，失运亦主文秀。若在飞星之七、九、二、五之方，主兴灾祸，克煞同断。"因此，文笔塔一般建在高山之上，而且名称很多，有文风塔、文峰塔、文昌塔、魁星楼、文昌阁等名。晋江市池店镇位于江边山上的江上塔塔尖较长，似一支毛笔插入云霄，上刻"风调雨顺""国泰民安"，以求振兴文运和保佑地方民众的生产与生活。其他如德化文峰塔、惠安文峰塔、南靖文昌塔、南安凤聚塔等均为祈求文运之塔。

江上塔

3. 祈求财运

根据福建民间的习俗及风水学原理，村庄通常建于溪涧旁，村落多依山傍水。水是生活所必需，又寓意"钱水"，即钱财。为防"钱水"外流，往往在水尾（溪涧下游或村庄出入口处）设风水物以维护本乡风水，或建塔、建桥、立庙、植风水树，或多管齐下以求稳妥。永春的蓬莱双塔建在蓬莱村水尾，一南一北隔湖洋溪相望，北塔位于湖洋溪北侧埔田中，南塔依山滨溪，绿竹辉映，两座塔保佑着蓬莱村人民的财运。泉州崇福寺应庚塔的命名便有风水学含义，原本石塔已略有倾斜。古时民间有塔"应利倾斜"之说，塔斜向何方，该方便会五谷丰登，六畜兴旺，因此称之为"应庚"。永春介福石塔、德化泗高塔与塔兜塔都是位于河流旁边，也具有聚财的功能。其他如福清瑞云塔、南平东西双塔、尤溪福星塔、龙岩龙门塔与挺秀塔、安溪进宝塔、永春高垄石塔和盈美塔均有祈求财运之功能。

4. 以固地脉，以壮景观

有些风水塔对地形地貌起到画龙点睛的作用。泉州是历史上著名的港口城市，宋元时期，泉州港是世界上最大的贸易港口，与70余个国家和地区有生意往来，对外贸易十分繁荣。船舶从台湾海峡进入泉州，需经过3座水口塔，分别是姑嫂塔、六胜塔和江上塔。风水术宜曲忌直，故3座塔相互连成直线，形成一个钝角三角形，符合风水学原理。这3座石塔浑厚庄重，巍峨耸立，主要用来"关锁"水口，以壮泉州景观，还可作为航标塔。船舶来到泉州，首先会眺望到面对台湾海峡，耸立于

姑嫂塔

宝盖山山巅以束海口，通高 22.86 米的姑嫂塔。然后在进入泉州湾时，又可看见位于蚶江半岛，屹立于海滨，锁住泉州湾的 22.86 米高的六胜塔。接着驶入晋江，便能看到晋江南岸，紧锁晋江入海口，20 米高的江上塔。这 3 座塔雄踞晋江口岸，"使山水回顾有情，势力逾重"，保佑着闽南风调雨顺，人民安康，也体现了泉州古代海上交通的繁荣与发达。类似的还有南平市闽江两岸的东西双石塔。

5. 破坏风水

风水塔主要是为了改善当地风水，祈求平安，但也有个别风水塔居然是为了破坏风水，以达到某种目的。南安榕树塔位于张坑村三王府潘王宫之后。传说清末时，南安有个姓李的县令，见潘王宫香火旺盛，心生不满，便有意破坏风水。因张坑村的地形如同一只船，于是选择在庙后船尾处建了这座石塔，意在用塔压住船尾，使船无法动荡，村民得不到潘王宫的庇荫，自然就少有人来朝拜。后来因候鸟在此栖息，并将榕树籽留在塔上，天长日久长成大树，茂密的树冠盖住了石塔，根部也缠绕着塔身，每当榕树塔遇到台风就摇摆不定，结果破了原先的风水阵，反而使潘王宫更加兴盛。还有安溪县官桥乡铁峰山顶的铁峰塔，据民间传说，是朱元璋为了防止此处出反王夺取大明江山，命人在山上造此石塔，使得这里由活穴变成死穴。

三、航标塔

福建东部濒临大海，海域辽阔，海岸线曲折，达 3324 公里，仅次于广东省，位居全国第二，因此拥有许多天然良港。从唐代至元朝，福建有不少我国主要的对外贸易港口。隋唐时期，福建航运业开始兴起，开辟了通往南洋各国的航线。宋元时期，海外交通航线不断发展，海外贸易空前繁荣。而且福建的内河航运也十分发达。所以为了让船只识别航向，人们在海边或江河边兴建了大量的航标塔。

福州上可溯闽江，沟通闽江水系；下可远航至海内外许多港口，自古以来便是闽江流域和东南沿海货物的集散地。五代，王审知主闽之后，福州港口的海上交通进一步得到发展，促进了福州港的航海贸易。元代，已有许多商船沿印度洋到达这里。明代，市舶司从泉州移置福州，福州港从此作为朝廷与东南亚国家互市的重要港口，对外交通与海运贸易更加繁盛。因此，福州海岸及闽江两岸，自古建有许多航标塔，如福清迎潮塔、福清万安祝圣塔、长乐三峰寺塔、连江普光塔、福州林浦石塔和马尾罗星塔等都有导航的作用。

另外如泉州东南部濒临台湾海峡，海岸线曲折，形成不少良港。作为海上丝绸之路的起点，泉州在东西方海上贸易与文化交流上，有着重要的地理位置，曾是 12—14 世纪中国规模最大的海港，历史上也建了不少航标塔。如石狮六胜塔、石狮姑嫂塔、晋江瑞光塔、泉州圭峰塔和石狮镇海塔等。

其他如龙岩挺秀塔、漳平毓秀塔、漳州石矶塔和厦门埭头塔等，都具有航标塔的功能。由于航标塔需要一定的高度才能被船员看见，因此这些塔几乎都是采用楼阁式造型。

福建众多的航标塔见证了八闽发达的航运历史。

三峰寺塔

四、纪念塔

纪念塔多为纪念人或事而建造。

南安丰州镇九日山上的佛岩塔，就是为了纪念唐代高僧无等禅师而建的。无等禅师原出家于浙江会稽，因游九日山后于西台洞中结草为庐，静心修道 20 年，名声远播，众多信徒前来问法。禅师于 99 岁圆寂后，人们便塑造禅师的坐像在洞中，并在岩顶大石上造一座石塔以作纪念，俗称无等岩佛塔，距今已有千余年的历史了。永泰县联奎塔是为了纪念南宋乾道二年、五年、八年（1166—1172），永泰人萧国梁、郑侨和黄定七年三科连中三状元的事迹。

联奎塔

五、报恩塔

报恩塔主要是指为了报答父母双亲而建的塔，我国最著名的报恩塔是明成祖朱棣为纪念生母贡妃，用了近 20 年时间，在南京建造的大报恩寺塔。

福建的报恩塔数量较少，如仙游龙华双塔是邑人郭勇为母亲祈福所建的，其中东塔是为母 70 寿庆所建，西塔是为母 80 寿庆而建。还有，福州定光塔原名"报恩定光多宝塔"，是王审知为报答父母恩而建造的。

六、字库塔

字库塔又称"敬字塔""焚字塔"或"惜字塔"等，是古人专门用来焚烧字纸的小型建筑，具有儒家文化内涵。受传统文化"惜字如金""敬天惜字"思想的影响，古人将废弃字纸放入专门修建的塔中烧毁，并逐渐形成一种风俗。我国从宋代开始建造字库塔，明清时期比较普及。

福建留存的字库塔很少，如罗源松山镇惜字纸塔、连江定海镇焚纸塔和惠安螺阳镇水枧字纸塔等。

总之，无论何种类型的塔，都是由佛塔演变而来的，而且许多古塔都具有多重性，体现出多种功能与形式。如仙游天中万寿塔既是风水塔，也是佛塔，而且还是航标塔；莆田东吴塔不仅是航标塔，而且塔上每层门额上都分别刻着"海天清梵""古刹嘉馨""视圣伟望"等字样，还刻有佛教的咒语与经文，因此也是座风水塔和佛塔；莆田塔仔塔作为风水塔的同时，也可作为航标塔；开元寺东西塔作为较纯粹的佛塔，也被当作是保护泉州市的风水塔；福州定光塔是报恩塔，又是佛塔和风水塔。因此，判断一座塔的功能性质，需要从多方面进行考察与分析。

第四章　福建古塔的建筑特征

福建形态各异的 400 多座古塔耸立于八闽大地上，不仅诉说着闽地悠久的历史，而且其自身的建筑样式就是一种高超的艺术。福建古塔具有传统建筑的古典美，建筑风格丰富多彩，本章主要从建筑材料、建筑类型、层数与高度、平面形式、塔座、塔檐、平座、门窗与券龛、塔刹、塔心室、塔身造型、色彩等方面进行论述，以求了解福建古塔的建筑风貌。

一、建筑材料

我国古塔在汉代和南北朝时以木塔为主，唐宋时期也偶有建木塔，但主要为砖塔和石塔，其他还有土塔、金属塔、陶塔、琉璃塔等。塔所使用的材料与当时、当地建筑通用的材料基本上是一致的。福建古塔早期建有木塔，如开元寺东西塔前身就是木塔，但木材易损坏，原先的木塔早已不存。福建建塔从宋代开始，使用石材与砖材，目前留存的基本都是石塔和砖塔。

1. 石材

人类从石器时代开始，就学会了使用石材，随着社会的发展，石造技术愈来愈熟练，到南北朝时已达到较高的水平。石塔保存时间远胜于木塔、砖塔和土塔，我国目前留存有大量石塔。

因福建沿海地区台风较多，台风中的水气和盐分对木材和砖材等建筑有腐蚀作用，而沿海山地花岗岩较多，质地坚固，因此现存的古塔中绝大多数是花岗岩石塔，特别是楼阁式石塔堪称经典，是全国楼阁式石塔数量最多的地区。福建沿海不仅台风多，而且位于地震带上，坚固的石塔能较好地抵抗强台风和地震的侵袭。如开元寺东西塔完全采用花岗岩石块为材料，而且需吊装到40多米的高度施工，并进行安装与拼缝。据史书记载，当年造塔的石材从西街一直堆放到城郊。其中东塔高48.27米，用大石柱40根、大小梁各40根、大斗192个、小斗440个、桁40

开元寺东塔

根、大拱112个、小拱80个，均是用巨石雕制而成的，共费时12年。东西塔是我国年代最久、最高大的一对石塔。仙游龙华寺龙华双塔为八角五层空心结构，全部以花岗岩砌成，石条是事先雕砌好的，然后一块块相互交错叠砌而成，这样可防止上下石板的裂缝处在同一条线上，使每块岩石之间互相错位，形成反向拉力。这种建筑方式，可使塔身的应力均衡，防止塔身纵向裂开，有助于提高石塔的抗风抗震能力，确保塔体的坚固持久。以上4座塔均为楼阁式空心塔。

福建其他一些楼阁式实心石塔也同样精彩。如古田县幽岩寺塔为楼阁式实心石塔，高13.5米，八角九层，塔基、塔身和塔檐都由石材组合而成。双层须弥座塔基连接紧密，塔身下宽上窄，面宽与高度逐层收分递减，形成细长的角锥形外轮廓，这样利于把各层重量传递到下面一层，使重心向塔中心倾斜，增强了石构造的坚固性。其他著名的楼阁式石塔还有泉州应庚塔、石狮六胜塔、石狮姑嫂塔、福清瑞云塔、福州罗星塔、莆田释迦文佛塔和云霄石矾塔等。

其他样式的塔也基本采用石材，如南安五塔岩石塔与桃源宫陀罗尼经幢、泉州开元寺舍利塔、福州崇福寺三塔、惠安仙境塔和仙游天中万寿塔等。

这些形态不一的石塔反映了八闽地区高超的石建筑建造水平与技艺。

2. 砖材

魏晋南北朝时期，我国开始出现砖塔，特别是明代砖塔在历史上负有盛名。建塔使用砖材主要有两个方面的原因。①砖材既坚固、耐久，又简单、便宜，寿命远超木材和土材。②砖材施工方便，工期短，相比石材更易于模仿木结构建筑，能较轻易地砌出斗拱、挑梁、平座、门窗以及各种纹样，有利于建造体量高大的塔。虽然与江南和中原地区的砖塔相比，福建砖塔数量少且比较简洁朴素，但也体现了八闽传统建筑特色。

福建有近 40 座砖塔，其中 36 座是楼阁式塔。福建砖塔的建造同地域性建筑材料有着密切关联。福建本地产的红、黄壤泥土十分适合烧制成砖，具有坚实、耐磨、防水、防潮等诸多优点。福建砖塔所用材料主要有红砖和青砖两类，其实这两种砖都是以同一种土壤为原材料，只是由于在烧制过程中时间、温度与水分的差别，才会出现不同的颜色。明代时期，伴随着制砖业的快速发展，砖塔的建造也较为普及，因此留存的砖塔有70% 以上建于明朝。福建制砖技术先进，特别是闽南地区以产红砖为主，因此造砖塔常以红砖为材料，如晋江星塔、晋江瑞光塔和泉州定心塔等，一定程度上体现了闽南红砖建筑文化的特色。

星塔

福建纯粹以砖砌的塔比较少，更多是与石、木或土混合使用，但无论何种类型的楼阁式砖塔，主要有三种建造方式，第一种是在塔身用"平砖丁砌错缝"，这种砌法塔壁较厚，稳定性好；第二种是"平砖顺砌错缝"，采用这种方法虽然墙体较薄，但从外到里可砌数层；第三种是平砖顺砌与丁砌相结合，如建阳多宝塔采用一顺一丁砌法，松溪奎光塔采用二顺一丁砌法。这三种砌砖形式体现了闽地工匠高超的施工技术水平。

2.1 纯砖塔

福建的纯砖塔很少。如建于明永乐年间（1403—1424）的福鼎市三福寺双塔使用 36 种不同大小与形状的青灰砖建造，其中大砖用来砌造塔身，小砖则用于叠涩出檐、斗拱与椽条等小型构件，施工技术精湛。其他纯砖塔，如建于南宋的同安姑井塔全部采用红砖砌成；建于清光绪年间（1871—1908）的顺昌虎山塔则由长方形厚青砖错缝叠砌而成。

2.2 砖石混合塔

福建由于盛产花岗岩，对石材的使用积累了丰富的经验，因此在砖塔中经常使用石材作为辅助材料。一座砖塔部分使用石材，可以使塔更加牢固，还能起到防水、防潮等作用，而且石材与砖相互配合，美观大方，因此，福建楼阁式砖塔中出现了不少砖石混合塔。

砖石混合塔主要是在塔基部位使用石材，这样可提高塔壁下部的抗雨水侵蚀性能，增强塔的稳定性，延长塔壁的使用寿命。如福鼎昭明寺塔，其八边形须弥座即为石材，整体构造坚如磐石；晋江瑞光塔的须弥座为花岗岩筑成；泉州定心塔的基座用花岗石，其余如塔身、塔檐出拱、佛龛则以砖砌造。其他砖石混合的楼阁式砖塔还有建阳普照塔、晋江星塔等。以上这些砖塔虽然使用石材，但都在塔基位置，塔身仍为砖材。

还有部分砖塔塔身或塔心室使用石材，如龙海晏海楼，第一层塔壁下半部分为石砌。

昭明寺塔

晏海楼位于漳州著名的月港，海风较大，塔外壁部分使用石材，有利于防止海风腐蚀和潮湿的破坏。还有连江含光塔的塔基、塔檐翘角、塔内阶梯和门框用花岗石；武夷山岚峰塔拱门采用石材；邵武灵杰塔内有石梯回旋而上，直达塔顶。

2.3 砖木混合塔

砖木混合塔比较常见，一般是整座塔塔身使用砖材，而斗拱、角梁、塔檐、平座、栏杆或楼梯用木质材料。龙岩鲤鱼浮塔的塔身为砖砌，塔檐、平座、栏杆与楼梯则为木结构；福州白塔内的阶梯完全采用木结构；龙岩擎天塔内部构架为木质材料；南平狮峰寺报恩塔第一层用红砖，二、三层用木材。其他砖木混合楼阁式塔还有建阳普照塔、建阳书坊白塔、龙岩挺秀塔和龙岩步云塔等。

这种砖木混合塔基本按照木结构塔的样式建造，是楼阁式塔发展中的一大创新，但也存在一些隐患。由于砖、木两种材料性能不同，耐久性差异较大，特别是木材抗腐蚀性能弱，时间久远之后，木材首先腐烂破损，只留下孤零零的砖塔，很难修补。因此，一些历史较长的砖木混合塔的木构件，基本都是近代维修时重新建造的。

2.4 其他类型混合塔

福建部分砖塔使用三种以上材质。莆田石室岩塔为砖石木混合塔，塔身全部使用特大红砖砌筑，塔基使用花岗岩，塔檐与平座则为木结构；建阳多宝塔也是砖石木混合塔，其塔身为青砖，塔檐用麻石叠涩，塔心室用木材建楼板和阶梯；武平文峰塔为楼阁式砖土木混合结构，如今三合土的塔身斑驳不堪，不少青砖散落在塔心室内，塔内楼阁仅存数根木柱立在塔身之上。

多宝塔

砖塔的坚固性比木塔和土塔强，但又不如石塔牢固，因时间久远，福建许多楼阁式砖塔已经有所损坏，而在修复的过程中，选用的材料也应充分考虑砖材的特性。福州市政府前几年在修缮白塔时，请专家按照民间传统方法配置涂料，把石灰、红糖、细沙搅拌均匀后涂砖墙，可起到防水的作用，然后在塔壁上面刷水泥打底，再上一层防水漆，最后再刷几层漆，这样能对砖质塔身起到较好的保护作用。

福建砖塔在材料选用上，体现了浓郁的地域特色。

3. 陶材

陶瓷是一种不会腐蚀生锈的材料，它具有坚硬、耐高温、不氧化、不分解、不变形、不变色、易清洗等诸多优点，且价格相对低廉，强度较高，既粗犷又细腻，是一种经济、稳定、效果良好的材料。宋代时期，福州制陶技术高超，并且用陶建造了一些塔，但保留至今的只剩鼓山涌泉寺千佛陶双塔。

千佛陶塔

中国陶器的产生距今已有 8000 多年的悠久历史，但这种以陶土烧制的大型塔在我国却极其少见，鼓山千佛陶塔目前是全国唯一的大型陶塔。当时的陶工高成采用优质的陶土分层烧成，其塔身、门窗、柱子、塔檐、斗拱、橼飞、瓦陇等各种构件，都是事先按照木结构形制模刻制成，并做出泥坯，用分层逐段烧制的方法，待上釉后再按榫卯空心拼合垒叠而成的，各个构件之间用糯米黏合，这样不仅便于制作，而且还利于搬迁和装配。千佛陶塔说明了福建陶瓷业的成熟与发达，以及烧陶艺人的精湛技术水平，为研究福建地区的宋代建筑提供宝贵的实物佐证。

4. 金属

金属塔有金塔、银塔、铜塔和铁塔，虽然不如石塔和砖塔高大，但工艺制作精细。据北魏杨衒之《洛阳伽蓝记》记载，南北朝就出现用金属装饰佛塔，隋唐时开始用铜、铁建造佛塔。据《旧唐书》记载，武则天曾用金属铸造过佛塔。历史上造金属塔最著名的是吴越国王钱弘俶前后 10 多年造八万四千金属宝箧印经塔（又称金涂塔），并分送各地，如今在浙江、福建、日本等地均有发现。

福建只有一座铜塔，即钱弘俶铜塔，是五代吴越国王钱弘俶所造的金涂塔，十分珍贵，目前收藏在福建省博物馆。福建铁塔仅存鼓山涌泉寺位于藏经阁内的唐代释迦如来灵牙舍利塔。这是座宝箧印经塔，双层须弥座，高约 3 米，外壁贴金。

5. 木材

我国最初建塔基本都是用木材，完全借鉴木结构建筑而建。据范晔的《后汉书》所说，东汉末年开始建有楼阁式木塔，南北朝时达到鼎盛，隋唐时期逐渐用砖石塔代替木塔，但是，在一些砖塔中还在使用木构材料。

福建曾经建造过一些木塔，如开元寺东西双塔和报恩定光多宝塔的前身均为木塔。莆田始建于宋淳化三年（992 年）的八角五层，高30 米的凤山寺木塔，曾经历过台风与地震的多次侵袭仍岿然不动，但在 1950 年被拆除，只留下塔刹保存在莆田市博物馆里。还有漳平毓秀塔，塔名取"钟灵毓秀"之意，始建于宋末，原为木构建筑，明末毁于火，后来才改用土材重建。福建目前还保留一些木砖土混合塔，如

麟瑞塔

建于明万历年间，高 27 米，六角五层的永泰麟瑞塔，塔身用砖，其余构件基本采用木材。相类似的还有上杭罗登塔与凌霄塔、永定镇江塔等。

6. 土材

土材作为我国最早使用的建筑材料，历史悠久，应用广泛。特别在西北地区，由于缺少砖、石、木材料，大量以土建塔。如今在新疆等地，还能欣赏到一些历经沧桑的土塔。

毓秀塔

福建古塔没有全部使用土材的，一般都是与砖、石、木相结合，如漳平的毓秀塔，整体塔身基本以三合土建成，局部构件采用石或砖。类似的还有武平十方文峰塔和相公塔、漳平北屏山塔等。可以发现，福建土塔主要分布在善于使用土材建造房屋的龙岩地区。

7. 水泥

水泥在1824年开始出现并应用到建筑上，我国直到20世纪前后才生产水泥。民国时期，福建建有数座水泥塔，如尤溪福星塔和莆田萩芦溪大桥塔。其中萩芦溪大桥原本使用石材，但被洪水冲毁，于是决定采用水泥钢筋糅以沙石浇注的方法造桥和塔，到上海聘请工程技术专家设计，还特意从上海、厦门等地采购钢筋、水泥。近年来重修的几座塔部分材料也用水泥，如永春留安塔和龙岩龙门塔等。

二、建筑类型

福建古塔不仅数量多，而且造型多样。按照建筑类型，可分为楼阁式塔、窣堵婆式塔、宝箧印经式塔、五轮式塔、幢式塔、亭阁式塔、台堡式塔、文笔式塔、密檐式塔、灯塔、喇嘛式塔和异形塔等。

1. 楼阁式塔

楼阁式塔的建筑形式来源于我国传统建筑中的楼阁，是中国古塔中数量最多、产生年代最早、最能代表我国文化特色的一种塔式。楼阁式塔的整体外轮廓似锥形，塔檐各角为起翘之势，有着层层叠叠之美感，最主要的特点是具有台基、基座，有木结构的柱、枋、梁、斗拱、出檐、平座等构件。由于福建历史上陆续都有大量北方士民南下定居，因此其楼阁式塔既保留了中原地区楼阁式塔稳健厚实的遗风，又具有南方古塔挺拔清秀的特征，有着鲜明的闽地多元文化特色。

楼阁式塔分为空心楼阁式塔与实心楼阁式塔，空心塔可以登高远眺，实心楼阁式塔只是外观为楼阁式，内部实心，无法登临。福建现存有203座楼阁式塔，空心塔88座，其余皆是实心塔。其中，福州市51座，泉州市45座，莆田市15座，宁德市19座，厦门市7座，漳州市13座，南平市20座，三明市11座，龙岩市22座。福建楼阁式塔还可分为楼阁式石塔、楼阁式砖塔、楼阁式土塔、楼阁式木塔、楼阁式陶塔。其中，莆田秀屿东吴塔为平面八角七层楼阁式空心石塔，通高30米，塔身层层收缩，造型挺拔秀丽，具

东吴塔

有南方塔的特征；石狮姑嫂塔为平面八角外五层内四层楼阁式花岗岩空心石塔，通高22.86米，塔身逐层收分，整体造型稳重，如山顶上耸立的一座小山，其粗壮的风格具有中原地区古塔的艺术审美特征。福建楼阁式砖塔的代表建筑是平面八角七层，高45.35米的福州定光塔。楼阁式土塔、木塔、陶塔的代表建筑分别是龙岩漳平毓秀塔、永泰麟瑞塔、鼓山千佛陶塔。总体看来，福建楼阁式塔比例匀称，秀丽端庄，线条刚柔结合，雕饰精美华丽，建造技术严谨成熟。

2. 中国窣堵婆式塔

窣堵婆式塔是最原始的佛塔，造型像一座圆冢，用于供奉佛祖或高僧的舍利、经文或法器等圣物，充分体现了印度早期佛塔的独特风格。福建历史上佛教兴旺，高僧众多，因此在各个古寺中留下了许多墓塔。这些墓塔大多数是窣堵婆式塔，但在外形上与当地风俗相互融合，造型有所改变，把原先的半圆形下半部分拉长，形成一种无棱、无缝、无层级的钟形建筑。为了同原始的窣堵婆式塔有所区别，有专家称之为"中国窣堵婆式塔"或"无缝塔"。无缝塔因造型如卵，又称卵塔。至于何时开始使用无缝塔作为墓塔已很难考证，但在《五灯会元·六祖大鉴禅师旁出法嗣·南阳慧忠国师》中有记载："师以化缘将毕，涅槃时至，乃辞代宗。代宗曰：师

义存祖师塔

灭度后，弟子将何所记？师曰：告檀越，造取一所无缝塔。"

福建保存完好的共有 70 座窣堵婆塔，其中，福州市 46 座，泉州市 13 座，莆田市 4 座，宁德市 6 座，三明市 1 座。福建的窣堵婆式塔分为两种，一种有塔刹，另一种无塔刹。如雪峰寺义存祖师塔为窣堵婆式塔，高 4.1 米，覆钟形塔身以矩形花岗岩垒成，塔壁浮雕 200 颗直径约 10 厘米的卵形乳钉。其他还有福州西禅寺慧稜禅师塔、罗源圣水寺海会塔、仙游菜溪岩舍利塔和仙游九座寺海会塔等均为窣堵婆式塔。

3. 宝箧印经式塔

宝箧印经塔是一种较为特殊的佛塔，它的建筑渊源比较复杂，其造型是由公元前 3 世纪古印度摩揭陀国孔雀王朝国王阿育王为藏匿佛祖舍利所造佛塔以及古希腊和古罗马的墓碑、石棺演变而来的，又称之为"阿育王塔"，后来传入中国，经过历代演变成为中国式的塔。宝箧印经塔因内藏匿《一切如来心秘密全身舍利宝箧印陀罗尼经》而得名。据《宝箧印陀罗尼经》中所说，书写、读诵此陀罗尼，或者将经书放入塔中供奉，能够灭除罪障，免于恶道的痛苦，并且能获得无量功德。正因为有如此多的福德利益，所以历代佛教信徒建造了许多宝箧印经塔。我国的宝箧印经塔形制仿效古印度阿育王塔，塔基为单层或多层须弥座，塔身方形，四角各有一个山花焦叶，正中立相轮，须弥座、塔身或焦叶上有各种浮雕。宝箧印经塔有大小塔之分，其中由铁、铜、银等金属材料制成的小塔又被称作"金涂塔"，一般放置在佛塔的地宫或天宫中，而用石材建造的大塔则立在地面上，又称"宝箧印经石塔"。其他还有极少量的木、漆、砖、土等材质的宝箧印经塔。

目前我国建造的最早的宝箧印经塔出现在北魏时期，如云冈第十四窟的浮雕单层覆钵塔，其覆钵下方有宝箧印经塔独有的山花焦叶与方形塔身，因此，我国修建宝箧印经塔的历史已有1500余年。五代十国时期，宝箧印经塔得到快速发展，10世纪时，吴越国王钱弘俶因信奉佛教，仰慕古印度阿育王造塔的典故，也造八万四千座宝箧印经塔（即"金涂塔"），内藏《宝箧印陀罗尼经》，并分送各地，造塔过程前后历经十年。目前，在浙江、福建、安徽、湖南、广东等省以及日本均有保留这些已历尽千年的金涂塔。两宋期间，宝箧印经塔继续得到发展，人们用石或砖等材料建造了大型宝箧印经塔，而且多分布在东南沿海地区，形制基本效仿吴越国金涂塔的造型特征。福建的宝箧印经石塔主要集中在泉州、福州、莆田、厦门等地，而其中泉州地区数量最多。元代，我国较少建造宝箧印经塔，而明清时期虽然也时有兴建，但已少有精品。总体看来，五代与两宋是宝箧印经塔发展的黄金时期，建塔的地区多在浙江、福建及其周边的省份，形成了具有地域特征的文化现象。宝箧印经塔在漫长的演变过程中，由小塔逐渐发展成大型塔，不仅具有古印度阿育王塔的特点，而且还有中国传统建筑的特征，已成为佛塔中具有独特风格的建筑。

福建拥有30座宝箧印经式塔，其中，福州市8座，泉州市13座，莆田市2座，宁德市1座，厦门市3座，漳州市3座。连江出土的钱弘俶铜塔是最标准的宝箧印经塔，其他如泉州开元寺阿育王双塔、仙游天中万寿塔、闽侯雪峰寺阿育王塔、鼓山涌泉寺神晏国师塔、永春井头塔、厦门同安西安桥双塔等，基本继承了传统宝箧印经塔的造型样式，只是材料由金属改成花岗岩，体量也增大。从宝箧印经式塔的分布可以看出，这些塔都建在福州、泉州、莆田、厦门、漳州等沿海地区，内陆县市没有出现，这也说明当时吴越国金涂塔主要都是在

开元寺阿育王塔

福建沿海地区流传。而且，因宝箧印经塔上雕有能制服龙的金翅鸟，所以多被建在沿海地区的江海边，用以降服龙族。

4. 五轮式塔

五轮式塔与密宗有着一定联系，又称法界五轮塔。佛教经典里有五轮之说，《大日经疏》曰："一切世界皆是五轮之所依持。世界成时，先从空中而起风，风上起火，火上起水，水上起地。"因此，五轮塔上的宝珠、半月形、三角形、圆形、方形分别代表空、风、火、水、地。五轮塔塔基简单，塔身为圆球体，上置塔檐、塔刹，造型简洁大方。

开元寺舍利塔

福建有 68 座五轮塔，其中，福州市 3 座，泉州市 51 座，莆田市 6 座，厦门 2 座，漳州 6 座。泉州五轮塔占全省数量的 74.6%，说明当年密宗在泉州十分盛行。五轮塔因其体量较小，多建于佛寺之中，排列比较灵活。如泉州开元寺舍利塔、承天寺舍利塔、洛阳桥桥南塔和南安五塔岩石塔均是五轮塔。其中洛阳桥桥南塔为福建造型最美的五轮塔，通高 5.3 米，双层须弥座，第一层和第二层分别为六角形和圆形，上、下枭分别为仰覆莲瓣，束腰呈金瓜形，其六条棱角用凹陷刻纹取代，分离如瓜瓣，瓣面呈弧形，椭圆形塔身极为和谐优美。

5. 经幢式塔

我国早期的经幢多为木结构，不易保存，后来为了追求永久性，选用质地坚固的石材，并结合我国传统的佛塔和石柱等艺术形式，形成了石经幢。总体说来，石经幢是一种糅合了旌幡、塔、石柱等的结构而创造出来的新的建筑形式，也可以认为是一种具有独特造型的塔，同时是件雕刻艺术品，并成为佛教供养物之一，用作庄严宗教圣地。经幢的幢身上大都刻有《佛顶尊胜陀罗尼经》。根据《陀罗尼经》经文所述，在幢上写此经能破除一切恶道罪孽，净除所有业障烦恼，因此佛教信徒们纷纷在石经幢上刻此经文，避难消灾以求福报。随着与中国传统文化不断融合，经幢所具有的功能也逐渐增多，从最早的灭罪度亡，发展到具有祈福、灭灾、镇土地、保平安等诸多作用，具备了风水塔的某些功用，因此，经幢与一般意义上的佛塔有着相类似的作用。

福建拥有 38 座石经幢，其中，福州市 8 座，泉州市 17 座，莆田市 3 座，宁德

新店石经幢

市 1 座，厦门市 3 座，漳州市 3 座，南平市 3 座。如承天寺东西经幢、泉州开元寺的水陆寺经幢、漳州塔口庵经幢、晋江新店石经幢、晋江杨林石经幢、石狮蚶江石经幢和南安桃源宫经幢等。其中，承天寺东经幢由幢座、幢身、幢顶三部分组成，四层须弥座，第一层须弥座比较大，上面逐层收分。七层幢身叠加而上，一至七层幢身之间为四层宝盖加仰莲，幢身刻《佛顶尊胜陀罗尼经》，二至四层塔檐与仰莲之间分别凿刻有圆鼓形、八边形或四边形等构件，立宝葫芦式塔刹。

6. 亭阁式塔

亭阁式塔是窣堵婆塔与我国传统的亭阁相结合的产物，基本上均为小型单层塔，塔身有方形、六角形、八角形或圆形，整体造型犹如一座亭子。亭阁式塔历史悠久，隋唐时期建造得比较多，宋代以后逐渐衰落。与工程较大的大型楼阁式塔相比，亭阁式塔结构简单，且省时省力，普通僧众力所能及，因此与窣堵婆式塔一样，经常被用作墓塔。早期的亭阁式塔基本为木构，其实就是在我国传统亭阁上方加一个塔刹，如隋文帝曾在全国各地建大量亭阁式木塔。

福建共有 38 座亭阁式塔，其中，福州市 9 座，泉州市 2 座，莆田市 1 座，宁德市 1 座，漳州市 1 座，南平市 5 座，三明市 18 座，龙岩市 1 座。如上杭县西普陀山

宝盖岩舍利塔群

香林塔、泰宁县宝盖岩舍利塔群、莆田塔桥石塔和连江县东岱镇明禅师塔等。其中，连江东岱云居山云居寺前建于明代的妙真净明塔位于一块岩石之上，平面四角单层亭阁式花岗岩石塔，高约 2.7 米，岩石上直接建方形塔基，塔身四边形，塔刹宝盖呈六角形，檐角翘起，宝珠式塔顶。

7. 台堡式塔

台堡式塔继承了古印度窣堵婆和中国先秦时期"台榭"式建筑的某些造型特征，整体造型十分简单，非常淳朴，犹如台堡层层叠叠而上，极少有雕刻。先秦的台榭是自然崇拜与山岳崇拜的产物，其高大的体量有一种不可抗拒的力量，外形由强烈的曲线、直线所组成，有着原始的韵味。

福建只有 3 座保存完好的台堡式塔，即仙游菜溪岩石塔、长泰山重水尾塔和永春高垄石塔等。其中高 8.45 米的山重水尾塔为平面圆形七层台堡式实心石塔，塔身每层收分较大，第一层直径 14 米，第七层直径 1.5 米，塔顶立一根八角形石柱，整体外形为螺旋状。

山重水尾塔

8. 文笔式塔

我国许多被称作文笔塔的古塔基本都是楼阁式塔或密檐式塔，真正意义上的文笔塔造型如毛笔的笔尖，像一个被拉长的圆锥体，塔壁一般光滑，没有雕刻。

福建有 3 座文笔塔，一座是惠安涂岭镇文峰塔，另两座分别是厦门翔安挡风三角塔和石笔塔。

涂岭文峰塔

9. 密檐式塔

密檐式塔是古塔中的一个大类，外表有层层檐子密接，塔体几乎为实心，一般无法登临。密檐式塔第一层塔身较高，以上每层塔身低矮，一般没有门窗。

密檐式塔基本都在北方，南方较少，福建留存至今的只有 5 座密檐式塔，莆田市 4 座，厦门市 1 座。这 5 座密檐式塔与北方高大的密檐式砖塔相比，体量很小。

莆田萩芦溪大桥共有 4 座密檐式塔，其中桥中间的一座塔平面四角四层，叠涩四角出檐，檐角飞翘，四角攒尖收顶，塔刹为宝葫芦式。这座塔第一层高大，二层以上层层叠起，略有收分，有密檐式塔的特征。其他还有厦门翔安姑井砖塔等。

萩芦溪大桥塔

10. 灯塔

灯塔作为固定的航标，都是建于航道关键位置，引导船舶航行或者指示危险区。

福建有 3 座灯塔，即马祖东莒岛东莒灯塔、马祖东引岛东引灯塔和霞浦县海岛乡洋屿灯塔。这 3 座灯塔塔身圆形，上方设瞭望台。

11. 喇嘛式塔

喇嘛式塔又称藏式塔，起源于元代，明清时期得到进一步发展，与古印度的窣堵婆在造型上较为接近。喇嘛塔台基较为高大，塔肚为半圆形覆钵，设有眼光门，上方竖立着刻有许多圆环的塔脖子，再安置华盖与仰月、宝珠。

福建只有福清海口镇瑞岩寺塔为喇嘛式塔，通高4.5 米，由须弥座、塔肚、塔脖子、塔檐、塔刹构成。

瑞岩寺塔

12. 异形塔

福建有两座异形塔，即长汀的双阴塔，建在地底下。两座塔分别深达 16 米与13.5 米，每层用 8 块石板垒砌，逐层收缩，上方宽大下面窄小，犹如倒插入地的八边形空心石塔。

福建古塔的建筑形制虽然受江南及中原地区古塔的影响较为明显，形制多种多样，然而却没有出现北方地区常见的金刚宝座塔，这也反映了闽都佛教建筑的设计艺术风格。

三、层数与高度

佛教对塔的层数有明确的规定，最高的塔只能建到十三层，且层数应与塔的相轮数相等。但佛塔传入中国后，发生了一些变化，塔的层数并不等于相轮数。由于受到传统"阴阳五行"学说的影响，中国塔的层数多为单数，这是因为"阴阳五行"中双数为阴，单数为阳。塔的层数有着深刻的佛学内涵，中国的塔从一层到十三层都有，各自代表不同的宗教含义。

福建古塔有单层、双层、三层、四层、五层、七层、九层和十三层，绝大多数为单数层塔。罗源县万寿塔为十三层，是福建古塔中层数最多的塔。涌泉寺千佛陶塔、闽侯县青圃塔、蕉城区同圣寺塔、古田县吉祥寺塔、福安市倪下塔、古田县幽岩寺塔等均为九层。可以发现，福建九层塔均位于福州与宁德等地区。福建古塔大部分为七层塔，如福州定光塔和罗星塔。福建还有许多五层塔，如开元寺东西塔。惠安县平山寺塔是六层塔，而永春县井头塔是四层塔，惠安水枧字纸塔是两层塔。

福建古塔与北方高大的砖塔相比相对较矮，福建最高的塔是48.27米的泉州开元寺东塔。超过40米的塔还有45.06米的开元寺西塔、41米的福州白塔、40米的永定天后宫塔。

30米—40米的塔有高36.06米的石狮六胜塔、32米的永安凌霄塔、30.6米的莆田释迦文佛塔、30.5米的泰宁青云塔、30米的莆田秀屿东吴塔。

20米—30米的塔有高29.6米的安砂双塔、27.4米的长乐三峰寺塔、27.27米的南平东塔、27米的永泰麟瑞塔、26.9米的上杭文昌塔、26.8米的建阳多宝塔、26.67米的连江含光塔、25.3米的福清鳌江宝塔、25.3米的尤溪福星塔、25米的永春留安塔、25米的上杭罗星塔、25米的龙岩擎天塔、24米的福清紫云宝塔、23米的上杭周公塔（又称三元塔）、23米的漳平麟山塔、23米的南平奎光塔、22.86米的石狮姑嫂塔、22米的福清龙山祝圣塔、21.21米的南平西塔、21米的永泰联奎塔、20.4米的上杭凌霄塔、20米的邵武聚奎塔、20米的莆田东岩山塔、20米的漳平毓秀塔、20

米的将乐古佛堂塔。

10 米—20 米的塔有 19.34 米的罗源巽峰塔、19.2 米的马祖东莒灯塔、19 米的南平建阳普照塔、18 米的福清迎潮塔与万安祝圣塔、18 米的永定镇江塔、17 米的安溪雁塔、17 米的上杭耸魁塔、16.6 米的晋江星塔、16.3 米的南平万寿塔、16.26 米的顺昌龙山塔、16 米的上杭罗登塔、15.6 米的仙游望夫塔、15 米的福清白豸塔、15 米的闽侯莲峰石塔、15 米的德化鹏都塔、15 米的莆田荔城塔仔塔、15 米的建阳书坊白塔、15 米的武平文峰塔、15 米的龙岩新罗步云塔、15 米的永定鲤鱼浮塔、15 米的清流海会塔、14.7 米的武平相公塔、14.3 米的屏南瑞光塔、14.25 米的同安凤山石塔、14.22 米的仙游无尘塔、14.2 米的马祖东引灯塔、14.13 米的罗源万寿塔、14 米的德化驷高石塔、13.5 米的古田幽岩寺塔、13 米的泉州盘光桥塔、13 米的武夷山岚峰塔、13 米的漳平北屏山塔、12.6 米的仙游雁塔、12.6 米的三明三元八鹭塔、12.5 米的顺昌虎山塔、12 米的仙游东山塔、12 米的霞浦虎镇塔、12 米的霞浦洋屿灯塔、12 米的东山文峰塔、12 米的连江普光塔、12 米的翔安石笔塔、11.5 米的福州金山寺塔、11.2 的泉州应庚塔、11 米的建阳联升塔、10 米的连江仙塔、10 米的闽侯陶江石塔、10 米的闽清台山石塔、10 米的安溪铁峰塔、10 米的永春佛力塔、10 米的翔安挡风三角塔、10 米的龙岩龙山塔、10 米的龙岩龙池塔。其余古塔皆低于 10 米。

四、平面

中国古塔的平面有四边形、六边形、八边形、十二边形与圆形等形状。我国唐末之前的古塔几乎都是四边形，五代之后才大量出现八边形塔和六边形塔。福建古塔以八边形、六边形和圆形居多，还有一些四边形塔。福建著名古塔研究专家王寒枫先生认为，八边形塔"平面八角形的边缘线条曲折柔婉，每一边的立面对地基的压力比较均匀，抗震性能良好。平面八角的每一角都是支点，从物理学的角度分析，物体的支点越多，稳定性越强，塔的内角均为 120°，地震时受力面积大，震波分散均匀，比之 90° 角的四方形更不易受破坏"。因此，从五代开始，把塔建成正八边形，能保证塔的整体稳定性，增强对风力和地震横波的抗受能力。如果从科学角度看，圆形塔应该更有利于抗震防风，把塔建成八边形而不是圆形有其更深层的原因。首先，八边形塔符合我国古人"天圆地方"的宇宙观，地上建筑多以方形而不是圆形存在。其次，八边形塔符合我国古代建筑重视方位的风水学观念，如果是圆形塔就无方位可言。最后，把塔建成八边形符合偶数为阴、单数为阳的"阴阳五行说"，即"纵为阳，横为阴，阴阳结合，阴阳一体"的思想观念。八边形塔既有方形塔的特点，又兼具圆形塔的优势，不仅暗合宗教的神圣性，而且显示出浑圆流动的美感，是中国古塔发展到成熟期的最完美体现。

福建有大量八边形古塔，特别是较高大的楼阁式塔皆为八边形，如福州定光塔、福州坚牢塔、连江含光塔、连江仙塔、福清瑞云塔、马尾罗星塔、闽清台山石塔、闽侯陶江石塔、福州金山寺塔、闽侯莲峰石塔、闽侯青圃石塔、泉州东西塔、石狮六胜塔和晋江江上塔等。六边形塔如德化驷高石塔等。

瑞云塔

福建还有许多座方形塔，但体型一般较小，如所有的宝箧印经塔均为四方形塔。其他方形塔还有闽侯镇国宝塔、晋江星塔等。其中，楼阁式方形塔继承了唐代古塔的特征。

福建的圆形塔也有不少，但绝大多数是塔身接近椭圆形的五轮塔和塔身为钟鼓形的窣堵婆塔等小型塔，如泉州市承天寺和开元寺内的十多座五轮塔。福建只有两座圆柱形塔，即南安九日山佛岩塔和仙游望夫塔。其中，佛岩塔除基座外，塔身全部做成圆柱形，塔檐为六角形。

福建古塔平面形式的变化，体现了塔在不同历史阶段的发展状况。

五、塔座

塔座是塔的底部基础，位于地宫之上，保证塔身的稳定。我国早期的塔基均较矮，造型也比较简单。北宋之后，塔基有了很大的发展，逐渐高大复杂起来。我国最早的须弥座出现在山西大同云冈北魏石窟，是一种上下出涩、中为束腰的工字形基座，后经过代代相传，不断完善与丰富，之后扩展至建筑便成为一种华丽的基座，而直到五代之后，须弥座才开始大量作为塔的基座。

塔基的牢固与否，决定了整座塔的安全与否。福建砖石塔达到数百年或近千年，虽遭受长期的风雨和地震的侵袭，但大多数仍保存完好，这充分说明了当初工匠们对塔基进行了合理的设计与施工。福建古塔大多数采用须弥座塔座，有单层须弥座、双层须弥座和三层须弥座。

1. 单层须弥座

福建有不少古塔采用单层须弥座。如福清瑞云塔的单层须弥座具江南地区宋代古塔的特征，收分圆和，形态健美，从下往上由圭角、下枋、下枭、束腰、上枭和上枋构成，束腰雕刻侏儒力士和狮、麒麟、马、鹿等瑞兽。其他如开元寺东西塔、涌泉寺千佛陶塔、长乐三峰寺塔等均为单层须弥座，显得简洁大方。

2. 双层须弥座

双层须弥座具有一定的节奏感。如闽侯青圃石塔的塔基为一大一小双层须弥座重叠而成。其他双层须弥座的塔还有同安西安桥塔、闽侯陶江石塔、古田幽岩寺塔、宁德同圣寺塔等。不过双层须弥座多出现在中小型塔上，主要目的是为了增加塔的高度和美感。

幽岩寺塔须弥座　　　　　　　　　　　　吉祥寺塔须弥座

3. 三层须弥座

三层须弥座是形制比较复杂且规格较高的建筑构造。如古田县吉祥寺塔的三层须弥座主要起了三个方面的作用。①使塔身更加稳固。吉祥寺塔塔身较长，如果只做一层或两层须弥座，塔身就不够稳定，三层须弥座使塔体重心向下，可坚固塔身。②增加塔的高度。吉祥寺塔是中型塔，周长有限，因此影响到塔的高度，建三层须弥座，可以增高塔身，即使在远处也能看见。③视觉上的美观作用。三层须弥座稳重大方，使塔更加高大，有着强烈的节奏感和韵律感，增强了艺术审美效果，突出了佛教至高无上的宗教精神。吉祥寺塔这种三层须弥座塔基，层次感分明，具有相当成熟的建筑技术与设计理念。其他如漳州塔口庵经幢也为三层须弥座。三层须弥座真实地体现了宋代佛塔的建筑风格。

福建还有少数古塔的基座比较简单，没有使用须弥座。如福州定光塔和含光塔的基座仅仅是一层低矮的石板，连江元代的普光塔基座是用两层石块堆砌而成，素面无雕刻，简洁厚重。其他如罗源清代的万寿塔和护国塔也无须弥座。无须弥座的塔保留了唐代古塔的基本特点。

六、塔檐

中国古建筑最突出的形象特征之一就是流畅优雅的大屋顶，塔的建造借鉴了木建筑屋檐的造型与装饰，特别是楼阁式塔的塔檐，往往做出翼飞式，叠涩出檐，檐两端做成翘起的挑角，形成优美的曲线，美观大方。唐代古塔塔檐以砖、石平行或以菱角牙子出檐，很少采用斗拱，大都造型比较平直、呆板。到了五代和北宋初期，塔檐才开始出现曲线造型，并使用斗拱。明清时期的塔檐有砖叠涩出檐或施用斗拱，这时候的斗拱多为装饰之用。

福建古塔几乎都有塔檐，但只有部分塔施有斗拱。无论是何种塔檐，均是在模仿木构建筑的形态中发展起来的。这些仿木楼阁式塔的塔檐虽然不如木建筑灵巧，但匠师们根据石、陶、砖等不同材质的特性，精心设计与建造，依然显得轻灵典雅，别具特色。福建楼阁式古塔的塔檐一般会刻出檐子、椽子和瓦垄，每个檐面刻有筒瓦，工艺严谨，结构规整，给人以轻盈挺秀之美感，使塔身有凌空欲飞的态势。

福建古塔主要分为石塔塔檐和砖塔塔檐。

1. 石塔塔檐

福建古塔以石塔最为著名，大致可分斗拱出檐和叠涩出檐。

1.1 石构斗拱出檐

福建技术水平高超的石构塔檐有开元寺东西塔、石狮六胜塔、福清瑞云塔、仙游无尘塔和莆田释迦文佛塔等。

石狮六胜塔每层的斗拱结构与排列顺序均相同，仿造我国传统木构建筑的样式，突出斗拱、梁、枋等各种构件，具有一定的韵律感。虽然石质斗拱不如木斗拱柔韧，但这些石斗拱却具较强的抗震能力。其他如仙游无尘塔倚柱的栌斗上出一个下昂，昂上置齐心斗，往上又出一下昂，为双下昂，塔身每层叠涩三跳出檐。还有释迦文佛塔具有非常明显的木构化特征，整个塔檐下方结构为一秒一昂再加一秒一昂的辅作，而补间设一个辅作，构造与柱头斗拱相同。

从东西塔、六胜塔、无尘塔、释迦文佛塔、瑞云塔、万安祝圣塔等众多石塔的斗拱造型，可以领略到福建楼阁式石塔斗拱演变的过程。

1.2 石构叠涩出檐

福建大多数石塔没有斗拱，采用石构叠涩出檐。如仙游龙华双塔塔檐为

六胜塔塔檐

三重叠涩支撑，塔身出檐较小，只有 1.25 米；莆田东岩山石塔也无斗拱，一层塔檐为三重叠涩支撑，二、三层变为两重叠涩支撑，木构化特点并不明显。还有福州坚牢塔、古田吉祥寺塔、莆田塔仔塔与仙游望夫塔等大型楼阁式石塔也同样没有斗拱。其他如福州武威塔、福州文光宝塔、福州金山寺塔、罗源万寿塔等小型石塔因塔檐出檐较小，也不需要斗拱。

2. 砖塔塔檐

砖塔叠涩来源于汉代砖墓顶部的叠涩构造，是一种比较古老的砖造技术。楼阁式砖塔基本依照木结构的形式用砖在塔身外壁做出每一层的出檐、梁、柱、墙体与门窗等构件。福建砖塔只有一座为密檐式，其余全都是楼阁式塔，因此，只要研究楼阁式砖塔的塔檐，就可以全面了解福建砖塔的出檐形式。福建部分楼阁式砖塔塔檐仿木构意味较强，主要有两种出檐方式。

2.1 斗拱式塔檐

福建楼阁式砖塔塔檐施斗拱的有 10 多座，如晋江瑞光塔、福鼎三福寺双塔、福鼎昭明寺塔、连江含光塔、泉州定心塔、永定鲤鱼浮塔等均有斗拱。

晋江瑞光塔塔檐造型模仿木构传统建筑的样式，每层斗拱的结构与排列整齐匀称。瑞光塔每层角柱施转角铺作，一到三层塔檐每面各施一朵补间铺作，四、五两层塔檐补间没有铺作。福鼎三福寺双塔的仿木技术也同样高超，塔身每层角柱施斗拱，补间一朵

晋江瑞光塔塔檐

铺作。与三福寺双塔斗拱相类似的还有福鼎昭明寺塔，其转角斗拱为四铺作四拱造型，上方设两组一斗三升斗拱，如一朵绽开的莲花，补间斗拱与三福寺塔完全一致。我国楼阁式砖塔从唐代初期没有斗拱，到盛唐的一斗三升，再到宋代的双抄五铺作、三抄六铺作等，将砖塔斗拱的实用性发挥到极致。明代开始，斗拱的实际价值开始衰退，更多是起了装饰性的作用，三福寺双塔和昭明寺塔的斗拱正体现了这一状况，几乎是为塔身的美观而设计的。福建其他楼阁式砖塔斗拱的仿木技术同样巧妙，如泉州定心塔的斗拱为四铺作单下昂，造型纤细拘谨，小巧玲珑。

2.2 叠涩式塔檐

叠涩式塔檐是楼阁式砖塔经常使用的结构方式，采用砖叠压着一层接一层地向外延伸，形成一个倒阶的梯形，扩大塔的层面面积，其中又以菱角牙子叠涩最具特色。

① 菱角牙子叠涩

菱角牙子原为古建筑墙顶形式，一般出现在普通砖墙上，其特点是在盖板与头层檐之间，砌筑一层两面斜置的跳砖，因有露明的砖角，又称"菱角檐"。由于受砖檐材料长度的制约，砌筑条砖时，一般要遵循层数宜少、厚度宜薄、出檐宜小的原则。福建楼阁式砖塔塔檐较多采用菱角牙子叠涩，根据菱角牙子的层数，又分为以下四种。

第一种四层：四层菱角牙子所承托的塔檐比较宽大，如漳平麟山塔一到三层以四层单砖和菱角牙子相间叠涩出檐。第二种三层：龙岩挺秀塔、永安登云塔、龙岩擎天塔以及连江含光塔的塔檐下均为三层菱角牙子叠涩。第三种两层：上杭三元塔的塔檐下为两层菱角牙子叠涩。还有松溪奎光塔的第二、五、七层的双层菱角牙子摆砌的方向相反，底下一层菱角往右，上面一层菱角则向左，颇具节奏感。第四种一层：一层菱角牙子的塔檐都比较短小，如建阳多宝塔的塔檐下施一层菱角牙子，上方再设木椽，而邵武灵杰塔是在单混上再设一层菱角牙子。

② 平砖叠涩

福建楼阁式砖塔有的没有斗拱和菱角牙子，而是直接平砖出檐，显得简洁大方，如福州定光塔塔檐比较简洁，以单混叠涩出挑承托塔檐。顺昌虎山塔塔檐以双层叠涩出檐，塔檐平直且纵深小，只是在两端起翘。还有龙岩步云塔、永定鲤鱼浮塔、永定天后宫塔、武夷山岚峰塔、福安凌霄塔等也是平砖叠涩出檐。

砖叠涩的原理是利用砖材的抗剪强度，由于砖是抗拉较弱的材料，容易折断，因此出跳长度所承载的重量需有一定的限度，不宜过长。叠涩式构造将塔檐砌筑得

挺秀塔塔檐

定光塔塔檐

别具特色，增添了塔檐的曲线美和韵律感。

福建还有一些其他材质的塔檐，如千佛陶塔借鉴楼阁式塔的仿木构塔檐；部分砖木混合塔和木塔采用木构建筑的屋檐结构，如永定天后宫塔和鲤鱼浮塔、永泰麟瑞塔等。

七、平座

平座是塔体的重要组成部分，为空中回廊，类似于现代楼房的阳台。平座在宋《营造法式》中名"阁道""橙道""鼓坐""平坐""飞陛"等。在我国传统建筑中经常使用，南方楼阁式塔往往都有平座，便于游客欣赏风光。寺庙中佛塔上的平座，经常被僧人用作传呼僧众、宣布重要事宜的地方。塔上的平座借鉴了传统木建筑阳台的基本样式，而且有着装饰塔的作用。平座可分为真平座、假平座和真假混合平座等形式。有的平座带有栏杆，有的没有栏杆。

福建大型楼阁式空心塔中许多带有真平座，如福州坚牢塔、连江仙塔、连江普光塔、福清瑞云塔、福清鳌江宝塔、福清万安祝圣塔、开元寺东西塔、仙游无尘塔、莆田释迦文佛塔、莆田东岩山塔和莆田东吴塔等均建有完整的平座。其中瑞云塔、坚牢塔、东西塔、东吴塔等的平座较宽大，还设有石栏杆，可以环绕塔身，远眺景色。

有的小型楼阁式实心塔也设平座，又称假平座，完全是起装饰性的作用。如鼓山涌泉寺千佛陶塔每一层平座都以实心栏杆围成，以增

鳌江宝塔平座

强塔身外形的节奏感，起到美观的作用。还有南安永济宝塔也设有假平座，但没有栏杆。

石狮六胜塔和仙游龙华双塔的平座为真假混合平座，其回廊较为狭窄，仅容一人侧身而过，可见此塔平座已退化，主要功能并不是供人登临游览。

八、门窗与佛龛

1. 门与窗

塔身上辟门窗，不仅起到观赏作用，还可通风透光，具有美化和装饰的作用。

福建古塔的塔门主要有三种形式。①圭角形门。长乐三峰寺塔塔门用弧形石板叠涩做圭角形券门，这是福建地区多数塔门的做法，如福清鳌江宝塔和福清万安祝圣塔均采用这种方式。②方形门。方形门比较简洁大方，如永泰联奎塔、福清瑞云塔、连江普光塔、连江仙塔、连江含光塔、闽清台山石塔、莆田释迦文佛塔、仙游无尘塔、莆田东吴塔和莆田石室岩塔等的门窗均是方形。③拱形门。拱形门在我国古塔中经常见到。如莆田东岩山塔、福州定光塔和马祖东引灯塔等均使用拱形门。

福建古塔窗户的样式有三种：①拱形窗。如龙岩擎天塔、武夷山岚峰塔、建阳联升塔和福安凌霄塔等均为拱形窗。②方形窗。如龙岩步云塔、永定天后宫塔等都设方形窗。③圆形窗。圆形窗比较柔和，如龙岩龙门塔、漳平毓秀塔和龙海晏海楼等均采用圆形窗。

2. 佛龛

塔作为佛教产物，基本都有辟佛龛。福建古塔的佛龛造型有三种：①拱形龛。如连江含光塔、建阳多宝塔、松溪奎光塔、建阳普照塔、邵武聚奎塔、晋江星塔和泰宁青云塔等均为拱形龛。②壶形龛。壶形龛是由佛陀背光与龛面的变化而形成的，具有装饰意味。福建楼阁式砖塔设壶形龛的比较少，如福鼎三福寺双塔每一层的每一面都设壶形龛，其他如邵武灵杰塔和永安登云塔等也是如此。③方形龛。方形龛比较简单，如泉州定心塔采用方形佛龛。

定心塔佛龛

唐末五代之后，施工人员发现在塔身每层同一垂直方向辟门窗和佛龛，不利于塔的坚固性，于是改进门窗和佛龛的位置和方位，采用隔层开辟门窗和佛龛的方式。福建空心塔的门窗及佛龛的位置设计有着一定的科学性，如福清的万安祝圣塔第一层和第七层只有一面开门，二至六层则两面开门，而且门的位置逐层错开，避免了开口集中在同一条垂直线上，平均分散重力，增强塔壁整体结构的稳固性，使塔的造型更加生动和美观，富有韵律感，这也是宋元时期古塔常用的手法，颇具科学原理。如泉州定心塔每层均开4个佛龛，且每层佛龛方位相互错开；福鼎昭明寺塔每层的拱门与佛龛相错。这种门、窗、佛龛上下位置相错的建筑方式，使塔身应力均衡，防止塔体纵向开裂，保证砖塔的坚固持久。

九、塔刹

塔刹也称塔顶，是塔造型中较特殊的重要构件。我国著名古建筑研究专家吴庆洲教授认为，塔刹是"神圣的佛教象征意义的复合体"。各种式样的塔都有塔刹，所谓"无塔不刹"。福建古塔塔刹主要有以下几种。

奎光塔塔刹

1. 相轮式塔刹

这种样式的塔刹多出现在元代之后的古塔上。如松溪奎光塔为金属相轮式塔刹，从下往上分别为基座、覆钵、露盘、十三层相轮、宝盖、刹杆、宝珠，其中相轮为两头窄中间宽的菱形。其他如仙游出米岩石塔塔刹为五层相轮；仙游天中万寿塔塔刹为一根鞭状石柱，共七层相轮。

2. 宝珠式塔刹

宝珠式塔刹又称作宝顶，施工方便，是塔刹中较为简单的一种，也是明清时期风水塔使用最多的塔刹形式。龙岩龙门塔塔刹直接安置一个砖质宝珠，上方立一根刹杆。其他如顺昌虎山塔塔刹只安置一颗宝珠造型，造型简洁明快。

3. 葫芦式塔刹

这种塔刹是在塔顶上用砖或石砌基座，上方安置葫芦形塔刹，中间立刹杆，一般在唐、宋、明、清的古塔中比较普遍。

福建古塔基本都是葫芦式塔刹。如福州定光塔的宝葫芦塔刹比较复杂，由基座、覆钵、露盘、宝葫芦、宝盖以及宝瓶等组成，造型古朴厚重，露盘八方各垂铁质浪

挺秀塔塔刹

风索，连接塔顶八角脊端；龙岩挺秀塔的葫芦形塔刹颇有趣味，葫芦下半部分是一个较大的半圆形，上半部分的葫芦嘴较长；龙岩擎天塔的葫芦形塔刹下半部分显得比较扁，而葫芦嘴特别长；莆田东岩山塔塔刹为石葫芦，三球两腰一尖，底下刻有九环九腰，上置顶盖，塔尖与角檐之间有八条浪风索，起到固定塔刹的作用，总体造型为中间鼓出两头小的锥形。

其他设葫芦式塔刹的楼阁式砖塔还有晋江星塔、福鼎三福寺双塔、武平相公塔、漳平圆觉塔（又称麟山塔）、龙岩步云塔、武夷山岚峰塔、建阳联升塔、福清龙江桥塔、福清五龙桥塔、福清灵宝飞升塔、长乐三峰寺塔、福州涌泉寺千佛陶塔、永泰联奎塔以及永泰麟瑞塔等。

4. 变体式塔刹

变体式塔刹创造性地改变佛塔固有的塔刹式样，出现多种造型各异的塔刹。福州有部分古塔为变体式塔刹，如福州西禅寺高僧墓塔的塔刹为六角形仿木构式屋檐造型，类似的还有连江明禅师塔。其他还有几种颇为独特的塔刹，如马祖的东引灯塔和东莒灯塔作为航标塔，其塔刹为指南针，已完全没有了佛教的寓意；罗源惜字纸塔塔刹则为一尊罗汉打虎的圆雕。

十、塔心室

只有空心塔才有塔心室，其内部结构较复杂，一般都有楼层，并修建砖、石、木或铁质阶梯以便攀登。福建空心塔内部主要有四种结构。

1. 穿心绕平座式结构

穿心绕平座式是宋代古塔的内部结构之一，登塔时首先从第一层塔门进入，先登台阶进入位于中心的塔心室，然后拐90°弯继续攀登，才能登临到第二层平座，如要再上一层，需沿着平座环绕塔外壁半周，才能进入通往上一层的塔门，往上各层的登塔方式相同，如此逐层循序渐进，直至顶层。

福州五代、宋代与明代的楼阁式空心塔塔心室大多数采用穿心绕平座式结构，如福州坚牢塔、连

仙塔塔心室

江仙塔、长乐三峰寺塔、福清瑞云塔、马尾罗星塔、福清万安祝圣塔、福清鳌江宝塔等均为这种结构。这些塔每一层设有方形塔心室，但空间较小，每层塔心室各自独立，其塔壁、楼板和塔心室紧密结合为一体，而且如果第一层塔心室台阶是右拐90°，那么第二层就是左拐90°，第三层又是右拐90°，第四层又是左拐90°，如此逐层错开，避免楼道开在同一方向，防止地震时容易遭到损坏。

2. 塔心柱式结构

塔心柱是我国古塔内部构造的一种古制，最初来源自江南和中原地区的古塔样式，一些早期木塔都采用巨大木柱自下而上贯通全塔，并直入地下，这种结构样式使塔内部空间有着围合的感觉，同时也增加了塔心室的整体效果，比空筒式塔更为稳固。经过调研发现，江南与中原地区一些较早期的古塔曾使用塔心柱，如建于隋大业七年（611年）的山东历城四门塔是我国现存最古老的亭阁式单层石塔，也是中国现存唯一的隋代石塔，它的内部为塔心柱式，即以一根四方正棱的中心柱支撑整座建筑，绕柱一周为回廊，这也是早期部分佛塔的基本形式。还有建于唐懿宗咸通年间（860—874）八角九层，高40.98米的江苏常州天宁寺凌霄塔，就主要以木结构

六胜塔塔心室

为主，塔内部从第四层中心部位开始，竖立一根长 17 米的木柱直通塔顶，并用八根放射状扒梁与外塔壁相连。

福建最标准的塔心柱式塔是开元寺东西塔和石狮六胜塔。其他如龙岩擎天塔，塔内中间竖立一根粗大的圆形木柱做塔心柱，木柱四周有旋转式木梯，而木梯与塔内壁相连，使砖塔塔身与木构塔心柱紧密地连接在一起，确保砖塔的稳定性；瑞光塔塔腹筑六角形空心塔心柱，上方再竖一根大木柱以托塔盖，塔心柱与外墙之间还建台阶相连接。福州古塔中只有连江的普光塔和含光塔采用类似的做法。

3. 螺旋式结构

螺旋式结构最早出现在北宋砖塔中，即建塔时在塔内部设螺旋式阶梯，自第一层到顶层每一层按照圆形旋转折上，主要特点是楼梯转折较为弯曲，没有生硬的转角，登塔时盘旋而上，有着自然、舒适的感觉，这是宋代建造师对塔内部结构的改革与创新。

福州定光塔内部用木材建成盘式楼梯，从塔心室底部中心向上望，可以清楚地观察到木梯呈螺旋式构造。其他如邵武聚奎塔也采用螺旋式石阶登塔。还有福清龙山祝圣塔塔内虽为空筒式，但一至四层设有螺旋状石阶。

定光塔楼梯

4. 壁边折上式结构

壁边折上式是塔梯沿着塔内壁曲折而上，这种结构比较节省空间，建造起来也相对简单一些。

福鼎昭明寺塔塔心室为壁边折上式结构，扶梯紧靠塔心室内壁，转折处有一定角度的转弯；晏海塔每一层塔心室之间设楼板分隔开来，楼梯紧靠在塔的内壁，顺着塔内壁而上，是比较典型的壁边折上式结构。其他如永定天后宫塔和仙游无尘塔也采用壁边折上式结构。

昭明寺塔心室

5. 空筒式结构

空筒式是一种内部构造较为简单的塔心室结构，塔心室犹如一个天井，站在塔心室底部向上望，可以看见整个塔内壁的构造。

莆田石室岩塔内部为空筒式方形塔心室，内装木质楼梯可盘旋拾级而上。其他如龙岩挺秀塔、莆田东岩山塔也为空筒式结构。空筒式塔的缺点是平面上缺乏横向联系的力，抗震性能较弱。

6.混合式结构

其实许多塔并不只采用一种形式的塔心室，而是混合式结构，即塔内部结构为两种或两种以上的构造方式，这种形制的塔起源于宋代，成为独具特色的塔心室样式。

东岩山塔塔心室

晋江瑞光塔虽然是塔心柱式塔，但登塔楼梯又是螺旋式结构，而塔心柱内部为空心，又是空筒式结构；福州定光塔内部楼梯虽采用螺旋式结构，但内部空间也是空筒式构造；仙游无尘塔既是空筒式结构，又采取螺旋式与壁边折上式的阶梯。

瑞光塔塔心室

十一、塔身

塔身造型给人一种审美性。福建古塔有的高大挺拔、雄伟壮观；有的体量较小、稳定端庄；有的高低错落、主次分明。既有南方塔清丽纤秀的地域特色，又融入北方塔朴实庄重的审美情调。

福建的砖塔总体上体现出南方塔纤秀清丽、精巧玲珑、挺拔圆润的地方色彩。如龙岩挺秀塔塔身飞檐翘角，轻盈飘逸，塔体高耸、截面较小，比例均衡，整体造型秀丽端庄；福鼎三福寺双塔造型活泼，塔身细长美观的线条、逼真的仿木构件、精巧的建筑方法，都具有很高的观赏价值，与江苏扬州

三福寺双塔

建于明代的文峰塔颇为相似；龙岩擎天塔如一根擎天柱竖立，外形线条明朗清晰，棱角分明，具有挺拔清秀的建筑风格，类似杭州的保俶塔；连江含光塔塔身为柔和曲线，稳重美观；武夷山岚峰塔建于武夷山市岚谷村田野中，远看似春笋拔地而起，塔身清丽俊秀，在青山绿水的映衬下，给人以古典韵味之美和清新脱俗之感，具有强烈的流动感与飘逸感，这些塔是南方楼阁式砖塔的典范。

姑嫂塔

福建还有部分古塔比较雄伟，具有北方楼阁式古塔的建筑风格，大部分都是一些大型楼阁式塔。如石狮姑嫂塔的造型充满阳刚之气，风格大度，气势巍峨，耸然秀立，给人以高耸舒畅、开阔华贵之美感，有中原地区唐宋楼阁式塔的特征；石狮六胜塔塔身粗壮伟岸，高耸屹立，也具有北方古塔的典型风格。类似的还有泉州东西塔、南平东西塔、上杭文昌塔、永定天后宫塔、顺昌龙山塔、福安灵霄塔和漳州石矾塔等，塔身均比较结实，给人一种强烈的震撼感。

福建还有大量体型较小的塔，如宝箧印经塔、亭阁式塔的塔身基本只有一层，形态较为方正，小巧玲珑。

总之，福建古塔既有玲珑剔透的南方风格，又具高大稳重的北方古塔特色，体现了福建多元文化的特点。

十二、色彩

塔的色彩与当地的建筑材料和气候特点有较大的关系。一般来说，南方的塔多白色与土红色，北方的塔多青灰色。

1. 石塔色彩

福建的花岗岩有灰白色、深灰色、肉红色、青绿色、黑色等，而在建筑方面，一般用白石较多，青石次之，黑石和其他颜色的石材较少。福建古塔多为石塔，一般为白色或青色，但随着气候和空气的变化，也会发生改变。如开元寺东西塔原为青白色，但由于受到大气污染的影响，如今变成乌黑色。类似的还有福州坚牢塔。

其他一些石塔一般都为青色或白色，体现了福建当地花岗石质地的特性。

2. 砖塔色彩

福建楼阁式砖塔以青砖、红砖或其他辅助材料建成，但由于塔刹涂抹材料的差异，呈现出不同的色彩效果，主要有以下四类。

2.1 白色

福建砖塔大部分都以石灰抹面，有的塔身局部施彩绘，但多数仍为白色。福州定光塔除了塔顶和塔刹为乌黑色外，其余通体雪白，给人一种洁白无瑕之感觉；晋江瑞光塔用白灰粉刷，如今为灰白色；武夷山岚峰塔塔身灰白色，塔檐深灰色，显得朴素、纯净。其他如建阳联升塔塔身为白色，塔檐为橘黄色。相类似的有建阳普照塔和上杭三元塔等。

2.2 灰色

福建还有一些楼阁式砖塔保持灰砖的材质，全塔均为深灰色，如龙岩擎天塔和挺秀塔全部以灰砖建造而成，外表没有涂抹任何材料，保留灰砖特有的高雅、稳重、低调、内敛之感。其他如武平相公塔、莆田石室岩塔等也是如此。

2.3 红白色

闽南地区以红砖闻名，也有部分砖塔以红砖示人，如晋江星塔的色彩颇为特别，整座塔身以红砖砌成，但只保留转角立柱和塔檐的红砖材质，其余部分粉刷成白色，塔身红白相间，十分醒目，冷暖互补，独具美感，具有浓郁的泉州地方建筑特色；泉州定心塔也是红白相间，其塔檐上方的瓦筒、瓦盖和斗拱均用红砖，其余塔身部分为白色。

2.4 其他颜色

还有一些色彩富有装饰效果的砖塔，如漳平毓秀塔由于外墙涂有红色涂料，经过风雨的侵袭，如今呈现出淡淡的粉红色；永定天后宫塔塔身白色，塔檐深灰色，有着闽西白墙灰瓦的民居特色，最有特点的是塔刹的葫芦顶，用瓷都景德镇特制的圆缸垒成，分红、黄、蓝、白、青诸色；福鼎昭明寺塔塔身涂抹黄色，立柱、梁枋与斗拱用粉红色。

3. 其他古塔颜色

除了砖石塔外，其他材质的塔呈现出不同的色彩。涌泉寺千佛陶塔由于是陶质材料，为陶红色，显得浑厚古朴；连江钱弘俶铜塔因年代久远，已经变成黑色；涌泉寺释迦如来灵牙舍利宝塔虽为铁塔，但外表涂成金黄色。

总体看来，福建古塔色彩多样，体现了八闽建筑丰富多彩的文化内涵。

综上所述，福建古塔建筑善于表达地域特色，塔檐优美，外轮廓变化丰富，楼阁式塔每层均有门窗，特别是楼阁式石塔建造技术高超，具有浓郁的闽地建造特色。

第五章 福建古塔的雕刻艺术特征

　　中国古塔都会有些雕刻，本意是为了宣传佛教思想，实际上却美化了塔，达到一定的艺术效果。许多塔通身上下满是浮雕，犹如一个雕刻艺术世界。福建古塔雕刻在唐五代时期较为粗犷，宋代开始逐渐精细，且雕刻面积越来越大，元、明古塔均雕刻细致，清代古塔雕刻比较简单。一般来说，佛塔雕刻较多，而纯粹的风水塔雕刻相对较少。

　　福建古塔雕刻大多数都集中在石塔之上。福建石雕历史悠久，源远流长，享有"石雕之乡"的美誉，而福建古塔保留了大量的石雕作品，为研究闽地石雕工艺水平提供了珍贵的实物。如福清瑞云塔、长乐三峰寺塔、福州坚牢塔、莆田释迦文佛塔、仙游天中万寿塔、古田吉祥寺塔、开元寺东西塔和石狮六胜塔等都留存着为数众多的精美浮雕。这些雕刻均很精彩，题材多样，有佛教故事、飞天、护法金刚、力士、吉祥图案、神禽瑞兽等。通过对古塔雕刻的研究，可以看出福建古塔雕刻题材广泛，工艺精美，内涵丰富，具有很强的地方文化特色，并能熟练运用传统的比喻、象征、寓意、表好以及祈福等艺术手法，将社会的传统道德思想融入雕刻作品之中，具有浓厚的宗教色彩和鲜明的地域特色。除了石塔之外，闽北地区的砖塔上还有部分砖雕，如邵武的聚奎塔和灵杰塔等，而福建唯一的陶塔——千佛陶塔也拥有许多精美的陶雕。

　　福建古塔雕刻题材主要有人物、动物、植物、符图、山水、法器与文字等。

一、人物雕刻

福建古塔的人物形象丰富多彩，有佛、菩萨、罗汉、高僧、天王、神将、金刚、飞天、双头羽人、武士、侏儒力士、官员和普通民众等。

1.佛像

佛像雕刻是佛塔中必不可少的，主要有佛祖圣像、佛本生故事以及佛本行故事等。由于我国佛像到了唐代时已基本成熟，因此，塔上佛像造型大都比较相似，出现最多的是结跏趺坐的佛像。如福州武威塔塔身每面佛龛内浮雕结跏趺坐于莲台之上的佛像，双手合十或结禅定印；福州圣泉寺双塔每层各面都辟雕着端坐莲花瓣之上佛像的佛龛，或结禅定印，或合十，并在两边刻佛像名称与施主名字；涌泉寺千佛陶双塔塔壁贴两千余尊佛像，其中东塔壁贴有坐佛1038尊，西塔有1122尊，均为结跏趺坐造型；晋江江上塔第二层塔身每面雕结跏趺坐佛像。当然，还有少部分佛塔雕刻各种动态的佛像，如开元寺东塔五层上的释迦牟尼佛，为出雪山像，身披僧衣，袒露右胸右臂，面带微笑，颇具亲切感。相对佛祖形象而言，一些佛教故事中出现的佛形象就更加随意。开元寺东阿育王塔塔身的山花蕉叶每一面为佛本行故事浮雕，如"兜率来仪""毗蓝诞瑞""太子出游""沙门示相""连河澡浴""牧女献糜""初转法轮"等。因佛本行故事描述的是佛祖释迦牟尼在成佛之前的事迹，所以在佛像造型上较随意。梵天寺西安桥塔每面塔身刻佛龛，内为佛本生故事，歌颂佛祖前世为救度众生，自我牺牲，忍受痛苦的善行。另外，开元寺东塔须弥座上的佛

武威塔佛像

千佛陶塔佛像

本生故事和佛本行故事有：童子求偈、青衣献花、金鹿代庖、天人赞鹤、田主放鹦、雉扑野烧、忍辱仙人、舍身饲虎、兜率来仪、毗蓝诞瑞、太子出游、沙门示相、雪山苦行、牧女献糜、天王争钵、连河澡浴、道树降魔、钵降火龙、乳光受记、玉象剃塔等，题材相当丰富。

开元寺东塔"青衣献花"

2. 菩萨像

福建古塔上有大量的菩萨造像。随着佛教的世俗化进程，塔上原先以宣传人生苦短、告诫人们追求佛国彼岸的佛传故事逐渐让位给能赋予民众现世得福报的观世音等菩萨像。观音以慈悲为怀、关心人间疾苦著称，因此我国佛信徒普遍信仰观音，自北魏以来，造观音像风气逐渐兴盛，宋代时形成"家家户户观世音"的盛况。泉州、仙游的佛塔雕刻出现许多观世音形象，如天中万寿塔塔身四面均为观音头像，分别是圣观音、清凉观音、鹰瓶观音和无碍观音，这四面观音千年来庇护着四方百姓。其他如开元寺东西塔、泉州文兴塔、晋江潘湖塔上均雕刻观音像，其中，潘湖塔的观音像在当地还有一个较通俗的名字——"塔公""塔母"，村民每年还会举办祭拜活动。福建古塔上还雕有一些群众喜闻乐见的菩萨，如弥勒菩萨、普贤菩萨、日光菩萨、月光菩萨、地藏菩萨、韦陀菩萨、光明菩萨、妙音菩萨等。如开元寺东塔塔身上的弥勒菩萨像造型来源于五代时期无拘无束的布袋和尚，已没有早期秀美端庄的形象，融入了民间的情趣。泉州月光菩萨塔和文兴塔上的月光菩萨是中国民间最流行的俗神之一，还是面向大海让人们求姻缘的

聚奎塔佛菩萨造像

海神，选择雕刻月光菩萨像，说明当地民众对此尊菩萨的崇敬与信仰。佛教中的菩萨以智上求菩提，用悲下救众生，而且每一位菩萨均有不同的象征意义与功能，符合民众求福慧的心理，因此人们更乐意祈求菩萨的保佑与庇护。

3. 罗汉、高僧像

福建古塔上还有许多罗汉和高僧像。据佛经记载，罗汉是已脱离生死轮回的圣者，可以帮人们去除生活中的一切烦恼，佛涅槃后，曾令十六大阿罗汉永住世间，随缘度化众生。自唐代玄奘法师译出《大阿罗汉难提密多罗所说法住记》之后，十六罗汉受到佛教徒的普遍崇奉，其造像也开始流行起来。福建佛塔中出现较多罗汉像的是开元寺东西塔、石狮六胜塔和莆田释迦文佛塔，其中西塔上就有阿难、迦叶、伏虎、降龙和解虎等罗汉，他们身着僧衣，简朴清净，姿态不拘，随意自在，具有人性化特征。这些罗汉姿态生动，充满人间情趣。因中国历史上许多高僧大德得到人们广泛尊敬，所以一些塔上高僧像较多，如东西塔上的寒山、拾得、道宣、法藏、慧远和达摩等，其中，拾得和尚头戴桦皮冠，咧嘴而笑，俨然一副普通百姓的表情与神态。这些充满人间烟火气息的罗汉与高僧，有着典型的世俗化特色，是佛教造像人性化的突出表现。

4. 天王、神将、力士等像

福建古塔上的天王、神将、金刚等造像也同样十分精彩。如邵武聚奎塔的砖雕金刚像独有特色，其一层佛龛雕有四大金刚造像，有东方持国天王、南方增长天王、西方广目天王、北方多闻天王。这4尊金刚代表风调雨顺，是闽北地区砖雕的代表作。还有如闽侯莲峰石塔、闽侯青圃石塔和福州坚牢塔上，均有一些小型神将。这些天王、神将、金刚像给人威武、强悍的感觉。

福建古塔人物浮雕中还有许多其他形象，其中最有趣的是须弥座上的侏儒力士。如晋江瑞光塔、福清瑞云塔、福州涌泉寺千佛陶塔、闽侯的陶江石塔和莲峰石塔等

聚奎塔四大金刚造像

陶江石塔侏儒力士造像

的须弥座束腰上，都有这些可爱、滑稽、矮小、粗壮的力士。其中，南安桃源宫经幢须弥座上的八尊侏儒力士个个矮矮墩墩，挺胸露腹，以矮小的身躯托住幢身。这些力士具有丰富的表情和动态，形态健美威严，充满丰富的艺术想象力，体现了民间艺人的高超想象力。

莲峰石塔侏儒力士造像

5. 其他人物像

福建有一些风水塔上有官员的形象，如永泰联奎塔第一层塔门左右两边为高浮雕，左右各立一名头戴官帽的官员。在福建古塔中，只有联奎塔塔门由文官来把守，颇为奇特。

福建古塔上还出现普通人物形象，如仙游槐塔的第三层塔壁六面均刻有浮雕壁画，分别是：夫妇教子、衣锦还乡、大鹏展翅、庆功摆宴、建坊颂德等情节，具有浓郁的儒家文化特色。塔上雕刻平民形象，体现佛塔此时已经相当世俗化了。

槐塔"大鹏展翅"

古塔上往往会出现多种人物混合排列。如石狮六胜塔塔壁布满雕刻，每层塔门和佛龛两边均浮雕佛教人物像，两人为一组，相互之间有着相应对称、性类相近的内在关系，每层16尊神像，五层共80尊。第一层为金刚、天王像，第二层主要为菩萨、金刚和阿修罗像，第三层为天王像，第四、五层为菩萨、罗汉和高僧像，整座塔俨然是一个盛大的佛教世界。这些人物浮雕，造型雄健，表情严峻，姿态动作、衣饰器物显得自然逼真，各自身上的帔帛飘带表现得龙飞凤舞，临风抖动，整体画面饱

释迦文佛塔东面罗汉造像

满，空间比例和谐，有着佛教的威严感，具较高的艺术价值。

二、动物雕刻

福建古塔有众多动物的形象，主要为瑞兽，有貔貅、蟠螭、龙、狮子、大鹏鸟、凤凰、玉兔、孔雀、仙鹤、乌龟、蝙蝠、鹿与马等，体现了福建古代劳动人民追求平安幸福的朴素愿望。这些瑞兽主要有猛兽、鸟类，其他还有鱼类、爬行类等多种动物。

1. 猛兽

貔貅是传说中的一种凶猛的瑞兽，能吞万物，有着纳食四方之财的寓意，中国传统文化中常通过塑造貔貅将某一地区的邪气赶走，并带来喜庆与欢乐。惠安仙境塔所在的仙境村原先是一处穷乡恶水之地，生存条件恶劣，村民便在村口修建了三座石塔，塔内供奉"貔貅"，用以镇住对面岩山的水蛇，传说自从建了石塔之后，村民从此幸福安康。蟠螭为龙属的蛇状神怪之物，是一种没有角的龙，生得虎形龙相，据传是龙与虎的后代，具有龙的威武与虎的勇猛，在古代军队的军旗、印章以及兵器上常出现。石狮蚶江石经幢雕有蟠螭造型，主要起镇邪的作用。双龙戏珠作为一种喜庆的装饰图纹，多用于建筑彩画和高贵豪华的器皿装饰上，象征人们对美好生活的向往。闽南地区一些宋代石经幢塔束腰上的双龙戏珠，张牙舞爪，孔武雄健，典雅洒脱，仿佛在空中游动，体现了宋代雕刻的时代特征。

在众多的猛兽中，狮子戏球的数量是最多的，这也是福建古塔雕刻的特点。在佛教中，狮子被逐渐神化，成为佛法威力的象征，而狮子滚绣球多用于民俗喜庆活动，寓意消灾祈福。福建许多古塔的须弥座上均有狮子，如南平万寿塔、南安诗山塔、南安牛尾塔、南安五塔岩石塔、泉州东西塔、闽侯青圃石塔、闽侯莲峰石塔、连江仙塔等。

2. 鸟类

德化鹏都塔塔盖各角立有一只凤鸟，比喻德化人才如大鹏展翅一般，翱翔四方。我国一些政治家经常以大鹏鸟自居，作为一种高志远向和豪放气概的象征，鹏都塔反映了德化官员的政治抱负。凤凰是一种神化了的民族图腾，人民认为它能带来光明，让祥瑞降临世间。福建古塔有大量凤凰图案，基本出现在须弥座上，如闽侯陶江石塔第二层须弥座上的一对凤凰，一只腾空而起，另一只从天而降，各自围绕着中间一颗宝珠，两只凤凰均表现出很强的动感。其他如孔雀、仙鹤、蝙蝠等也经常出现在塔上。

福建古塔上的鸟兽中，还有几种我国本土比较少见的动物，如经幢塔上有一种奇特的鸟，即迦陵频伽。泉州通天宫经幢顶上就有 4 只动态优美的迦陵频伽。迦陵频伽又称歌罗频伽，被作为佛前的乐舞供养，是一种人鸟结合的形象，主要任务是宣传教义。其他如宝箧印经塔上的金翅鸟，又称"伽楼罗"，来源自古代印度神话传说，是佛教天龙八部之一的护法形象，传说此鸟会吃龙族，因此被用来镇妖龙保平安，如天中万寿塔塔身四转角各有一只嘴巴宽大的金翅鸟。

3. 多种瑞兽结合

福建有一些古塔同时雕刻有多种瑞兽，简直可以构成一个动物乐园，如莆田东吴塔的须弥座束腰浮雕麒麟、蛟龙、凤凰、狮子、猛虎、麋鹿、仙鹤、鱼、鸟等图案。其中，双龙戏珠图为围绕着一颗彩球起舞的两只腾云驾雾的盘龙；麒麟图有两只麒麟向着太阳而立，四周刻方胜、钱币纹样；凤凰图为两只回头相望的凤鸟；龙鱼图应该是描绘了鲤鱼跳龙门的故事，五只鲤鱼在波涛汹涌的水中跳跃，左上方一只蛟龙。还有泰宁宝盖岩舍利塔第一层基座浮雕大象、老虎、猕猴、喜鹊、飞马、孔雀、仙鹤等，三层塔座浮雕麒麟、凤凰、仙鹤、麋鹿等，具有强烈的民俗特色。

福建古塔的动物雕刻种类较多，代表着吉祥之意，人们借物喻志，通过动物表达思想感情。

三、植物、符图、山水、法器等雕刻

中国自古以来就以植物、符图作为吉祥如意的象征。福建古塔的植物雕刻主要有莲花、石榴、牡丹、兰花、菊花、梅花、松树等，符图有方胜、"卍"字等。这些植物、符图均围绕着佛菩萨像，使得塔身更加绚丽。人们希望通过植物、符图的雕刻，能带来幸福美满的生活。

古田吉祥寺塔的植物雕刻有莲花、石榴等，符图有方胜、"卍"字等图案。塔的第二层须弥座束腰有莲花和石榴，而第三层须弥座上枋为饱满大气的仰莲。塔身第三、五层佛龛两边为莲花盆景。由于佛教崇拜莲花的缘故，在魏晋南北朝时期，莲花已成为各种佛教艺术器物上常见的图案纹饰，福建佛塔上几乎都雕刻有莲花造型。吉祥寺

吉祥寺塔莲花造型

塔还有符图图案，如第三层须弥座束腰有方胜图形，其第四、五、六、七、八、九层塔身佛龛下方也有方胜。另外，塔身第二层刻有"卍"字图案。

其他如仙游天中万寿塔、南平东西塔、莆田释迦文佛塔、开元寺东西塔、福清瑞云塔上均有许多花卉图案。在所有的花卉中，莲花瓣是出现最多的，在福建大量古塔的须弥座的上下枭位置都会有仰覆莲花瓣，有单层莲花瓣、双层莲花瓣或三层莲花瓣。如建有双层须弥座的陶江石塔，第一层须弥座上下枭为双层莲花瓣，第二层须弥座下枭为双层莲花瓣，上枭为三层莲花瓣。在须弥座雕刻莲花瓣几乎已经成为塔的一种定式。

福清瑞云塔因是风水塔，与纯粹的佛塔不同，部分雕刻具有明代文人画的风格特征，如塔的第三、四两层上的假山造型颇为奇特，具有苏州园林中太湖石的审美特征。泉州东塔须弥座上的佛传故事里，有大量山水浮雕。

福建古塔上还有一些佛教法器浮雕。如仙游龙华寺舍利塔的一层塔基为六边形，

吉祥寺塔莲花造型

瑞云塔假山雕刻

宝盖岩舍利塔浮雕

每面刻法轮、法螺、金鱼、白盖、宝瓶、宝伞等佛八宝图案。

　　道教图案一般多用在风水塔上，如晋江江上塔台基八个角度阴刻有八卦图。八卦图原本为道教纹样，用在佛塔上，说明佛、道两家在装饰纹样上的互补性。

四、文字雕刻

　　文字是古塔上重要的装饰，主要有塔匾、横额、对联或警句等，往往书写祥瑞或歌颂的词句，而且大都是邀请当地名家书写，字体浑厚深沉、潇洒灵动，犹如塔之明眸，顾盼有情。

　　泉州洛阳桥月光菩萨塔东面上有描红的佛教梵文"种子字"，是人们常念的佛号"南无阿弥陀佛"，代表吉祥如意的寓意。而塔北面刻有"诸行无常，是生灭法，生灭灭已，寂灭为乐，常住三宝"等字，这是佛教里相当著名的一首偈语，告诫众生看破红尘，早日修道。南面塔壁刻有"诸佛出世，欲令众生开示悟入佛之知见，使得清净故"等佛语，直接以文字表明佛教的基本教义与思想。这些通俗易懂的文字语言，

月光菩萨塔文字雕刻

使人们更便于理解佛教的观念。安溪雁塔塔身没有其他题材的浮雕，清一色全部是文字雕刻，其第二层北面塔阁刻"碧溪耸秀"四字，塔身第三层塔阁刻"雁塔"两字，右边落款"万历丁酉春吉"，第四层塔阁刻"干云障澜"四字，上款"万历戊戌

春吉",下款"汉鹏陆万里题"。这些文字说明雁塔是典型的风水塔,祈求当地文风兴盛。福建古塔文字最多的是仙游槐塔。槐塔塔身布满寓意深刻的文字。第一层南门两边对联:"斗拱星环槐桂堂开八面,云从塔应桃花浪滚三层。"北门对联"地萃琨烟人倚玉,天开塔影世乘骢"。第二层神像两边有对联"鹊走三台临国族,蝉联五色护魁星",横批"纲张奎壁"。塔上以文字表达儒释道学说的精义,具有简明、直接、通俗的特点,有着较强的社会教化功能,也是佛塔世俗化的一种表现。

综上所述,福建古塔雕刻内容丰富,题材多样,比例协调,形态生动,工匠们使用粗中有细的圆刀技法,勾勒出各种形象,结合了精巧与粗朴两种工艺,遵循写实艺术原则,运用娴熟的雕刻技术,无论对人物、动物形态,还是对花草、山水、文字,均一丝不苟地雕琢,把现实生活的元素融入艺术创作中,具有民间朴素的表现风格,不愧为雕刻艺术的精品。福建古塔雕刻艺术是在佛教教义的基础上,汲取传统儒、道文化,并结合当地民风民俗而创造出来的。

五、雕刻艺术的审美特征

福建古塔上的人物、动物、植物等雕刻,艺术形象活泼,为塔的主题思想增添了异样的光彩,体现了实用与审美的和谐统一,既具有北方雕塑浑厚大气的风格,又具南方雕刻清秀的特征。

1.造像形式生动多变

福建古塔造像极为生动。如福清瑞云塔的浮雕艺术丰富而有变化,整个塔犹如佛国幻境,善男信女一走进石塔,就会产生庄严神圣的崇敬之心。其中,人物的端庄自然、瑞兽的轻灵活跃、植物的婀娜多姿,通过拟人、重构、综合等手法来表现,体现了工匠们高超的水平。比如形态多样,各有表情,姿态均不相同的狮子,既威风凛凛,又憨厚有趣;莲花造型既有规整如一的仰莲,又有文人画中灵活多变的姿态;侏儒力士虽然总体造型相似,但除了表情各不相同外,手势也各有千秋,无不反映了匠师们灵活

瑞云塔浮雕

多变的艺术表现力。

2.民间朴素的表现风格

福建古塔装饰雕刻散发着八闽古代民众的智慧之光，体现人民率直、抒情、直觉的朴素风格。许多形象是对平民生活的歌颂，更像是自娱自乐心态下的创造，是民众自身对美的本真感悟。一些雕刻如果从严格的造型角度来看，或许还有所欠缺，但却体现了工匠的纯真、朴素的情感。如宁德同圣寺塔上佛像脸部的神情，莆田释迦文佛塔奔跑的力士，泉州开元寺东西阿育王塔佛本传故事中多种姿态的人物，以及许多古塔须弥

同圣寺塔佛像

座上表情丰富的力士和塔身的罗汉、天王等，均体现了民间艺人质朴的感情。

3.雕刻技术娴熟丰富

福建古塔雕刻工艺技术娴熟，主要是浮雕，其余还有圆雕、沉雕等。

浮雕是在平面上雕刻出凹凸变化的一种技艺，是半立体的雕刻品。福建古塔雕刻几乎均是浮雕作品。那些庄严严肃的佛像、慈悲亲切的菩萨、刚猛强壮的神将、自由快乐的飞天、滑稽幽默的力士、活泼可爱的瑞兽、生机勃勃的花草树木等，均是优秀的浮雕艺术品。圆雕是立体的雕刻作品，福建古塔塔壁一般都辟有佛龛，原本里面均有圆雕佛像，可惜如今大部分已丢失，如今在塔檐上或塔心室内还保留部分圆雕作品。如邵武聚奎塔塔心室内有砖雕佛菩萨造像，神态逼真，衣纹线条柔美精细，是闽北地区明代民间工艺的珍品。沉雕是在平滑的石面上描摹物象，整体画面浅浅地凸出底面，层次分明，又称浅浮雕。如福清瑞

聚奎塔佛菩萨造像

云塔、泉州开元寺阿育王塔上的雕刻有沉雕作品，图案线条清晰，纹理流畅。

其实福建古塔上的雕刻，运用了多种雕刻技艺，在以浮雕为主的基础上，再运

用圆雕、沉雕、线雕等技术进行塑造，雕法圆熟，藏锋不露，重视内涵。

4.构图统一中求变化

福建古塔雕刻在构图布局上也别具
一格，力求统一中有变化。如泉州东西
塔、长乐三峰寺塔、石狮六胜塔、南安
永济宝塔、南安诗山石塔、顺昌如如居
士塔、泰宁宝盖岩舍利塔等，工匠们围
绕塔的整体造型结构，把塔身分隔成许
多整齐的方形，各种形象都巧妙地安排

宝盖岩舍利塔浮雕

在不同方形中。其中，三峰寺塔的佛菩萨造像均较为规整，形象端庄肃穆，而四周
瑞兽、花草等装饰造像则雕刻得极为生动、开放。

综上所述，福建古塔雕刻遵循写实艺术的原则，运用娴熟的雕刻技术，无论对
人物、动物形态，还是对植物、山水、符图等，都认真细致地雕琢，把现实生活的
元素融入艺术创作中，力求形象逼真，质感强烈，具有很强的教化意义，蕴含群体
的审美情感，不愧为雕刻艺术的杰作。人们在观赏这些雕刻时，能够获得心灵的
安慰。

六、雕刻艺术世俗化的文化渊源

福建古塔雕刻一个最大的特点是浓郁的世俗化特征，具有深厚的民间文化渊源，
其人物、动物、植物、山水等十分接近于现实中的形态，保存了民间美术、民间审
美意趣以及民间信仰等普通民众的意识。虽然一些圣像、瑞兽是神的化身，吉祥的
写照，但并没有太多夸张的造型与动态，而是更接近于生活中的形象，是民众从平
时观察自然生活中的形态而得来的，可以总结为形态世俗化与手法逼真化。出现这
种情况，有其深层的社会原因。

1.佛教长期兴盛不衰

塔是佛教重要的标志物之一，在佛教较为发达的地方，往往建有许多塔，福建
就是如此。佛教早在南北朝就传入福建，唐代福州、泉州的佛教开始兴起，五代时，
闽王王审知、泉州刺史王审邽及节度使留从效大兴佛法，使得佛教发展迅猛。宋代

福建沿海社会经济发达，海外贸易繁盛，是佛教最为鼎盛的时期。元代福建佛教虽不如两宋繁荣，但仍然相当普及。明代福建佛教略有衰落，而清代因统治阶级的推广，佛教得到一定的复苏。

总体说来，历史上福建佛教长期兴盛，持久不衰，与海外交流密切，而且高僧辈出，佛教信徒众多，为佛教的普及和佛塔雕刻的世俗化发展奠定了良好的社会背景。

2. 儒释道三家思想的融合

随着佛教中国化进程的推进，儒、道思想逐渐融入佛教教义，出现了三教合一的思潮。宋、元、明、清时期，福建以闽学文化为主流，形成以宋儒理学为核心的社会文化模式，朱熹的朱子理学成为控制元、明、清时代的意识形态，影响巨大，成为政治、艺术、教育、道德等上层建筑的指导思想，而福建佛教的发展必然受其影响。福建道教有 1000 多年的历史，对佛教也产生过颇多影响，如佛学经常吸取《老》《庄》《易》以及太极等学术思想。

总之，福建佛教在长期发展的过程中，被王权利用，受理学、道学的影响，逐渐适应了社会生活的需要，缩短了高深莫测的佛教与士大夫、下层百姓的距离，推动佛塔雕刻的进一步世俗化。

3. 佛教信仰在市民阶层的普及性

民间信仰是推动佛教世俗化历史进程的最重要力量，福建所有塔的建造均有平民参与，这也使得古塔雕刻染上浓厚的平民色彩。自古以来，福建民间信仰特别发达，使得许多民间俗神信仰的仪式，如祈雨、佑福、禳灾等有关民生的活动进入了佛教。由于福建宋元时期社会经济、文化艺术蓬勃发展，人们生活水平较高，大量普通民众信奉佛教，并将超度亡灵、孝养父母、往生净土与现实利益紧密结合在一起。许多百姓并不太了解佛教深奥的教义，他们更关注现实生活，无论何种佛、菩萨或者罗汉、高僧，只要能免灾消难并且带给他们幸福，就能得到民众的顶礼膜拜。宋代开始，佛教对福建社会生活和文化领域的渗透，已经达到相当普及的程度，潜移默化地融入当地社会文化的各个方面，与民俗进一步调和，使其具有广泛的社会基础。

4. 佛塔逐渐转变为风水塔

宋代以后，塔的性质功能开始转变，逐渐由纯粹的佛塔转变为包含儒、释、道文化思想的风水塔。塔原本并无风水学的意义，但在中国的漫长演变过程中，受传统的儒、道思想影响，并与风水学结合，逐渐成为一种极具中国文化特性的风水建筑。福建古人历来崇信风水，无论是民居还是宗教建筑均讲究风水学，在福建400余座古塔中，大多数都蕴含有风水学原理，因此，古塔雕刻的世俗化趋向也在情理之中。

综上所述，福建有着良好的佛教氛围，在与儒、道以及民间思想融合中，佛教教化功能渐渐衰退，人们更加注重现世利益，希望求神拜佛能在今生就得到福报，虽然这种思想与佛教的终极教理有所偏差，但也使得佛教更能深入普通百姓生活之中，更好地得到广大民众的支持与信奉。因此，佛塔雕刻也彰显出鲜明的世俗化特征。

福建古塔雕刻艺术蕴含了中国传统文化的种种特征，充满了浓郁的世俗生活气息，呈现出新的艺术风格，许多题材出于对世俗生活关怀，祈求福运隆昌，消灾免殃。福建古塔雕刻可以认为是中国化了的宗教美术，显示出鲜明的民族化特色，表达八闽先民对幸福生活的向往和追求，表现出世俗化、平民化的特征。

第六章　福建古塔的文化内涵

福建古塔建造时间跨度很大，类型丰富，是构成八闽地区文化的重要组成部分，见证过闽地兴衰沉浮的历史发展，其在历史考古、宗教文化、科学技术、文学艺术、民风民俗、社会经济、旅游观光等方面，具有极其丰富的文化内涵与价值。

一、历史考古

历史考古价值是指文物蕴藏的丰富历史信息在历史考古研究方面表现出来的价值。塔作为历史文化的物质遗存，本身就是珍贵的文物，反映出其建造时期社会的多方面状况，具有深厚的文物价值。每一座塔都在诉说着曾经的历史，通过研究闽地古塔，可以了解福建古代发展的一些风貌与轨迹，而对塔的每次修缮，都能获得新的资料与信息。在众多信息中，最能提供研究价值的是出土文物、文字及雕刻图案。

1. 出土文物

虽然由于种种原因，福建古塔内所藏匿的文物已经不多，但近年对古塔的考古工作，仍发现一些宝贵的文物。如2001年，文物部门对泉州应庚塔进行重修拆卸时，在塔内发现许多上至西汉半两钱，下至北宋治平通宝的历代钱币等珍贵文物，是研究北宋宗教习俗与民间信仰的宝贵实物。另外还有多种造型的铜镜、石函、金银盒以及高僧舍利等。

1972 年，考古专家在鼓山涌泉寺释迦如来灵牙舍利塔里发现了一个装有许多舍利子的透明水晶瓶，同时还有明成化年间的青花瓷石函，从这些文物中可以了解这些珍贵舍利子的来源。

2. 文字雕刻

塔上的文字雕刻是最为客观真实的，福建古塔上雕刻有不少文字，通过这些文字可以了解许多历史信息。三明市泰宁的宝盖岩舍利塔群共有 13 座塔，均为和尚骨灰塔。其中，11 座塔一字排开，坐落在一长方形的台阶式三层基座上。第一层基座浮雕图案旁刻有"示寂子同异公塔""比丘慈愍

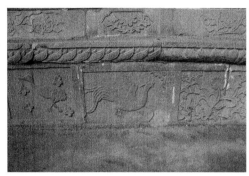

宝盖岩舍利塔"比丘野耕师塔"

师塔""比丘德瑗师塔""比丘野耕师塔""比丘德慧师塔""戒僧德用塔位""僧太祥寿塔位"等亡者姓名、生卒年月与师传。考证这些文字，可考证当年宝盖岩寺传承的历史。

3. 图案雕刻

福建古塔雕刻极其丰富，仔细研究这些雕刻，可以发现相当多的历史文化信息。福建有 28 座宝箧印经石塔，对其雕刻艺术进行探究，并与吴越国金涂塔雕刻进行对比，可以了解宝箧印经塔的发展历史。据史料记载，五代时期吴越国金涂塔传入福建沿海地区，福建民众依据这些小金属塔建造了许多大型宝箧印经石塔。也可以认为，福建宝箧印经石塔是对吴越国金涂塔的传承与改造，两者是一脉相承的。通过认真分析，可以发现两者在雕刻内容上有一定的传承关系。八闽民众在接受金涂塔的同时，也结合本土实际情

梅山寺西安桥塔

况，在雕刻题材上有所改进，出现了原本金涂塔没有的各种菩萨像、神像、瑞兽、吉祥花卉等，使之更加平民化，具有更为丰富的文化内涵，流露出地方特色的审美趣味，创造出适合当地传统文化的雕刻形式，这标志着宋代佛教造像已深深融入世俗百姓生活。从吴越国金涂塔到福建宝箧印经石塔雕刻艺术的演变过程是在民族文化土壤上的再创造，是佛教以及佛塔中国化的一个缩影。任何艺术形式的表现都是以现实生活为范本并和民众密切联系，在这一过程中，佛教艺术逐渐形成了世俗性、适应性、调和性的特点。福建宝箧印经石塔与吴越国金涂塔雕刻题材的差异性，说明传统佛教文化与我们民族文化之间的关系，不是简单地互相融合的过程，而是在本地区特有文化氛围之上的革新与发展，是中国传统文化对外来宗教的有选择、有保留、有改进的创造过程。福建宝箧印经石塔浮雕相对于吴越国金涂塔浮雕来说，虽然佛教崇高的义理性有所减弱，出现了非宗教化倾向，但从审美角度看，却表现出多元化的特征，这也符合八闽地区自宋代以来多元文化的发展特点。从中我们还可发现，古塔雕刻是随着佛教发展历程进行的。唐五代时期，佛塔还具有较为纯粹的佛教功能与佛学内涵，但随着我国佛教不断中国化和世俗化，也随着佛教与中国传统儒学与道教学说的相互融合，佛塔以及雕刻已经逐渐由单纯的佛教功能，演变成具有儒、释、道以及民间传统思想观念的建筑了，体现出浓郁的中国传统文化意识的趋向，是中国既有的民族意识将佛教文化消融吸纳过程的一个侧面反映，体现了不同时期人文思想的追求，也决定了艺术的取向。

除了通过以上这几个方面探析福建古塔的历史内涵，还可从建筑造型、地理位置、重建情况等方面对其进行探究。如根据塔所在位置的变迁，可窥见中国塔重要性的变化；从福建古塔的造型可了解中原古塔在福建的发展状况；通过一座塔历年的重建情况，可看出这座塔的建筑造型在历史上的演变过程。应该说，对福建古塔的探究，目前还很不够，福建古塔还隐藏着诸多秘密，有待专家学者进一步的考古新发现。

二、宗教文化

塔是佛教的产物，是佛教信徒顶礼膜拜的神圣之物，也是佛教文化的重要组成部分，原本的目的就是为了弘扬佛法。八闽地区佛教发达，道场林立，名僧云集，现存古塔有近一半与佛教有直接关联，而且许多都是建于福建佛教最为兴盛的两宋时期。当时不仅僧侣主持建塔，许多达官贵人、平民百姓都积极参与。福建古塔中

万福寺舍利塔

佛塔的数量较多，这些佛塔具有浓厚的佛教气氛。

作为佛教标识性建筑的塔，反映了福建传统的佛教文化。如福清市渔溪镇黄檗山万福寺还保留了唐代至清代的历代高僧舍利塔，这些塔墓表现了黄檗寺悠久的历史背景。黄檗寺是福清著名的寺庙，高僧众多，如明代的密云禅师和隐元禅师，都为寺院的发展做出贡献，特别是隐元禅师为明末清初临济宗高僧，曾在黄檗寺任主持，宣扬临济宗风，开创黄檗道场，对闽浙佛教之兴盛做出了巨大的贡献。隐元晚年应日本长崎兴福寺之邀请，远赴日本弘法布道，传播禅学思想。近代以来，日本黄檗宗各寺组成"古黄檗拜塔友好访华团"，多次来到黄檗寺拜塔礼祖，使中断已久的中日两国黄檗山佛教得到恢复。黄檗寺从唐代以来，几经兴废，原有的建筑早已不存，但通过这些遗留至今的舍利塔，可以一定程度地了解当年寺庙的发展状况。

泉州宝箧印经石塔体现了泉州古代佛教，特别是密宗的发展状况。《宝箧印陀罗尼经》是密教部中的一部经，一切如来心秘密全身舍利宝箧印陀罗尼咒是东密（日本密宗）公认受到高度敬重的三大神咒之一。据文献记载，五代福建沿海流行密宗，泉州开元寺在五代时就奉行过密教，大雄宝殿里供奉的五方佛就是密宗里的特点，因此，才会在宝殿前建造宝箧印经塔。到了宋代，福建密宗达到高潮。而元代以后，密宗在福建影响渐渐减弱。目前泉州的宝箧印经石塔均建于宋代，正反映了五代和宋代时期密教在闽地的盛行状况。可以认为，这些宝箧印经石塔是密宗在泉州发展的外在形式之一。还有对仙游无尘塔的探究，可以了解唐懿宗咸通年间

（860—874），正觉禅师建九座寺的历史以及寺庙千百年来的变迁状况。

通过对福建古塔的考察，可以了解闽地佛教的发展史。

古塔不仅体现了佛教文化，而且也表现了儒家文化。佛学的博大精深，吸引了许多儒士，他们经常拜访高僧，思想受到一定的影响。福清有不少塔是由儒士捐赠建造的，如号称"南天玉柱"的瑞云塔就是由儒生叶成学与县令募捐，为改善福清当地风水而建成的，主要目的是为了"点缀融城风景之不足"，并"补龙江地势之旷"。另外还有一些风水塔的建造，或是为了补风水之不足以兴文风，或用以镇妖压邪，体现了道家的阴阳五行学说。

三、科学技术

福建古塔在科学价值方面，真实地反映了福建古代建筑技术水平。特别是福建的花岗岩楼阁式塔的数量和技术都居全国之首，建造合理，可防地震和台风。这些古塔历千百年而不倒，为现代高层建筑的建造提供了宝贵的经验。福建古塔的科学性主要体现在建造方式、地基、塔身、平面形式、外观造型与塔心室等几个方面。

福建古塔造型多样，艺术性很高，其形体大小、高度层数也不尽相同，因此造塔方式也各有差别。福建古塔的建造方式主要有两种，一种是施工脚手架，另一种是堆土法。

福建大部分大型古塔都采用脚手架施工。脚手架在我国发展较早，宋代叫"鹰架"，明清时期叫"搭材作"。目前从福建砖塔上还能发现一些小洞，这些都是当年搭脚手架时留下的洞眼，主要有以下三种样式：①双洞单排插杆脚手架。②三洞单排插杆脚手架。③三洞双排插杆脚手架。福建砖塔无论采用哪一种建造方式，基本都是洞眼左右对称，上下相对，距离适当。如建阳书坊白塔、松溪奎光塔、武夷山岚峰塔、南靖文昌塔、漳州晏海楼等。福建许多高大的楼阁式石塔也是通过搭脚手架建成的，如福清的瑞云塔、万安祝圣塔和鳌江宝塔等。

福建有少数大型石塔采用堆土法，一般是先打地基，然后开始建第一层，再用土把第一层塔身包

文昌塔

住，四周形成斜坡，再建第二层；建好后再堆土，然后再建第三层。如此建一层塔，堆一层土，直到建完最后一层，再把土堆去掉，就露出整个塔身了。这种方法难度很大，需要事先计算好塔的高度、比例与中心位置，否则塔身会倾斜。如泉州东西塔据说就是采用堆土法。民间流传当年为了建造开元寺东西塔，土石都摆放到如今的涂门街了。不过据笔者判断，一座大型石塔如果仅仅采用堆土法是不够的，应该是搭脚手架与堆土法相互结合。以东西塔为例，东西塔高度都达到 40 多米，前后建了 12 年，如果纯粹用堆土法，那么土石会把泉州老城区占去将近一半区域，这是不现实的。但如果仅用搭脚手架法，东西塔每块石头重达几百斤，要吊装到 30—40 米的高度也极其困难。所以，最科学的方法是堆土法与搭脚手架法结合使用。

塔基作为塔的下部基础，对塔的稳定性十分重要。福建大型古塔的塔基都比较坚固，如仙游龙华双塔的塔基异常坚实，塔基下的场地平坦，地基坚硬，石板连接紧密。双塔塔身底层平面只有 64.5 平方米，而地基却有 190 平方米，所以塔身非常稳固，900 年间历经各种天灾人祸而不倒。莆田东岩山塔的塔基也较大，塔身为 49 平方米，塔基却有 92 平方米，因此塔的重心低，十分牢固。莆田塔仔塔塔基建在海中的礁石上，塔底四周用铁砂和铜进行浇铸，特别牢固。塔仔塔位于海边，每年都会有多次台风的袭击，但均安然无恙。云霄石矾塔也是建于海中礁石之上的，塔基异常牢固，数百年来经受了无数风浪的侵袭。通过对福建部分古塔塔基的探究，可以发现古人在建塔时十分重视塔基的稳固性。

古人对塔身的比例是经过精心设计和计算的。如比较石狮六胜塔与开元寺东西塔的高度，便可窥见其科学的技术水平。六胜塔通高 36.6 米，外围周长 46 米，塔高与塔围比约为 1：1.26，东西塔通高分别为 48.27 米与 45.066 米，外围周长分别是 46.40 米和 44.48 米，塔高与塔围比接近 1：1。东西塔的底围与它们各自的高度基本相同，符合圆形物体的周长等于高度这一最具审美的古建理论，但六胜塔与东西塔的底围基本一样，为何高度相差约 10 米？由于六胜塔面临大海，常年需经受狂风的呼啸，如果和东西塔一样高，难免更易受到海风的冲击，而 1：1.26 的高围比，使塔身更具稳定性。

其他在塔身平面、塔心室、安装避雷针、斗拱建造等方面，均体现了一定的科学原理。如大部分塔身都采用八边形，利于防风抗震；塔心室不论是塔心柱式，还是穿心绕平座式，都注重塔心室、塔梯与塔壁的紧密结合，增强塔结构的坚固性；许多塔还安装有类似避雷针的构件，防止遭到雷电的破坏；有的大型楼阁式石塔塔檐下还设有排水孔，能及时把雨水排走。

传统观念认为，中国古代建筑师一般只擅长建造低矮的建筑，而且很少建石构建筑，如全国各地大量土木结构的民居建筑，但从以上分析可知，福建古代工匠不仅会建高层建筑——塔，而且对石构建筑的建造技术也富有经验。总之，福建古塔，特别是大型楼阁式石塔的建造具有高超的科学技术，现在一些超高层建筑还借鉴了古塔的构造，让今人不得不佩服古人的聪明智慧。

四、文学艺术

1.诗词、对联与碑刻

在文学艺术方面，历代文人墨客因塔而留下了许多优美的诗篇。明代学者林世璧登临福州马尾罗星塔观潮时题诗曰："横江渡头云水东，波回石马撼秋风。连山喷雪何如此？好似钱塘八月中。"把罗星塔的观潮与钱塘江观潮相提并论；明代首辅大臣叶向高曾登福清万安祝圣塔观日出，并赋有《登万安城观海》一诗："凤怀观海意，今喜得清游。万壑天边尽，孤城水上浮。龙宫传夜柝，雉堞起神楼。锁钥看兹地，狼烟幸已收。"明代薛敬孟登福清瑞云塔有诗曰："玉笋千寻霄汉邻，风传铃铎势嶙峋。芙蓉九叠遥看影，旌旆双峰俨若宾。古寺磬钟闲白日，平桥车马入红尘。凭高欲远苍茫望，烟火万家荔子新。"抒发了文人骚客登塔远眺的心情；宋代书法家蔡襄重修仙游天中万寿塔时，在塔旁种植松树，并留下深含哲理的诗句："谁种青松在塔西，塔高松矮不相齐。世人莫道青松小，他日松高塔又低。"元代王翰游福州金山寺

金山寺塔

后赋诗曰："胜地标孤塔，遥津集百船。岸回孤屿火，风乱隔村烟。树色迷芳渚，渔歌起暮天。客愁无处写，相对未成眠。"真实地描述了金山寺塔及其周边的秀丽景色；邵武灵杰塔南临富屯溪、鹰厦铁路与杉阳公路，为"续昭阳八景"之一，明代诗人米嘉穗题诗云："灵杰雄标古郡东，峨峨仙掌插芙蓉。每怀捧日高何许？迫欲擎天近几重。绝顶下临千嶂小，琳宫时倩五云封。波光摇曳浮屠影，笑指闽川有卧龙。"描述了灵杰塔的气势与周边环境特征。

另外，闽侯陶江石塔位于闽侯的五虎山旁，明素波隐士游览此塔后就有诗云："六六湾头第一峰，倚天青削玉芙蓉。远撑砥柱三江转，俯视凭陵七里冲。有客可仙时放鹤，无人谈诀日寻龙。巍巍秀洁东南镇，差胜罗浮四百重。"生动地描述了陶江石塔周边山水和田野的秀丽风光；泉州洛阳桥及其石塔也引来了许多诗人为之题诗，千百年来，历代文人骚客歌颂古桥与古塔的诗词精彩纷呈，成为一道亮丽的文化景观。《八闽通志》载洛阳桥诗二章，诗云："洛阳桥，一望五里排琨瑶。行人不忧沧海潮，憧憧往来乘仙飙。蔡公作成去还朝，玉虹依旧横青霄。考之溱洧功何辽，千古万古无倾摇。"歌颂了蔡襄建桥的功德成就。如今许多福建古塔及其周边景色已与当年不同，但是根据这些诗词可以还原古塔原来的景观风貌，使今人遥想当年塔与周边风光的美丽情景。

还有的塔上刻有诗词，如南安凤聚塔的第二层塔身以楷书阴刻诗一首："天开胜概地钟灵，毓秀发祥凤聚名。塔耸凌云镇谷口，预知奕转起文明。"表达了当地人美好的愿望。这首诗词是建塔时请当地著名文人所提的。

古塔上还保留有许多对联与碑刻。如福清鳌江宝塔上的对联充满吉祥之意，如"愿四海安宁，愿五谷丰登""愿人常行好事，愿天常生好人""风调雨顺，国泰民安""嶙峋凝白日，突兀摩苍穹"等联句，真实地反映了民众向往美好生活的心理；龙岩挺秀塔的二、三两层有历代文人的题刻，其中，二层塔身的 3 块碑刻分别为"挺秀塔""鳌吐云峰"与"秀挺中央"，三层塔身的 3 块匾额上分别刻着"古志文峰""双流夹秀"与"今昔大观"；泰宁青云塔第一至七层塔身的塔门或佛龛上方匾额刻有"青云塔""中天玉柱""云峰耸翠""朱溪吐奇""慈光普照""腾蛟""起凤"等文字。这些碑刻体现了造塔之人对塔的寄托与厚望。

巍然屹立的福建古塔，陶冶了无数人的心灵，唤起了人们对美的启迪，引来许多文人骚客吟诗作文。如果能把有关福建古塔的诗词、对联和碑刻全部汇集成一本书，无疑将会填补福建古代文学发展历史的空白。

2. 传说故事

每座古塔都有优美的民间传说，不仅为文学创作提供了朴实的素材，而且增加了古塔的文化魅力。福建古塔几乎都有传说故事，至今仍在民间流传，使得古塔更加神秘而充满灵性。

福建古塔传说中最著名的当数建于南宋的姑嫂塔，关于姑嫂因夫兄出海未归而投崖自尽，葬身大海的感人故事。据说有一年泉州大旱，田地龟裂，无法种地，一名叫海生的农民无法给地主交租，只好抛妻别妹，远走南洋谋生，原来约定好三年后回家，但多年杳无音信。姑嫂俩日夜盼望亲人回来，于是双双登上宝盖山山巅，垒岩石成石台用以眺望大海，希望能看见亲人归来的船舶。后来地主不断前来讨债，姑嫂俩悲痛地跳入大海。后人为了纪念这个凄美的故事，就修整石台，建成一座石塔，并取名"姑嫂塔"。明代苏紫溪有诗曰："琼树当空出，飞帆带月遥。二妃环佩响，秋色正萧萧。"这正是古代闽南沿海劳动人民生活的写照。在泉州一些文学作品和地方戏剧中，常会出现姑嫂塔这个感人至深的故事；仙游位于山巅之上的宋代望夫塔也有类似的一段凄美的故事。传说此塔是古时候一名年轻的女子，为等待出海谋生的丈夫归来，在山上用石头逐渐垒起来的，但是丈夫一直都没有回来，而妻子也跳下了这座自己亲自搭盖的石塔；福清建于明代的鳌江宝塔也同样被称为"望夫

鳌江宝塔

塔"，据说在家妇女经常登塔眺望出海的丈夫是否归来，如能在塔上点一盏灯，还能为归来的船只导航并祈福。鳌江宝塔每层佛龛里，都阴刻有"某门某氏某舍"字样，可见佛像是由当地信女捐款塑造的，这也说明当地人崇佛的民风；连江云居山建于元代的普光塔位于海边的山顶上，据传说此塔是云居山当地一名妇女在山上期盼出海的丈夫能安全归来时，用石头垒成的；福州马尾罗星塔俗称"磨心塔"，传说为宋代广东岭南的柳七娘所建。据说柳七娘随丈夫入闽做苦役，后来丈夫劳累至死，七娘便变卖家产，为亡夫在闽江之中的山丘上建一石塔祈求冥福。明万历年间，塔毁于海风，到了天启年间，福州著名学者徐勃等人募捐重修。福建这些位于海边的古塔都有妻盼夫回或为亡夫祈福的凄美传说，也反映了福建古代沿海居民艰辛的生活。

还有一些古塔与动物之间的故事。如松溪奎光塔坐落于松溪河与浦赛公路交汇的虎头岩上。据传说，古代时虎头岩附近有蟒蛇攻击群众。后来，村民黄奎先击毙巨蟒。为了纪念他的功劳，人们修建了镇邪保平安的奎光塔。龙岩挺秀塔据传是为了拴牛鼻子而建的。这些与动物有关的塔都是风水塔。

还有塔与菩萨的故事。如龙岩城郊的龙门塔，据说这里原来是一个湖。观世音菩萨经过此地时，派遣了一只大鲤鱼在湖边冲开一个口，把水引向田园，灌溉良田。后来鲤鱼疲劳过度而死亡，变成了一块陆地，被称作"鲤鱼坝"。为了防止这块巨石

奎光塔

被水冲毁，于是在岩石上建一座"楼云阁"，后改名"龙门阁"，即如今的龙门塔。

这些生动的民间传说提高了塔的神圣度，通过"人性化"与"神性化"的描绘，使冰冷的古塔充满了感情色彩，极具人情味，并为福建文学作品和戏曲创作提供宝贵的参考资料。

五、民风民俗

福建古塔从一个侧面展现了民间丰富多彩的民风民俗。

塔作为宗教建筑，是人们祈福的场所，每逢重大节日，居民们都会登塔烧香，祈求平安。有些地方的人民对当地的塔有着深厚的感情，无论是文人学子还是商人将士，但凡在离乡背井之前，都会登临古塔进行告别和许愿，在塔上留下自己对故乡的思念。塔为民风民俗增添了丰富的内容。

塔与中秋节有着许多关联。瑞云塔作为福清的标志，流传着六十年一度甲子中秋点塔灯的民俗活动，以祈求风调雨顺、国泰民安；坚牢塔与福州的民俗关系密切，在重大节日里民众都会在塔上点灯，上乌山烧香并登塔，不仅可以健身，还能祈求安康幸福。还有福州民间在中秋节时有"摆塔"的习俗。此风俗源自明代嘉靖年间（1522—1566），因戚继光在闽抗倭大捷，正是中秋佳节，民众便把家中物品搭架摆在大厅供人观赏，或三五层，或十几层，最高层安置铁塔或泥塔。摆塔寄托人民对美满生活的向往。另外，泉州洛阳桥及其石塔每年农历三月三都举行祭拜玄天上帝生日的仪式。其他如霞浦地区的糖塔民俗文化也十分有趣，吸引众多民众参加，场面欢快喜庆。

塔还与丧葬习俗有着一定的关联。我国原本都是讲究入土为安，但自从佛教灵骨塔兴起后，一些佛教徒开始接受人死后进行火化，然后把骨灰装入塔内。除了骨灰外，还会放置佛经、佛菩萨像、佛教器物等。佛教信徒认为，这样做能使得亡者灵魂得以超脱，并能保佑子孙后代。因此，灵骨塔逐渐成为一种民间习俗。福建作为佛教发达地区，佛寺中有不少这种灵骨塔。如福清黄檗寺舍利塔群，原有 37 座灵骨塔，不仅埋葬僧人，还有许多是佛教徒的墓塔。其实，灵骨塔的风俗完全符合现代的丧葬制度，比土葬卫生、合理。

这些民俗活动增添了古塔的文化内涵，使得原本充满宗教意味的塔颇具世俗情趣。

六、社会经济

塔与经济的关系主要体现在航运上。宋元时期，随着福建港口的兴盛，海外贸易发展迅速，并成为福建主要的经济形式。研究福建航标塔，能有助于了解古代福建社会经济的发展情况。

福建古塔中有不少是航标塔，这些古塔为八闽古代航运的安全，为各地贸易往来做出了特殊的贡献。福建东部濒临台湾海峡，海域辽阔，海岸线曲折，形成了许多天然良港。隋唐时期，福建航运业开始兴起，开辟了通往南洋各国的航线。宋元时期，海外交通航线不断发展，海外贸易空前繁荣。从唐代至元代，福建拥有不少我国主要的对外贸易港口。除了海运外，福建河流众多，其内河航运也十分发达。因此，为了让过往船只识别航向，人们在海边或江河边兴建了大量的航标塔。

福州历史上航运发达，福州港为郑和七下西洋起了非常重要的作用。据记载，郑和船队进出长乐太子港均以三峰寺塔为航标，而且郑和还多次登塔观察地形与船队，就连塔名也是郑和所起的，他还亲自题写牌匾，三峰寺塔与郑和下西洋有着深厚的渊源。罗星塔也是航海港口的标志塔，是闽江的门户标志，有"中国塔"之誉。罗星塔的名称和位置，曾标在郑和航海图中，在世界航海地图上，也已列为重要的航海标志。至今，塔身上还保存着大量的导航标灯龛，登临塔顶眺望，马尾港附近水域一览无遗。罗星塔在福州航运上起着导航的作用，是国际上著名的海上重要航标之一。这高高矗立的石塔记载了福州侨乡海外移民的沧桑历史，多少年来罗星塔不仅是航行的标志，更是游子归家的航标。

万安祝圣塔位于福清市龙高半岛最南端突出处的山顶上，进出福清湾和兴化湾到江阴港的商船都能看到此塔。特别是江阴半岛是福建省的重要港口之一，这里水深港阔，不冻不淤，是天然的避风良港，可以通航大型货运船舶，轮船全年全日可进出港口，不会受到潮水和航道的限制，具有得天独厚的自然条件。江阴港可直抵台湾，东出太平洋，还可辐射广大沿海与内陆地区，自古以来就是福清对外贸易的重要港口。而作为江阴港的航标塔，万安祝圣塔的作用无疑是十分重要的。如今，登临万安祝圣塔，远眺东海，海天风物，尽收眼底。万安祝圣塔见证了福清航海业的兴衰史，也是无数背井离乡、移居海外民众的思念之物。迎潮塔也是航标塔，位于兴化湾内三山镇的海滩上，直接面对着江阴港，每当船员远远看到迎潮塔时，就知道即将到达港口了。万安祝圣塔和迎潮塔作为航标塔，与海洋文化息息相关，对古代福清海上交通贸易起了相当重要的作用。

另外如泉州东南部濒临台湾海峡，海岸线曲折，形成了许多天然良港，宋元时期成为举世闻名的贸易大港，中外商贾云集，贸易繁荣，盛况空前。作为海上丝绸之路的起点，泉州在东西方海上贸易与文化交流上，有着重要的地理位置，作为12—14世纪中国规模最大的海港，历史上也建了不少航标塔。如江上塔所在的高甲山为晋江南岸的小山丘，对面是泉州市区，泉州在明清时期民间贸易发达，船只进入晋江水域，必经高甲山下的溜江码头，船员都能看见石塔。而江上塔，不仅是"郡溪入海第一门户"、历代扼守泉州城南的军事要塞，而且是泉州通往晋江东南沿海的交通枢纽，明代大型建筑海岸长堤的首站。江上塔见证了当时泉州兴盛的海上贸易。还有位于石狮宝盖山顶的姑嫂塔，背靠泉州湾，面向东海，为往来商船作导航之用。而作为东方第一大港——刺桐港、海上丝绸之路的第一座航标塔的六胜塔，是由石狮航海实业家凌恢甫所倡建的，见证了福建海外贸易的繁荣历史。史籍上曾这样描述泉州海外贸易的盛况："泉南地大民众，为七闽一都会，加以蛮夷慕义航海日至，富商大贾宝货聚焉。"

其他如仙游天中万寿塔、龙岩挺秀塔、漳平毓秀塔、云霄石矾塔、厦门埭头塔等均有导航的作用，为古代闽地贸易做出了相当大的贡献。福建众多的航标塔见证了八闽发达的航运历史，为古代福建经济做出了巨大的贡献。

每一座塔的建造都需要一定的财力，特别是一些大型楼阁式塔，需动用大量人力、物力和财力，因此，从塔的修建情况就能窥见当地的经济实力。如我国最大的石塔——东西塔前后用了12年才建成，耗资巨大，反映了南宋时期泉州富足的经济实力。建于明代的瑞云塔也建了近10年，说明当时福清经济的繁荣。一些小城镇或乡村的风水塔，多是由民众集资而建，财力有限，就建得比较小。所以，从每一座塔的体量、雕刻程度及施工技术上，就能了解当时当地的社会经济情况。也正因为福建在宋代之后海外贸易发达，当地官民僧众才会花巨资建造众多的航标塔。

而且每一座塔，特别是高大的楼阁式塔的建造，都是一项艰巨的大工程，往往需要动用许多劳力，也为普通百姓提供了就业机会。

总之，塔与经济有着密切的联系。福建留存的400多座古塔，一定程度上反映了古代八闽地区真实的经济状况。

七、多种文化内涵相互融合

起源于印度的塔原本是佛教高僧圆寂后的一种纪念性坟墓，后来成为佛教的重要标志物之一，里面一般埋藏有舍利、佛像、佛经等圣物，传入中国后，虽然仍具备浓厚的佛教内涵，但在与中国传统文化的融合中，出现多元化的功能，形成丰富多彩的塔文化。考察一座塔的文化内涵，不能只从一个方面去探究，而应该从多个角度去分析其具有的人文价值，福建许多古塔都具有多种文化内涵。

仙游天中万寿塔最初建造的目的是为了"筑塔镇龙"，以保一方人民平安，融入了民众对风调雨顺的祈盼，所以是座风水塔。但万寿塔又是依照宝箧印经塔的样式来修建的。据记载，民国八年（1919年）重修时，在塔内发现了许多佛经，因此也是座标准的佛塔，具有传播佛教思想的功能。由于秀屿港海上交通发达，是当时经济文化的中心，往返于秀屿港的船只必须有航标，万寿塔又可作为船只进出秀屿港的航标塔。据记载，郑和下西洋时，船队曾经在这里停泊过。另外，从"万寿塔"的塔名来看，又包含着儒家尊君孝道的思想。因此，万寿塔具备了儒、释、道三家以及民俗的思想文化特色，可以说是佛教中国化、世俗化的产物，融合了外来文化与本土文化，具有佛教祈福文化、儒家尊君孝道文化、道教镇邪禳灾的传统文化等相结合的思想观念，成为多重文化的复合载体。我们从万寿塔的多种功能内涵里，可以窥见建造者的整体设计思路与理念。

尤溪福星塔塔身画有三宝佛、罗汉、高僧、四大天王、道教神仙、金吒，木吒、哪吒、黄天彪、黄天禄、普贤真人、道姑等各种宗教人物，具有儒、释、道三家的多种文化内涵。福星塔建于民国时期，由时任国民革命军新编第一独立师师长兼闽北各属绥靖委员的卢兴邦倡建的，于是只要是能保佑民众的神仙，不分教派，一律都请上塔，反映当时的塔已经完全世俗化了。而且，福星塔建于尤溪畔，也是座航标塔。因此，福星塔也融合了多种文化思想观念。

普光塔位于连江山堂村云居山云居寺后山山巅，东面为大海，塔身雕刻佛像、金刚等佛教题材，所以是座佛塔，但同时也是航标塔，为进入连江敖江口的

福星塔

的船舶导航；瑞光塔既是守护安平桥的风水塔，又作为船舶出入的航标塔；江上塔既是佛塔，也是航标塔与风水塔；位于蚶江半岛顶端的六胜塔兼具佛塔、航标塔和风水塔的功能。可以说福建古塔基本上都具备多种文化功能。

从塔具有的多种文化内涵可以看出，人民赋予塔诸多的祈望，塔已成为古人精神寄托的象征，是精神的彼岸，是愿望的所在。人们在现实生活中有着各种不幸、痛苦和无奈，最后把希望寄托在具有宗教内涵的神圣之塔上。福建古塔传承于历史、亲和于自然、协调于人情，集各种理想于一身。每一座塔的落成，不仅仅是一个集多种功能于一身的建筑，而且也成为人们心中美好理想的心灵之塔。因此，我们在研究一座塔时，不仅要关注其物质之塔，而且还要探究其文化之塔、理想之塔、精神之塔。

第七章　福建古塔的景观特色

　　塔作为一种级别较高、颇具特殊性的宗教建筑，选址尤为重要。中国古塔的选址主要受佛教义理、风水思想等多种因素影响，古人常通过观察地形、审视山川形势与地理脉络来为塔选择最佳位置，可以说，每一座塔所处的位置都是经过精心挑选的。而塔所在的不同地理环境则呈现出大相径庭的景观特色。塔所处的环境，能对民众产生潜移默化的作用，使民众在欣赏塔时，精神能进入另一个世界。

　　根据福建古塔景观艺术的多样性与复杂性，可大致将古塔环境分为 5 大类。本章旨在通过对这 5 类古塔环境进行探究，寻找古塔在现代城乡园林规划设计中的发展途径。

一、寺庙古塔

　　无论是城乡佛庙还是深山古刹，都留存有大量古塔，这些神秘莫测的古塔渲染了宗教氛围，使信众产生崇敬之情。

1. 寺庙中心位置

　　唐代之前，塔作为佛的象征，寺庙基本采用以塔为中心的布局形式，强调塔的重要性，突出其崇高地位，这是占主导地位的佛教精神性崇拜在建筑格局上的体现。如今从敦煌壁画中可以发现这种格局。《洛阳伽蓝记》这样描述北魏时期洛阳城中的永宁寺:"中有九层浮屠一所,架木为之,浮屠北有佛殿一所,形如太极殿,僧房一千余间,寺院墙皆施短椽,以瓦覆之,若今宫墙也。四面各开一门。"真实地记载了以塔为寺庙中心的布局形式。如山西应县佛宫寺,中心为塔,周边为其他建筑。

东岩山塔坐落于莆田报恩寺大雄宝殿与法堂之间的中轴线上,按照佛寺布局规律,宋代佛塔的位置已不在寺庙中心,因此,东岩山塔应是在宋代之前古塔遗址上重建的。报恩寺有着莆田民居的特点,基本为一至两层,红砖红瓦的悬山式建筑。东岩山塔为楼阁式石塔,三层八角,高20米,四周被殿堂包围,空间较为局促,其粗壮厚重的塔身造型与四周低矮的砖砌殿宇形成鲜明的对比,颇显突兀,令信徒对佛教产生敬畏之感。东岩山塔保持了早期佛寺空间布局的景观形式。七层六角楼阁式、高25.6米的昭明寺塔坐落于福

昭明寺塔

鼎昭明寺天王殿与大雄宝殿之间的中轴线上,而我国唐代之后的南方寺院已没有类似的格局,因此可以推断此塔的前身应该在唐代之前就已建成。昭明寺塔周边空间比较宽阔,利于在远处欣赏其高挺的英姿。其他如建于明永乐年间、七层四角楼阁式、高30米的莆田石室岩砖塔紧挨在大雄宝殿的正后方,塔后面即是山体,空间狭窄,利于建小型园林。以上这些塔的建造年代均在北宋之后,但由于它们始建年代应该在唐末之前,后来重建时又都在原址上修筑新塔,因此,真实地保留了早期佛塔的位置特征。另外,七层八角楼阁式、高12米的霞浦龙首山荫峰寺虎镇石塔坐落于大雄宝殿正前方,它默默地俯视着霞浦县城,像根擎天柱立于群山之间,奇雄无比。我国清代古塔极少建于大殿之前,虎镇塔应是特例。

建于寺庙中心位置的塔是整个佛寺建筑的重点,体现了佛塔作为佛教徒崇拜的主要对象,呈现出庄严肃穆的景观特色。

2.寺庙次要位置

随着佛教的世俗化进程,塔在寺庙里的位置开始发生变化,从宋代开始塔已不是寺庙的中心,而把殿堂作为中心建筑。这种改变是佛教建筑布局与中国传统建筑习惯相互结合的结果。最直接的原因是中国最早信奉佛教的一些官员与富商,经常

捐献自己的房舍作为佛寺。因这些房舍格局已经固定，中心位置已没有建塔的位置，如需要造塔，就建在院落的其他地方。另外，随着佛教地位的提升，寺庙建筑借鉴当时的宫廷建筑，唐初时期往往把佛寺建成宫殿布局形式。还有禅宗的兴起，也对佛寺格局有着一定的影响。

五层八角楼阁式、高达 48.27 米和 45.066 米的开元寺东西双石塔，分别位于大雄宝殿前左右两侧的草坪上，直线相距 200 米。东西塔巍然对峙、高大挺拔、气势逼人，使整个开元寺的建筑格局显得格外宏伟壮观。开元寺所在的西街是泉州著名的老街区，建筑都较低矮，东西塔与西街仅一墙之隔，并且使用条石筑墙，在西街上可一目了然地望见矗立在寺内草坪上的东西塔，有着非常醒目的视觉效果，具有强烈、震撼的宗教气氛，是西街片区最突出的景观建筑。福建位于大雄宝殿两旁的双塔还有九层八角楼阁式、高 7.6 米的福州涌泉寺千佛双陶塔；九层八角楼阁式、高 13.5 米的古田幽岩寺双石塔；五层六角经幢式、高 6 米的九座寺双石塔；五层八角楼阁式、高 44.8 米的龙华寺双石塔；七层六角楼阁式、高 4.32 米的福鼎清溪寺双石塔和七层六角楼阁式、高 8 米的三福寺双塔等。这些双塔都位于大殿前方左右两边，对寺庙建筑布局与意境起到了画龙点睛的视觉作用，承托了寺院的整体气势。

位于中心位置或大殿两旁的塔都显得比较庄严肃穆，但还有些寺庙古塔采用有

九座寺双塔

序灵活的园林布局，结合殿堂、植物等，营造出佛教的意境，使宗教空间、寺庙园林空间与寺庙外部环境空间紧密联系，让香客沉浸在宗教精神中。福州涌泉寺香道两旁井然有序的 18 座高 4 米的五轮石塔与周边高约 2 米的红墙和参天古木，一起构成曲径通幽之感，共同营造出浓厚的宗教气息，使人一进入此景观空间，即被带入清新、优雅的精神世界，有着超凡脱俗之感。还有泉州承天寺香道右边 7 座排列整齐、高约 5 米的五轮石塔，以及其他散落于各个殿堂之间的 8 座五轮塔与 5 座经幢塔，显得古老而沉稳，一起构建出承天寺幽雅、寂静的景观环境。六层八角楼阁式、高 7.2 米的惠安平安寺石塔，位于寺院围墙外一片茂密的树林中，在阳光照射下富于光影变化，构成虚实相济的迷人意境，格外幽奇。

承天寺五轮塔

其他如福州雪峰寺西北面山腰的塔林，共有 9 座历代石墓塔，塔前建一长亭，与石塔和周边丛木构成荒凉、寂灭的意境空间；高 6 米的南安五塔岩石塔在寺庙前一字排开，整齐肃静；高 8.5 米的福鼎太姥山楞伽宝塔与高 2.9 米的连江宝华清岚塔均位于寺院旁的小山上，显得冷清孤傲；高 3 米的福清石竹寺灵宝飞升塔就立于悬崖边的岩石上，亭亭玉立，俏丽高洁，恍如仙阁，有超脱之感。

这些布局多样的古塔与寺院既密不可分又相映成趣，不仅渲染了寺庙景观庄严的佛教氛围，而且还增添了些许神秘气氛。

二、山林古塔

福建古塔景观中最为精彩的莫过于在山林中的古塔。其实，福建许多寺庙古塔均位于山林之中。这里所称的山林古塔主要是指那些处于山峦间的风水塔。福建多山，大部分塔都建在山林之间，能服从整体山水格局，隐藏于山形水势中，具有得天独厚的自然条件。

1. 山河古塔

山林古塔中最具景观价值的是位于江河与溪流畔山上的塔。孔子说"智者乐水，仁者乐山"，山的走势与水流的脉络互相融汇、穿插，与古塔形成一个大的景观环境。

古人充分借助福建多山多水的自然条件，将塔与山水巧妙融合，形成"塔、山、水"相互依存的浑朴风格。福建独特的古塔山水式园林景观艺术，以山水为景观的基本构架，把对塔与山水的欣赏上升到审美高度。

七层八角楼阁式的南平东西双石塔坐落于闽江两岸的山峦中，东塔高27.27米，位于城区东北鲤鱼山半山坡；西塔高21.21米，位于城区东南九龙岩山巅，东西塔夹闽江对峙。因建溪与西溪在南平城区东面相汇成闽江向东流往福州，为了防止江水把南平的文运和财运带走，故在闽江两岸分别建东西双塔，以锁水口，保佑南平居民幸福安康，人才辈出。如今，西塔所在的九龙岩已建成规模宏大的九峰山公园，具原生态森林景观，站在西塔旁可望见浩瀚的闽江奔流而下，还能遥望江对岸隐藏在密林中的东塔，使观者顿感精神焕发，心情舒畅。南平东西双塔构成福建最壮丽的山河双塔对峙景观。南平松溪县位于城南松溪西岸的奎光塔为七层八角楼阁式砖塔，通高23米，如今已经建成占地面积50亩的塔山公园，并归入文秀湖文化旅游区。奎光塔所在的山坡只有50余米高，从农溪路上就能看见屹立在绿树环抱中的古塔。如要登塔需先经过宽敞的主入口，穿过高大的挡墙后拾级转折而上，再通过一条长廊，方才来到塔前。塔山公园大门显得特别霸气，并修建了宽敞的观景平台，更加突出了奎光塔的伟岸。登上塔顶可俯瞰松溪城区及周边群山风光，形成颇具画面感的近、中、远景，宛如一幅立体山水画卷。

其他如七层八角楼阁式、高10米的闽清台山石塔，位于闽江和梅溪之间的台山

奎光塔

顶；七层八角楼阁式、高26.7米的含光塔位于县城东面敖江东南面的斗门山巅；七层八角楼阁式、高25.3米的鳌江石塔位于福清上迳镇鳌江北岸的山头；七层八角楼阁式、高26.8米的建阳多宝塔位于城关南面崇阳溪西岸的鲤鱼山巅；七层八角楼阁式、高31.6米的罗星塔位于闽江北岸，目前已建成大型公园，可鸟瞰闽江与马尾港全貌。

这些古塔与山川河流、山林植物有机结合，形成意蕴深远的自然风景。整座园林以塔为中心展开，道路分布以山脊或山谷为走向，上山道路曲折有致，顺应山形的变化，向上可欣赏高远景色，向下可俯视风光。福建山林古塔景观"山以水为脉，水以山为面"，塔依山面水，巧妙利用地形，使塔与自然相互协调，视野开阔，吞吐八荒，提供给人们观赏、休闲、游戏、活动及欣赏古迹的场所。

2. 山野古塔

有部分山野古塔周边没有河流，只是纯粹的风水塔，一般建在郊外风景秀丽的地带。

高8.3米的牛尾塔立于南安英都镇旁一座隆起的山坡上，为实心五层花岗岩塔，远望如牛尾，旁边为英都通往晋江、安海之要道，为古代英都对外交通的必经之地，牛尾塔则成为地标建筑。从牛尾塔旁可遥望远处的英都镇，但见宅院错落，沃野阡陌，缕缕炊烟在绿树掩映中徐徐飘散四方，这"古塔望远"已是英都十二景之一。其他如九层八角楼阁式、高7.2米的倪下塔位于远离村庄的荒郊野外，为镇山

回龙塔

之宝，保佑着行旅商人及赐福一方百姓，塔旁为福州通往福安的驿道。倪下塔选址在三个低矮山峰间的平缓地带，所在位置是周边三个村庄等距的中心位置，古塔、民居、风水树构成丰富多彩的乡野景观；建于清光绪年间、七层八角楼阁式、高14.3米的宁德瑞光石塔位于山巅之上，四周为荒野，显得寂寞荒凉。

福建一些山区乡村的入口处往往是重要的景观空间，大都会植风水树或建塔以镇邪。邵武桂林乡的一些村落就在村口建经幢塔，这些经幢立在村口的小土包上，结构简单，顶部葫芦形塔刹。类似的山野古塔还有高2.8米宝箧印经式的永春井头塔、高6.7米楼阁式的南安凤聚塔、高4.2米窣堵婆式的南安榕树塔、高6.86米楼阁式的

松溪回龙塔等，这些乡村古塔景观尽显农家田园风光。

大型的山林古塔便于登高眺览，使山体更加雄伟壮丽，使江河更为婀娜多姿，而小型塔则平添了些许野趣。

三、滨海古塔

福建海岸线直线长度 535 公里，但曲线长度却达到 3324 公里，如此曲折的海岸线构成了许多海湾，为了船舶的安全，八闽先民在海边建了许多航标塔，作为海上船舶归航的标记。在天朗气清之时，于数十里之遥就可望见塔高耸的身影。

1.海边古塔

福建最负盛名的滨海古塔是六胜塔。六胜塔通高 36.06 米，是五层八角楼阁式石塔，位于石狮泉州湾入海口的石湖半岛之上，是宋元时期的航标塔。六胜塔公园地势得天独厚，三面环海，石塔、东岩寺、池塘、沙滩、树林、海港、油轮以及一望无际的大海，共同构成一幅气象万千的壮阔美景。游人登塔可俯瞰海中船帆，遥望西面的清源山与紫帽山，南面与姑嫂塔相望，每当夕阳西下，海天一色时，仿佛身处蓬莱仙岛。石狮鸿山窣堵婆式、高 8.8 米的镇海塔，外形浑圆，作为船舶出入伍堡湾的航标，就直接建在海边天然巨大的礁石之上，每天都受到海风与海浪的侵袭。礁石与石塔均为灰白色，远望几乎浑然一体，如一枚定海神针。其他滨海古塔如四角三层楼阁式、高 6 米的惠安圭峰塔；四角三层窣堵婆式、高 8.6 米的晋江金井镇无尾塔；四角五层楼阁式、高 15 米的莆田塔仔塔及八角七层楼阁式、高 30 米的莆田东吴石塔等均具备良好的海滨景观特色。

2.海边山巅古塔

把海边山巅之塔划归海边塔，是因这些塔与普通的山水古塔景观有所不同，具有碧海青天的山海景象。福建最著名的滨海山巅古塔是石狮姑嫂塔。姑嫂塔坐落于宝盖山顶，东临台湾海峡，为五层八角、高 22.9 米的楼阁式石塔。泉州港在南宋时是著名的港口，与 70 余个国家和地区有贸易往来，姑嫂塔则成为海上航行的标志。宝盖山凌霄独立，为花岗岩山体，山上无土、无水，植被稀疏，岩石暴露，虽然高度只有 210 米，但东面为大海，四周为平原，所以显得特别雄伟，而姑嫂塔依借磅礴的山势，感觉更加巍峨，具有北方古塔大气硬朗的建筑风格。宝盖山生态文化公园占地面积 6 平方公里，把整座宝盖山都涵盖在内。公园以展现宗教文化艺术及石狮地方风情为主题，中心景区有姑嫂塔、虎岫寺和朝天寺等，其余还包含云墩、龙穴、吴圆和青年水库以及双髻山等景区，利用盘山公路把所有景点连成一个大景观。姑嫂塔立于宝盖山的制高点，以点控面，通过盘山公路与拾级而上的石阶，将游客引入高潮。登上宝盖山，远眺东海，石狮山海尽收眼底，使人置身于山海之间，心旷神怡，犹如面对多变而壮美的辽阔画卷。类似的还有高 7.4 米的仙游塔斗山顶的天中万寿塔，站在塔前，不远处就是碧波荡漾的东海；八角两层楼阁式、高 12 米的普光石塔位于连江云居山巅，登塔眺望，四周峰峦叠嶂，东看一望无际浩瀚的东海，西望清澈蜿蜒的鳌江，南视川石诸岛，北瞰黄岐半岛，真是一片大好河山。

3. 海岛古塔

福建海岛众多，有少数塔就建在海岛上。

云霄石矾塔位于漳江入海口、古称石矾的礁石岛之上，四周奇石嶙峋，时常受到海浪的侵袭。石矾塔为七层八角、高 24.8 米的楼阁式空心石塔，如中流砥柱，屹立海中，与将军山隔海相望，被视为云霄的标志性建筑。其他海岛塔还有高 32 米的东山文峰塔、高 19.5 米的马祖东莒岛的东莒灯塔和高 14.2 米的马祖东引岛的东引灯塔。

滨海古塔园林是以海洋为背景，集旅游、生态、娱乐为一体的景观艺术，充分体现了福建海洋文化的特色。

文峰塔

四、滨江古塔

位于江河溪流旁的塔多是引航导渡的航标塔或镇妖保平安的风水塔。福建滨江古塔众多，景观丰富多彩，这与福建内陆水运的发达以及民间浓郁的风水思想是分不开的。

1. 临江古塔

福建水系密布，河流众多，主要河流有闽江、晋江、九龙江，交溪和汀江等，先民在这些江河及其支流畔建有不少塔。

直接位于江边的塔较少，如高 25.3 米的尤溪县福星塔为楼阁式砖塔，位于城关东门外，对面是紫阳生态公园。福星塔公园以"福寿文化"为主题，塔前方立一块刻满"福"字的景观石，观景平台地面浅浮雕松鹤、元宝等吉祥图案。一到夜晚，福星塔灯火通明，与尤溪两岸的彩灯构成一幅星光璀璨的迷人夜景。还有建于宋代、高 2.5 米的文兴古渡塔为宝箧印经式塔，位于泉州丰泽区丰海路的文兴古码头，面对晋江，附近有真武庙、石头街等古迹，江对岸为中芸洲岛，风光秀丽，碧波荡漾；南平市樟湖镇高 16.3 米的万寿塔位于闽江畔，三面环水，是闽江少有的临江塔；高 20 米的挺秀塔立于龙川河与丰溪交汇处，与旁边的挺秀桥构成一幅小桥流水人家的美景。其他如高 8 米的永春蓬莱双塔、高 17 米的安溪雁塔等均临江而建。

临江古塔作为亲水建筑，往往被作为景观主体来建设滨江公园。

2. 桥畔古塔

福建历代古石桥众多，而建造者常在桥旁建塔，具有消灾镇邪之功能，表现了古人避邪趋吉的心态。

洛阳桥是中国最古老的跨海式石桥，坐落于泉州洛阳江入海处，全长 843 米，宽 4.5 米。洛阳桥上有 7 座古朴雅致的石塔，其中桥北双塔位于桥北面，月光菩萨塔、阿育王塔和陀罗尼经幢塔位于桥中间，桥南塔和十方塔在桥南。洛阳桥 7 座石塔有 4 种建筑样式，这些造型各异的塔在变化中求统一，在对称中求灵活，通过洛阳桥，使不同类型的塔统一于一个画面中。洛阳桥石塔与石亭、历代碑林、榕树、昭惠庙、真身庵、护桥神将和蔡襄祠等共同构成壮丽的景观。如今伫立桥上，东面是碧波荡漾的泉州湾，潮水汹涌，别有一番情趣。

福建还有许多风景优美的桥头塔，如高 6.7

五龙桥塔

米的福清五龙桥石塔、高 4.7 米的同安西安桥石塔、高 5.05 米的福清龙江桥双塔和高 7 米的南安永济宝塔。其中，莆田萩芦溪大桥塔位于桥栏杆上，在福建所有古塔中绝无仅有；而龙岩龙门塔建在龙门桥正中间的桥墩上，两面山林相夹，地势险峻。

古桥经过古塔的点缀，再伴随边上的风水树，更彰显自身悠久的历史底蕴，构成一幅古朴雅静的景观空间。

五、城区古塔

城区中的大型古塔的形象常常代表了一座城市或某一地方的标志。这些高大的古塔打破了城镇建筑的格局，产生竖向的视觉构图，增添了空间的审美情趣，丰富了城市的天际线，在古塔园林与城市建设之间寻找平衡点。

通高 35 米的坚牢塔巍然耸立在福州市中心南门兜西侧、海拔 86 米的乌山脚下，是榕城文化历史的一个标志与缩影，有着无法替代的景观功能。20 世纪 90 年代初，政府着手改造乌塔所在的区域，拆迁周边杂乱的木构民房，并规定周边建筑高度，墙面一律采用灰白色，建立了乌塔文化公园和大型休闲区，使乌塔景区成为福州名山寺庙民俗游的重要景点。如今，乌塔与乌山风景区连成一片，从人声鼎沸的南门兜一进入古朴的乌塔公园，顿觉无比清净，心灵得以净化。建于明代的瑞云塔高 34.6 米，位于福清市区东面的龙江畔，为楼阁式八角七层石塔，号称"南天玉柱"，塔上有 400 余幅浮雕，目前已建成一小型公园，可登塔遥望福清繁华的市区，以及龙江、龙首桥、玉融山、龙山、玉屏山等景观，令人有心旷神怡、神游若仙之感受。

其他城中古塔还有泉州定心塔、福州尚宾石塔、罗源万寿塔等。虽然这几座塔体量较小，但也不能忽视其在创建城市特色园林中所具有的独一无二的点景效果。

福建大多城区古塔虽位于繁华拥挤的闹市，但在现代化城市快速发展中，已显得孤单寂寞。

笔者把福建古塔景观划分为以上五类，其实并不十分严谨，如有些塔既位于寺庙里，也处于山水之间，如涌泉寺的千佛陶塔、霞浦虎镇塔、昭明寺塔等；有些塔既在海边，又位于山上，如姑嫂塔和普光塔等。这也正体现了福建古塔景观的多样性与复杂性。

六、福建古塔景观的审美特征

福建古塔兼具南方秀丽与北方雄伟之美，蕴含着八闽浓郁的自然、历史、人文气息，具有独具一格的审美特征。其464座古塔样式繁多，每座塔都为景观的建造提供不同的审美趣味。

1. 样式之美

福建古塔建筑类型多样，有楼阁式塔、窣堵婆式塔、宝箧印经式塔、五轮式塔、经幢式塔、亭阁式塔、台堡式塔、文笔式塔、密檐式塔和喇嘛式塔等，造型各异，姿态优美，是中国传统文化的象征符号。这些形状各异的塔赋予园林截然不同的景观效果，如高大的楼阁式塔给人乐观、奋发、进取的精神，而矮小的宝箧印经式塔则饱含深邃、悲情、神秘的异国情调。福建还有一些古塔景观拥有多种类型的塔，如泉州开元寺除了楼阁式的东西塔外，还有宝箧印经式塔、五轮式塔和经幢式塔等，使开元寺园林更加变幻莫测。

2. 高低之美

福建古塔的高度参差不齐，自1米到40余米不等，与周围环境相辅相成，层次丰富，形成良好的园林景观，为景区增添了风采。如雄伟高大的开元寺东西塔、白塔、六胜塔、坚牢塔和南平东西塔都是园林中最突出的建筑。还有一些小塔也颇为可爱，如高度只有1.03米的罗汉台塔、2.7米的妙真净明塔、2.6米的承天寺五轮塔、2.8米的报恩寺塔、3米的浮山塔、4米的东桥经幢塔、4.7米的西安桥塔、4.8米的石步塔仔、5米的开元寺阿育王塔以及7米的林浦石塔等，作为园林建筑小景，感觉小巧玲珑。

3. 色彩之美

福建古塔的建造材料多样，其中石塔最多，其次是砖塔，还有少量陶塔、土塔、木塔和铁塔等，不同材质的塔所呈现出相异的色彩效果，为景观艺术平添了诸多情趣。如福州涌泉寺千佛陶塔为陶土分层烧制，榫卯拼接而成，塔身施绀青色釉，呈现陶红色，与四周参天绿树形成红绿互补色。其他如东西塔的青古铜色、乌塔的深灰色、定光塔的雪白色、星塔和姑井塔的红色、幽岩寺塔的棕青色等均使周边景观更加绚丽多彩。

4. 地域之美

古塔的地理位置较多样化，有寺院、山林、海边、江河、乡村和城区等，与小家碧玉、大同小异的江南园林截然不同，具有极其复杂的造景空间，每一座古塔园林都有其别具特色的怡人景色。福建寺院古塔景观的庄严、山林古塔景观的多姿、海边古塔景观的辽阔、江河古塔景观的抒情以及城区古塔的孤独，都能有机地与各种环境相互融合，呈现出多层次、多样化的审美特征。

5. 生态之美

福建古塔大多建在环境优美的地方，远离城镇，远离人烟，具有一种远隔世俗、脱离尘嚣的生态美。因塔属于阴宅，不是用来居住的，特别是风水塔多为镇邪化煞之物，其选址与其他建筑不同，基本都远离居住区。因此，福建大量古塔景观具有世外桃源之美。如仙游菜溪岩石塔、南安凤聚塔、鼓山海会塔和七佛经幢塔等都是位于生态条件极好的山林间。

6. 动静之美

福建古塔景观静中有动，动中有静，其中包含两层含义。其一，古塔是静止的，但周边的江河湖海却是动态的。其二，游人在欣赏古塔时是处于运动之中的。福建许多古塔建在高耸的山巅，如建于明代的凌霄塔位于福安坂中江家渡村的后山顶，游人登塔需要一步步地拾级而上，走走停停，边走边看，心理上完成由俗入仙的转换。

7. 文化之美

福建古塔蕴藏深厚的人文价值，为景观艺术增添了文化底蕴。古塔是雕刻、书法、绘画的载体，包含宗教、民俗、诗文等诸多元素。福建历代古塔都有文人参与建造，而文人多以自己的观念与情感参与造塔，追求景观和意境的完美结合，如塔上的匾额与楹联可以使游人在有限的景观内创造无限的思维心理空间。因此，在建设古塔公园时，要善于挖掘塔深邃的文化价值，强化古塔在当地的历史地位及影响力，提升景观乃至周边区域的文化品位，使古塔园林成为具有厚重历史沉淀的古文化景区。如目前已经建成的乌塔公园、吉祥寺塔公园、江上塔公园、雁塔公园等，均具有强烈的人文气息。

吉祥寺塔公园

　　综上所述，福建古塔具有极高的造型艺术与造景潜力，可以开辟成风景区、城市公园或文化广场等景观，带动旅游业的蓬勃发展。当人们驻足古塔之下或登塔遥望远景时，能抒发豪情壮志，牵动家园思绪。

第八章　福建古塔的保护措施

福建古塔历史悠久，经过千百年的风雨洗刷和雷电袭击，许多塔不可避免地出现了破损的现象。而且历史上的一些动乱，也对古塔造成了摧残。如明代倭寇进攻仙游时，曾大肆破坏龙华双塔；抗日战争时期，日本侵略者炮轰过万安祝圣塔，致使塔檐受损；在 20 世纪 80 年代后的经济建设大潮中，部分古塔也遭到损坏。如今各级政府开始重视对历史建筑遗产的保护，并把一些古塔列为文物保护单位，对塔的保护工作逐渐展开。近年来陆续投入一定的人力、物力和财力，维修部分重要古塔，如对福州的标志性建筑——坚牢塔和定光塔进行较大规模的修缮。但由于物力和财力的限制，只有少数古塔得到较理想的维修，还有大量古塔的现状令人担忧。

一、古塔保护的现状及问题

福建省约 50％的古塔已经被列入文物保护单位，尤其是一些国宝级古塔，如开元寺东西塔、石狮六胜塔、福州坚牢塔、长乐三峰寺塔、南安桃源宫经幢、南安五塔岩石塔、莆田释迦文佛塔等都得到多次维修，整体结构保护较好。而有些省级古塔也得到很好的保护，如福清瑞云塔、福州定光塔、云霄石矶塔等。特别是定光塔作为福州城区的标志，近年来市政府邀请市规划局、市文物局以及建造设计院等单位，对其建筑构造、周边环境进行整修。但有一些县市区级古塔，由于保护力度相对薄弱，经费较少，已成为危塔。还有相当一部分古塔没有被列入文保单位，处于无保护状态。而那些位于人迹罕至的荒郊野外的古塔，已几乎被人遗忘，随时都会倒塌或被盗。

下面，笔者将对福建古塔的保护工作进行初步调查和分析，指出古塔保护所存在的问题，并提出保护古塔的几点意见。

1. 古塔的损坏

福建一些古塔已经消失在历史的长河里，部分双塔、塔群的数量有所减少。如精美的幽岩寺双塔原来并排立于大雄宝殿前面，但如今只剩一座，另一座早已完全被毁；万福寺塔林原有37座塔，历年来不断遭到盗损，如今只剩下3座；1958年，宁德古田旧城被改造成古田水库时，部分石塔没有进行搬迁，而被永远淹没了；莆田凤山寺木塔曾经历过台风与地震的多次侵袭仍岿然不动，但在1950年被拆除，只留下塔刹被保存在莆田市博物馆里；福清白岙塔也已被淹没在东张水库的湖底；泉州浮桥原有4座精美的宝箧印经石塔，可惜半个世纪前也被拆毁。福建各个县市都有部分古塔已经无存，如今只能从历史文献中找寻它们的信息了。

有的塔已经部分倒塌，命运已岌岌可危。如福清迎潮塔原是福建最高的实心塔，但在数年前被台风毁坏，如今只剩两层，周围尽是凌乱的石材，自今无人维修。还有些塔虽然整体外形还保留着，但许多构件已经破损严重，如福清龙山祝圣塔、连江普光塔、闽侯镇国宝塔、南平万寿塔、福州林浦石塔等。其中，龙山祝圣塔混迹于小巷之中，被民房重重包围，塔檐、平座、楼梯均已毁坏。巍峨壮观、气势不凡的鳌江宝塔第六层走廊石板被一棵榕树根撑裂近5厘米宽，以至于走廊环道下垂，随时会塌陷。普光塔也只剩下两层，部分石构件脱落。瑞光塔塔檐砖质斗拱破损严重，再不维修将进一步恶化。万寿塔许多石构件已毁坏，全部塔座的石栏杆均已不存。由于塔刹是古塔中最薄弱的构件，因此福建许多塔的塔刹被毁，如宁德报恩寺塔、福安灵霄塔、同安姑井砖塔、泉州洛阳桥阿育王塔的相轮均已丢失。

其实福建大部分古塔都不同程度地遭到损坏，急需有关部门进行修缮。

2. 粗糙修缮损坏古塔

近些年，一些古塔也得到一定的维修，但由于修缮技术水平十分粗糙，反而对塔本身有所损坏。如将乐的古佛堂塔，当地政府进行重新修复时，没有遵循"修旧如旧"的原则，塔外壁随意粉刷白粉，工匠技术太差，导致古佛堂塔完全失去原有的古朴风韵，实在可惜；洛阳桥月光菩萨塔的一些局部裂缝只是简单地用云石胶黏合，严重影响塔的外观美；龙岩新建的龙门塔使用钢筋混凝土材料，已失去原来的建筑风格。还有些石塔的破损部分，用不规则石块进行填充，破坏了塔的形象，如洛阳桥阿育王塔就是这样，添加的石块与原有石材形成显明对比，很不美观。

有些石塔的雕刻修补得比较简陋，如莆田东吴塔塔身券龛内原有许多菩萨、罗汉造像，但如今旧塑像已几乎丢失殆尽，目前的雕像基本上都是近年重新雕刻的，在工艺上显得较粗糙，而且选择的石料与原有石材不符。

目前，福建部分地方政府开始重视古塔的维修，但如果修缮技术不过关，只怕会对古塔造成第二次伤害。

古佛堂塔

3.古塔周边环境的破坏

经过千百年的时间，沧海桑田，许多古塔的周边环境发生了很大的改变。即便对古塔进行了较好的修缮，但环境已经面目全非。

泉州文兴古渡塔位于晋江畔文兴古渡口，原本周边风光秀丽，还有古道、古寺、古街等遗址，但如今对面的小岛已被开发为海景花园城，高楼大厦林立，而文兴塔四周已经荒芜，杂草丛生，颇感凄凉；潘湖塔原本位于海边，有镇海龙、保渔民的

文兴古渡塔

潘湖塔

作用，但经过数百年的填海，现已远离大海，且混迹于民房之中，塔身被众多杂乱无章的砖房重重包围，环境堪忧；南安诗山塔被新盖的民房围住，离最近的建筑仅2米，严重影响了观赏价值；连江仙塔紧挨着几栋两三层楼的民房，四周空间狭小，乱草丛生，已失去原来雄伟的气势；永春井头塔现在居然成为村里新建戏台的一部分，塔基被戏台的平台紧紧封住；闽侯陶江石塔位于五虎山对面，据史料记载，古时候这里风景秀美，如今周边尽是高高低低的民房，塔边还被村民开辟为菜地；福州林浦石塔原先坐落于闽江边的绍岐渡口，四周风景秀丽，景色宜人，但如今旁边正在建林浦大桥，四周尽是杂乱的工地。

总体说来，福建绝大部分古塔的周边环境都已发生改变，相较于对塔本身的修复，对环境的修复显得更加困难。

4. 部分古塔被盗

近年来由于收藏文物的兴起，特别是在西安法门寺舍利塔、杭州雷峰塔等发现了大量珍贵文物后，各地文物贩子开始偷盗古塔，一些建于偏僻地区的古塔屡遭毒手。

建于五代的同圣寺塔坐落于田野边，原有9层，塔身布满精美的浮雕，但前些年被盗贼偷去6层，只剩下底下3层孤零零地立在草地上；闽侯一座位于宗祠前的宋代小型宝箧印经石塔前两年被盗，至今仍未找到；闽侯超山寺塔原有3座，但前两年被盗走部分石构件。

除了一些小型石塔，窃贼对一些大型塔也不放过，如明代的万安祝圣塔的地宫就被挖开，等发现时里面已空空如也，到底丢失了哪些文物也不得而知；唐代的国宝级文物——无尘塔，地宫也被盗取，里面的高僧舍利及相关文物均已丢失；南平万寿塔的地宫也遭盗取，里面文物均已不存。古塔最宝贵的文物往往都藏匿在地宫之中，地宫被盗无疑是相当大的损失。

二、建议与措施

福建古塔虽然保存至今的还有464座，但基本上都受到一些破坏。针对以上种种问题，笔者提出以下几条建议，希望能有利于塔的保护工作。

1. 勘查古塔

对古塔的勘查是一件十分重要的工作。需要有专门的文保人员定期勘测古塔的裂缝、倾斜程度与沉降情况。如发现古塔有所损坏，应及时上报文物部门。修缮破损的古塔之前，也需要做好细致的勘查工作。

福建沿海是地震带，需要对一些高层塔进行结构检测，确定其是否达到抗震标准。不符合标准的，要加固其结构，避免地震来临时，造成倒塌。这方面做得较好的是开元寺东西双石塔。东西塔因历史久远、地质灾害、内外应力、台风、空气污染、石材风化腐蚀等原因，塔身构造与塔壁表面严重受损。市委、市政府请中国文物研究所委派检测组首先对西石塔进行检测，并形成了《泉州开元寺仁寿塔安全性初步评估报告》，为下一步维修提供科学依据。1999 年，福州市建筑设计勘察院对坚牢塔塔身进行多次监测，确认塔身向东南方向倾斜达 2.1°，按目前的年倾斜率测算，坚牢塔如得不到及时扶正，几十年后将可能坍塌，当地政府请专业的文物修复工程队进行加固和修复。工程方用一根铁杆牢牢地固定在塔的西北处，希望能制止住塔的倾斜。其他如福州定光塔、福清瑞云塔、石狮六胜塔等都进行过专门的勘查，为今后的修复工作提供了理论依据。

福建古塔已经构成特有的历史建筑与文化特征，对这些古塔的现状进行全面的勘查，有利于更好地保护古塔。

2. 做好古塔的修复工作

对古塔的修复是一件高难度的工作，一定要做到修旧如旧，尽可能保留塔的原貌，在材料、工序上要尽量遵循原有的工艺技术，即使找不到原来的材质，也要使用类似的材料。

这方面做得比较好的有开元寺东西塔、福州定光塔和坚牢塔、福鼎楞伽宝塔、古田吉祥寺塔、泰宁青云塔、马尾罗星塔等。2015 年，福州市规划局分别对定光塔的各个建筑构件进行了修缮，如针对唐代须弥座雕刻风化，采用物理手法清洁表面污垢；修补内外墙身抹灰，部分铲除重抹，而且墙面抹灰工程需用传统材料和工艺；对塔心室木框架进行加固、修补，对变形歪闪的构件和节点进行调整，作防腐处理；加固木楼梯，更换或修补部分构件；拆除平座上的铁艺栏杆，改为砖砌，并涂上白灰；隐蔽塔檐上的电线，拆

青云塔

除夜景灯；采用高标准的防雷措施。还有建于明代的石狮布金院双石塔，最初是重建寺庙时从地底下挖出来的，一些构件已经丢失，当地博物馆聘请专门的文物专家对其进行修复，对施工技术颇为讲究，效果良好，还建了一个塔院保存这两座石塔。还有建于明代的泰宁青云塔原为砖塔，许多砖块早已丢失，在修复过程中，使用与原塔相类似的砖材，并加固菱角牙子、塔檐及塔心室，保留原有的古朴风貌。对一些已经修复过但显简陋的古塔，可以考虑重新修补。如文光宝塔的须弥座和塔刹是1982年重建的，由于当年技术水平的限制，显得十分粗糙，如今可以参考保存较好的北宋楼阁式石塔的样式，重新进行雕刻，使文光宝塔尽量恢复原样。

3. 做好古塔的防水工作

福建雨水较多，而且许多塔位于江河畔，解决雨水对塔的侵害尤为重要，需要做好防洪工程。平时需对塔进行塔身、基座的防水和排水工作，修建良好的排水工程，保证古塔四周的排水功能。可以在一些塔周边建立蓄水池，并由具有专业资质的单位根据相关规范进行建设，在塔的保护范围内进行雨污分流制。

文昌塔位于南靖县靖城镇湖林村九龙江堤岸旁边，不远处即是滔滔江水，因此，塔基的防水工程尤为重要。洛阳桥的7座石塔均位于入海口，近年修复时都垒筑高大的台基，以抵御水流的侵害。

同时还要关注古塔内部的排水情况，这主要是指楼阁式空心塔。塔常年暴露于室外，经历过无数次风雨，一些塔心室会进水，特别是一些楼阁式砖塔，内部均采用木结构，进水之后极易破损。如莆田石室岩塔塔心室原有木楼梯，但塔壁四面窗户较大，雨水容易进入，如今所有木结构全都损坏，只留下空荡荡的塔心室。

4. 就地保护为主，迁地保护为辅

进行古塔保护时，尽量就地维修，不要迁移。因福建许多塔均为风水塔，是当年人们为了弥补当地风水而建的，如果轻易移动，当地民众会加以反对。但是，有些古塔由于地处荒野，无人看护，极易被盗或破坏，就需要移到其他地方。

近半个世纪以来，福建搬迁古塔较为成功的有涌泉寺千佛陶塔、古田吉祥寺塔等。如千佛陶塔是于1971年从福州城门处的一座小庙搬移到鼓山涌泉寺的，当时请福州当地著名工匠进行拆装，如今已成为寺庙一道亮丽的景观，数十年来得到良好的保护；吉祥寺塔原位于古田老城，为了建水库，就把石塔一块块拆下来，移到新城一座小山上，再一块块拼接起来，完好地保持了原貌。其他如位于福州于山的圣

泉寺双塔、文光宝塔和武威塔都是从福州郊区迁移过来的。当然，搬迁时也要注意新地点的选择，如圣泉寺双塔原本位于鼓山园中村后山的圣泉寺佛殿前，1972年被重新安放在于山九仙观斗姆殿前两侧，一座道观前面却立有两座佛塔，感觉有些不太合适。

5. 做好古塔保护规划

随着对古建筑越来越重视，福建各地开始进行古塔的规划。在规划时，可以把塔与周边环境及一些古迹结合起来，共同形成一个较大范围的文化遗产区。具体规划过程中，还需考虑周边建筑高度的限制、建筑色彩、道路交通等。

开元寺东西塔旅游景区在规划上，以开元寺为构图中心，具有浓郁的宗教特色、鲜明的历史文化色彩和突出的闽南地方色彩。整个景区由四部分组成。①寺庙区，即开元寺，是景区的中心，以东西塔、大雄宝殿建筑为主题，其他建筑与园林为辅，体现佛教建筑的肃穆和寺庙园林的休闲与清净；②西街古建筑区，以西街为中心，包括街道两旁的传统民居，体现闽南建筑文化魅力；③古巷区，以西街南面交错的古巷为主，包括三朝巷、旧馆驿、井亭巷、古榕巷等；④东街与中山路区，这是东西塔景区的延伸区域。这四个景区结合历史、现状的文脉加以区划，体现出各街道的差异性与特征。福星塔坐落于尤溪与清溪交汇处，规划成大型江滨公园，园内种植花草树木、安置小型雕塑、铺设道路等，对岸则是紫阳生态公园，形成尤溪县城最美的园林景观。

6. 提高当地民众保护古塔的思想意识

福建许多古塔都位于较为偏僻的村庄或山林，单靠文保人员很难随时勘察，这就需要发动当地的村民对其进行保护，而提高民众文物保护的意识则成为关键。笔者调查发现，目前一些民众对当地的古塔保护还是较为重视的，如闽侯青圃塔位于塔庙内，每天都有人专门看护；南安桃源宫经幢位于桃源宫内，有村民看护。但也有些地方的人对宝贵的古塔十分不重视，如建于宋代的福清龙山祝圣塔，如今四周民房杂乱无章，极为不雅观。笔者在考察洛阳桥石塔时，就亲眼看见村民直接把垃圾倒在宋代古塔之下；有村民在福清龙江桥石塔塔基旁烧垃圾，导致须弥座及其浮雕都被熏黑。因此，提高当地人民保护文物的思想意识尤为重要，需不断地教导民众爱护文物、关心文物。

在保护古建筑方面，同济大学建筑城规学院的阮仪三教授提出的"四性五原则"

很有道理。"四性"包括：①研究性，尽量保留古建筑的原貌，避免造假。②可靠性，认真读取古建筑所蕴含的历史信息。③整体性，不仅要对古建筑，还要对周边的环境进行整体保护。④可持续性，要有可持续发展的眼光。"五原则"是指原材料、原工艺、原式样、原结构、原环境。希望政府对古塔的保护规划能遵照阮仪三教授的这些原则。

第九章　莆田市古塔纵览

莆田市地处福建省中部沿海地区，北临福州，南接泉州，西靠戴云山，东面为台湾海峡，背山面海，是福建省水陆要冲之地，地形较为复杂。莆田古称兴化、兴安，又名莆阳、莆仙，人杰地灵，风光秀丽，文化底蕴深厚，是福建省"历史文化名城"之一，目前管辖荔城区、城厢区、涵江区、秀屿区和仙游县。

莆田立县始于南朝陈光大二年（568年）。唐代有一段时期曾归属泉州。北宋太平兴国四年（979年）设立兴化县，此时莆仙的经济与文化逐渐繁荣。明代设立兴化府，管辖莆田和仙游两地区。清代仍为兴化府。莆仙文化具有中原文化的特性，在漫长的发展过程中，沉淀了自己特有的地方文化，留存了许多珍贵的文物和遗址，著名的有妈祖、莆仙戏、南少林等文化遗产。

莆田佛教源远流长，有记载的最早佛寺为建于南朝陈永定二年（558年）的金仙庵。莆田唐代禅宗兴盛，曹洞宗创始人曹山本寂即为莆田人。五代王审知主政福建时，莆田民众纷纷捐款建寺。据宋代《仙溪志》记载"晚唐以来，地有佛国之号"。曾拥有广化、龟山、梅峰、囊山四大禅宗名刹。宋代莆田南山拥有2寺10院120庵，仙游地区有11院7庵。明弘治《兴化府志》记载莆田有佛寺495座。莆田佛教建筑不仅数量多，而且规模大，其中广化寺为福建四大丛林之一。

随着佛教寺庙的增多，莆田也建造了许多佛塔。早期的塔以木构居多，大都已焚毁无存，唐宋之后几乎以石、砖等材料建塔。如今还保留几座唐代古塔，如无尘塔、望夫塔等，但这几座塔后世都曾重修过，已不是最初的样式。莆田五代最著名的塔是仙游的天中万寿塔。建于北宋的塔有东岩山塔、龙华双塔、九座寺双塔等。南宋古塔中最经典的是释迦文佛塔，代表了莆田地区古塔建造的最高成就。元代古塔目前只保存一座，即永兴岩海会塔。明代古塔大部分都是风水塔，如槐塔、东吴塔等。清代和民国时期，莆田很少建塔。莆田古塔存在的历史较长，类型多样，莆田还有一些古塔已消失在历史长河里，如始建于宋淳化三年（992 年）的八角五层高30 米的凤山寺木塔，曾经历过台风与地震的多次侵袭仍岿然不动，但在 1950 年被拆除，只留下塔刹保存在博物馆里。总体看来，莆田古塔样式多样，雕刻丰富。

莆田如今共有古塔 36 座，其中，楼阁式塔 15 座，窣堵婆式塔 4 座，亭阁式塔 1 座，宝箧印经式塔 2 座，五轮式塔 6 座，经幢式塔 3 座，台堡式塔 1 座，密檐式塔 4 座。其中莆田城厢区、涵江区、荔城区、秀屿区共 15 座，仙游县 21 座。按照年代划分，唐代 4 座，五代 1 座，宋代 10 座，元代 2 座，明代 10 座，清代 1 座，民国 4 座，还有 4 座待考。

一、城厢区古塔

1. 兜率宫经幢

位置与年代：兜率宫经幢位于城厢区广化寺兜率宫前，共两座，建于北宋治平二年（1065 年）。

建筑特征：兜率宫经幢通高 7.6 米，基座四边形，仿须弥座样式，素面无雕刻，四周设铁栏杆。塔基为四层须弥座，一层须弥座八边形，下枋、下枭与束腰均素面，上枭刻双层仰莲花瓣，造型饱满；二层须弥座八边形下枋刻卷草纹，圆形束腰雕双龙戏珠，两只龙腾云驾雾，张牙舞爪，体态呈 S 形，威武十足，表面已布满青苔，更显沧桑感，圆形上枭刻波涛汹涌的海浪；三层须弥座束腰浮雕金刚造像，身

兜率宫经幢

后彩带飘动；四层须弥座束腰方形券龛内雕结跏趺坐的佛像，上枭双层仰莲花瓣，八边形上枋每面阴刻两个壶门，中间以石柱分隔。

八边形幢身高 1.18 米，每边长 0.2 米，其中一座刻《佛顶尊胜陀罗尼经》《福德真言》与《祈请真言》，分汉梵两种文字，还刻有捐资建幢的信众名字，另一座素面无字。《福德真言》是指福德正神的咒语，福德正神又称福德爷、大伯爷等，即民间的土地公，据说持此咒能有许多利益。幢身上施八角塔檐，上方再安置圆鼓、双层仰莲与八边形石柱，石柱每面雕禅定佛像。八角攒尖收顶，塔刹为宝葫芦造型。兜率宫经幢的基座、须弥座和幢身的部分构件与其他构件相比较新，应该是后来重修的。

文化内涵："兜率"来自佛经，是欲界的第四层天，释迦牟尼佛成佛之前就住在兜率天，未来佛弥勒菩萨也住在此天的内院说法。因此，兜率宫供奉的是弥勒菩萨。

2. 东岩山塔

位置与年代：东岩山塔又名报恩寺塔，位于城厢区东岩山寺，建于北宋绍圣年间（1094—1097），福建省文物保护单位。

建筑特征：东岩山塔为平面八角三层楼阁式空心石塔，通高 20 米。八边形单层须弥座占地 92 平方米，高 1.2 米，上方建有 1.45 米宽的平座走廊，四周石栏杆为近年重修的，每面设四柱三栏板，南面开 2.5 米缺口，施七级垂带踏跺。第一层塔身占地 49 平方米，每面边长 4.5 米，南北面外围相距 10.5 米。第一层塔身东西南北四面开拱形门，高 2.7 米，宽 1.7 米，门框厚 1.45 米，门上方用 10 块 1.45 米长的条石作拱顶，每扇石门两边辟券龛，内雕力士。二三层也是东西南北四面开拱形门。一层塔檐为三层混肚石叠涩出檐，以 5 到 6 块条石拼接而成，檐口平直，两端檐角翘起，刻瓦垄、瓦当和滴水等。二三层塔檐均为双层混肚石叠涩出檐，以条石拼接成。二三层塔檐上方设平座，但没有栏杆。塔心室为空筒式结构，犹如一个天井，站在底层可看到塔顶。东门内壁至北门顶砌有石梯可登至二层北门内，石阶边安置铁栏杆，在第八级台阶处还设一铁栏杆

东岩山塔

东岩山塔塔心室

门，石梯是从塔墙减薄砌成的，要上第三层需另架梯子，塔盖的南面塔檐留一空洞，用梯子可登塔顶。由于塔身每层都有四个门，塔顶还有孔，因此塔心室内十分明亮。塔心室二层内壁每面辟五个并排的欢门式券龛。可以看出，塔心室是经过精心设计的，塔壁薄而塔身空，门洞大而塔重量轻，使塔稳固地竖立在塔基上。塔刹为相轮式，刻有九环九腰，顶盖八角攒尖，从盖的四周朝八角檐脊用八条铁链拉住固定。各檐脊翘举内用石佛像压住。塔尖安置宝葫芦，有三球二腰一尖，也用八条小铁链从顶尖拉住顶盖固定着。

观察东岩山塔可有一个发现，每一层四扇塔门均位于同一垂直线上，而没有像福建其他楼阁式空心塔一样，塔门位置逐层错开。为何会如此设计呢？难道当年建造者不知道塔门交错有利于抗震吗？这需要分析一下东岩山塔的整体结构。东岩山塔须弥座占地面积达到92平方米，一层塔身外皮距离10.5米，而塔只有三层，且高度也只有20米，须弥座直径超过塔的高度。可以看出，东岩山塔是一座塔身粗壮的石塔，塔基异常稳定，因此，建造者才敢于如此设计塔门，不必担心地震的侵害。事实证明，东岩山塔是极其坚固的，1604年莆田曾发生八级大地震，但石塔仍保存完好。东岩山塔整体构造紧密，黏结牢固，除一层走廊的栏杆外，基本均为北宋原物。

雕刻艺术：东岩山塔须弥座八个塔足雕如意形圭角，除南面外，其他各面中间还有一个如意形圭角，塔足间刻柿蒂纹样。双层下枋浮雕缠枝花卉，下枭刻覆莲瓣，上枭刻仰莲瓣。束腰转角为五段式竹节柱，每面以四根竹节柱分隔成五部分，每部分浮雕狮子，共有37只。这些狮子姿态各异，或低头奔跑，或回首观望，或抬头向前，或玩耍绣球，或静卧在地，或倒地翻滚。一层塔身每扇门外两边外墙各浮雕金刚力士一尊，共有8尊，形态各异，线条粗犷，造型古朴，威武雄壮。其中，南门两尊力士身披盔甲，眼睛微闭，神情严肃，双手按住剑柄，神态雍和。东岩山塔的浮雕线条清晰，纹饰流畅，具有唐宋时期的雕刻风格。

东岩山塔力士造像

文化内涵：东岩山塔坐落在大雄宝殿与观音殿之间的中轴线上，保持了早期佛寺平面布局形式。北宋时，我国寺院中佛塔的位置已经发生变化，基本建于次要地方，因此有专家提出，东岩寺塔可能是在原有隋代砖塔的地基上重建的。

3. 释迦文佛塔

释迦文佛塔

位置与年代：释迦文佛塔又称广化寺塔，位于城厢区广化寺东侧，建于南宋乾道元年（1165年）之前，全国文物保护单位。

建筑特征：释迦文佛塔为平面八角五层楼阁式空心辉绿岩石塔，通高30.6米。八边形单层须弥座，高0.8米，直径15.76米。束腰转角雕侏儒力士，每面浮雕狮子戏球与花卉。须弥座上设八边形平座走廊，座上置高0.78米的石栏杆与栏板，南面正中开口施五级踏跺，两旁设一对望柱及栏板。第一层塔身高2.93米，二层高2.79米，三层高2.81米，四层高2.7米，五层高2.65米。第一层塔身底边长4.63米，二层底边长4.3米，三层底边长4.05米，四层底边长3.88米，五层底边长3.4米。另外，第一层塔身直径10.6米，二层直径9.96米，三层直径9.4米，四层直径8.78米，五层直径7.63米。第一层东西两面开矩形门，直通塔心室，宽1.3米，进深4.5米。其他塔壁辟方形佛龛，门与龛两旁浮雕罗汉像。第二、三、四、五层，东、西、南、北四面开矩形门，其余四面辟方形佛龛，塔门旁为金刚武士，佛龛旁为观音菩萨。塔身一层南面设一小佛殿，宽1.67米，进深2.68米，殿上方塔阁刻"皇帝万岁"。层间以双层混肚石叠涩出檐，檐口平直，两端檐角翘起，刻出瓦垄、瓦当、滴水等。一至四层有23个瓦当，五层有17个瓦当，每个檐角上方雕龙首状鸱吻翘脊。塔身转角立露三面瓜面的瓜楞柱，柱上安置方形栌斗，栌斗上出华拱，再施齐心斗，承托一下昂，昂上再出一跳华拱，拱上安置散斗，承托一下昂，昂上出仔角梁。斗拱层共出四跳，为七铺作双抄双下昂。但与普通木构斗拱不同的是，两个下昂被一跳华拱隔开，使得第一个下昂与第二个华拱形成龙首状，而第二个下昂与仔角梁也形成龙首状。这种龙首状斗拱在福建一些楼阁式石塔中经常见到，如无尘塔、仙塔、鳌江宝塔、瑞云塔、万安祝圣塔等。补间施一朵斗拱，为五铺作双抄斗拱，每个华拱各置一个要头。第一层由东北、西南门进入塔心室，从一层塔心室朝北登上二层平座。二至五层塔心室均为八角形。五层的北面安放供奉佛像的石案。

奇怪的是，释迦文佛塔第三层塔身比第二层要高，这在福建大型楼阁式塔中仅

释迦文佛塔侏儒力士造像

释迦文佛塔罗汉造像

此一例。为何当年建塔者会如此设计呢？笔者推断，主要是为了视觉上更美观的原因，因释迦文佛塔所在的位置与广化寺其他建筑相比较为低矮，如果层高逐层缩小，站在寺中眺望石塔就会显得体量偏小，而把正中间的第三层塔身增高，就能使人觉得石塔比较雄伟、高大和挺拔，展现佛教崇高的精神世界。

雕刻艺术：释迦文佛塔塔身外壁布满浮雕。须弥座束腰转角及每面的 22 尊侏儒力士神态逼真，表情丰富，皆采用跪姿，或双手，或单手，或双肩顶住塔身。束腰每面还浮雕狮子戏球与牡丹图案。第一层塔身高 1.16 米的 16 个券龛内各雕一尊高 1.11 米的罗汉像。这 16 尊罗汉，均身披袈裟。其中，南面罗汉左边一尊右手执铃，右边一尊右手托宝箧印经塔；西南面两尊罗汉双手合十；西面罗汉左边一尊握龙首杖，左下方蹲着一只神兽，右边一尊双手结禅定印垂放于胸前；西北面左边罗汉握禅杖，右边罗汉牵着一名小童；北面左边罗汉执扇，右边罗汉捧经书；东北面左边罗汉拿着念珠，右边罗汉执扇；东面左边罗汉双手握锡杖，右边罗汉右手举着钵；东南面左边罗汉执莲蓬，左边罗汉举着拂尘。在每一尊罗汉下方，还浮雕托果盘、扛犀角、抱坛、背坛的

释迦文佛塔小力士造像

小力士和牡丹花等。罗汉上方雕体态柔美的飞天，共 16 位，或托盘，或托花，或托钵，或拈花。

第二层塔身高 1.18 米的 16 个券龛内雕 8 尊高 1.11—1.14 米的威武勇猛的护塔金刚像和 8 尊高 1.11—1.15 米的菩萨像。金刚头戴金圣帽，祖胸露臂，下半身扎裤

裙，赤脚。其中，南面两尊金刚手举金刚杵；西面两尊金刚双手合十或手握金刚杵；北面两尊金刚或双手或单手按住金刚杵；东面两尊均以右手举着金刚杵。另8尊菩萨头戴天冠，身穿宝衣，头顶有光环，赤脚踩莲花。其中，东南面两尊菩萨施密宗手印。其他西南、西北、东北面均为各种姿态的菩萨像。每一尊金刚或菩萨像下方，浮雕牡丹花。下方雕举羽毛、托盒、托钵、托灯、托宝珠、托宝葫芦、执宝瓶、执花卉、拿莲花的飞天。动态与一层飞天相似。

第三层塔身高1.17—1.19米的16个券龛内雕高1.09—1.11米的高僧。高僧身披着袈裟，面目慈祥；南面两尊高僧或双手合十，或结密宗手印；西南两尊高僧或托钵，或左手放胸前；西面两尊高僧或双手合十，或双手垂下；西北两尊高僧均双手结手印。其他北面、东北、东南高僧也姿态各异。每一尊高僧下方浮雕牡丹花。上方雕托盘、托宝葫芦、托宝珠、托钵、执花卉等的飞天。

第四层塔身高1.12—1.15米的券龛内雕高1.07—1.11米的高僧，或双手合十，或读佛经，或执花卉，或拿念珠。其中西南面左边高僧执一把扇子。每尊高僧下方雕牡丹花。上方雕托塔、托宝珠、托罐、托假山、执花卉等的飞天。

第五层塔身高1.12—1.14米的16个券龛内雕高1.1米的菩萨像。菩萨头戴天冠，身穿宝衣，头顶有光环。或执念珠，或托宝箧印经塔，或拿着如意，或执铃，或拿佛经，或拿宝瓶，或捧盘，或施手印等。每尊菩萨下方雕牡丹花，上方雕托假山、托宝瓶、托宝葫芦等的飞天。

释迦文佛塔塔身每一尊人物浮雕旁一般都刻有施主的籍贯、名字、施捐款数目等。男施主用全名，女施主用某某娘。塔上刻的姓氏有：林、柯、吴、余、郑、黄、陈、彭、刘、朱、周、姚、欧阳、戴、徐、苏、游、魏、武、许、施、蔡、康、谢等。说明有许多世俗之人参与石塔的建造，体现南宋时期佛教世俗化极为普及。

《兴化府志》《莆田县志》和《南山志》均有记载释迦文佛塔，却没有提到具体的建造年代。但在第二层塔身北门右门柱刻有"乾道改元清明日毫社张景醇挈家同登"，可以推断出此塔最迟在南宋乾道元年（1165年）之前就已经建成。在第一层塔心室南壁的佛龛上刻"舍利塔镇旧基"，说明此塔所在之地原有一座舍利塔，而释迦文佛塔是在原塔基上重建的。

文化内涵：广化寺建于南朝陈永定二年（558年），原名金仙庵，唐景元二年（711年），改名灵岩寺；北宋太平兴国元年（976年），宋太宗赵光义赐名广化寺。寺庙在宋代达到鼎盛，拥有10院，120庵，僧众有1000余人，因此才有巨大的财力建造高大雄伟的释迦文佛塔。

4. 石室岩塔

位置与年代：石室岩塔位于城厢区大象山石室岩寺，始建于宋代，最初为五层石塔，后毁坏，明永乐年间（1403—1424）重建，福建省文物保护单位。

石室岩塔

建筑特征：石室岩塔为平面四角七层楼阁式空心砖石混合塔，通高30米。石构四方形塔基高 0.78 米，边长 4.2 米，由大小不一的条石垒成。塔身采用大型红砖砌成，每块砖长约 0.42 米，宽约 0.25 米，高约 0.055 米。每一层当心间辟两券门与两佛龛，上下层相互错开。第一层塔身高 2.28 米，由 38 层红砖砌叠而成，正面拱形券门高 1.63 米，底边宽 0.96 米，进深 1.26 米。第二层采用 21 层红砖叠砌，往上逐层递减。据文献记载，石室岩塔原有完整的木质塔檐和栏杆，但均已经损坏，只留下一些扦木穴孔，整座塔形成一个长长的梯形，犹如一个现代立体雕塑，颇为奇特。塔心室为空筒式结构，原来的木梯与木楼板也已无存，留下一个空空荡荡的上窄下宽的方形天井。塔刹已无存，按照塔的整体样式，原有塔顶应为平砖四角攒尖顶。石室岩塔虽是明代建筑，但却具有唐塔的风韵，与中国北方地区许多四方形唐塔颇为相似。笔者推断，由于塔所在位置四周比较狭窄，前面是殿堂，后面紧靠山体，如建八边形塔不利于施工，因此就建成四边形塔。而且石室岩塔就建在大雄宝殿正后方，具有唐末宋初佛塔位置的特点，所以可以判断原先的塔应该始建于北宋年间。

目前石室岩塔损坏比较严重，塔身长有植物，特别是塔顶一株榕树对塔身破坏比较厉害。另外，塔身与塔顶多处砖块脱落，塔体有倾斜迹象。据说当地政府已经准备对石室岩塔进行加固修缮，计划重新建造塔檐、栏杆、楼梯和楼板。

文化内涵：石室岩寺始建于唐朝初年，建在半山坡上，开山祖师妙应禅师在此潜修。元明时期曾经遭到两次火灾，原建筑已无存，后来礼部尚书陈经邦在明万历年间（1573—1620）进行重建，清光绪二十三年（1897 年）再次进行重修，近年又有修缮。站在石室岩寺前的平台上，可眺望莆田市区的风光。

二、秀屿区古塔

东吴塔

位置与年代：东吴塔又名吉蓼塔，位于秀屿区秀屿镇东吴村的海边，建于明万历四十六年（1618年），福建省文物保护单位。

建筑特征：东吴塔为平面八角七层楼阁式空心石塔，通高30米。单层须弥座，高0.93米，塔足圭角造型，圭角间刻波浪纹，每边长2.11米。上下枭刻双层仰覆莲瓣。束腰高0.28米，宽2米，束腰转角雕竹节柱，每面雕刻瑞兽等吉祥图案。塔身一层开一门，二至六层开两门，七层为一门，各层塔门位置相互交替，其余塔壁当间辟方形券

东吴塔

龛。第一层塔身转角立高约1.57米、宽0.31米的方形塔柱，两柱相距1.48米，柱头安置高约0.22米的倒梯形栌斗，两柱头之间为阑额。栌斗上置斗拱，先出一跳华拱，拱上置斗，再出一跳华拱，承托上方的檐角，为五铺作双抄，补间无斗拱。双层混肚石叠涩出檐，在混肚石之间设罗汉枋，檐口水平，檐角翘起。二至七层塔檐皆采用同样构造。塔檐上方施平座，并围以石栏杆。宝葫芦式塔刹，下方覆钵形。塔心室为穿心绕平座式结构，每层阶梯相互交换方位，与福州坚牢塔、连江仙塔、福清瑞云塔和万安祝圣塔等楼阁式空心石塔相似。塔心室内辟佛龛，内置佛像。

雕刻艺术：须弥座束腰浮雕麒麟、蛟龙、凤凰、狮子、猛虎、麋鹿、仙鹤、鱼、鸟、人物、花卉等图案。其中，双龙戏珠图为左右两只盘龙张牙舞爪地围着一颗彩球起舞，体态强健有力；麒麟图有两只麒麟向着太阳而立，四周有方胜、钱币图案；凤凰图为两只回头相望的凤鸟；龙鱼图应该是描绘了鲤鱼跳龙门的故事，五只鲤鱼在波涛汹涌的水中跳跃，左上方一只蛟龙；麋鹿图有两幅，一幅为两只悠闲的鹿正

东吴塔须弥座雕刻

在林中游玩，两旁刻有山石、树木、芭蕉、灵芝草、云彩等，另一幅是两只鹿回头互视，两旁雕一个人物与鸟，气氛和谐；鸳鸯戏水图为两只鸳鸯在水中玩耍，四周布满荷花。这些吉祥图案表现了人们祈福的心理。

塔身一层塔门入口两边立两尊护塔神将，均身披盔甲，威风凛凛，左边将军左手按剑，右边将军右手按剑。一层门额刻有"海天清梵"，二层以上门额刻"钟灵毓秀""海山鳌峰""古刹嘉馨""祝圣伟望""海上鳌峰"和建塔纪年等字，下方刻佛教经文与咒语。每层券龛内高浮雕菩萨、罗汉造像，但原有的塑像已几乎丢失殆尽，目前这些雕像基本上都是近年重新雕刻的，在工艺上显得较粗糙，而且选择的石料与原有石材不符。

东吴塔护塔神将造像

文化内涵：东吴塔是镇海的航标塔，坐落于湄洲湾北岸的东吴村，这里在宋代时称吉蓼，曾经是一个繁华的海边集市和港口，为秀屿港主航道的要冲，历史上地理位置很重要。登塔眺望，湄洲湾尽收眼底。东吴塔前面为宝塔寺，如今已修缮一新。

三、涵江区古塔

1. 塔桥石塔

位置与年代：塔桥石塔位于涵江区白塘湖塔桥桥头，是由北宋时莆田当地名仕兼首富李富所建，涵江区文物保护单位塔桥的附属建筑。

建筑特征：塔桥石塔为平面四角亭阁式石塔，高约 1.9 米，以一整块岩石雕刻而成。基座四边形，高 0.73 米，底边长 0.61 米。单层四边形须弥

塔桥石塔

座，如意形圭角高 0.17 米，底边长 0.57 米；上下枭素面无纹饰，下枭高 0.75 米，底边长 0.41 米，上枭边长 0.42 米；束腰高 0.13 米，边长 0.31 米，转角施三段式竹节

柱，壶门宽 0.22 米，刻海棠形图案。四边形塔身每面辟拱形佛龛，内雕结跏趺坐佛像、高僧和官员像，其中两幅为正面佛像端坐在高大莲花座上，表情严肃；另一幅侧面高僧像双手合十，形态庄严，似在念经或礼佛；还有一幅侧面官员像身穿朝服，面部饱满，双手作揖，脸略微向外转，面带微笑。奇怪的是，这名官员如果是在上朝，或在拜佛，应该脸向正前方，并作虔诚状，但他却把脸转向外侧，也许是雕刻李富的形象，正看着自己捐建的白塘湖和石桥。四角攒尖收顶，上置覆莲瓣圆盘，塔刹已无存。

文化内涵：塔桥石塔立于桥头，是镇水妖、保平安的风水塔，附近的白塘湖公园环境优美，湖边有许多莆田建筑风格的古民居。塔桥又名浮屿桥，全部采用条石建成，长 76 米，宽 3.2 米。据说李富捐出 400 亩田地修建白塘湖，并在莆田各地建了 34 座石桥，白塘湖塔桥就是其中一座。

2. 永兴岩海会塔

位置与年代：永兴岩海会塔位于涵江区大洋乡院埔村，建于元至顺年间（1330—1333），福建省文物保护单位永兴岩石窟附属建筑。

建筑特征：永兴岩海会塔为亭阁式圆形石塔，高约 1.2 米。塔基只有一层，四角雕如意形圭角。圆形塔身正面辟一券拱形浅龛，塔顶为六角平檐，上方置覆钵石。永兴岩海会塔为寺庙住持的墓塔，结构较为简单。

永兴岩海会塔

文化内涵：永兴岩石窟又名永兴岩寺，建于元至正二年（1342 年），清乾隆三十二年（1767 年）重修，现存建筑保持元明时期的风格特征。

2. 越浦大师塔

位置与年代：越浦大师塔位于涵江区白塘镇镇前村吉祥寺，建于清雍正十一年（1733 年）。

建筑特征：越浦大师塔为窣堵婆式石塔，高 3.63 米。六边形须弥座，设三层如意形圭角，逐层收分，节奏感强烈；束腰刻花卉图案，转角施三段式竹节

越浦大师塔

柱。须弥座上方置覆莲座。钟形塔身刻:"元甲戌(1334年)造桥封圆明济世,越浦大师塔雍正癸丑年(1733年)整桥董事修。"这座塔的塔身其实更接近于卵形,别具一格,这类塔在福建唯此一例,但在我国其他地区也出现过,如湖北黄梅四祖寺卵形塔、浙江宁波天童寺妙光塔、云南大姚白塔、河南嵩山少林寺铸公禅师塔等,都是在须弥座上方立一卵形。

文化内涵:越浦大师塔是为纪念龟山寺主持越浦禅师募建宁海桥和创建吉祥寺而建的。古代宁海波涛汹涌,每年都会有多起翻船事故,限制了涵江和黄石两地民众的往来。元代高僧越浦大师发愿修桥跨海,于是在元元统二年(1334年)先建吉祥寺,后四处募捐修桥款,经过十年艰辛,克服各种困难,终于建成宁海大桥。

3. 萩芦溪大桥塔

位置与年代:萩芦溪大桥塔位于涵江区萩芦镇萩芦溪大桥上,建于民国二十三年(1934年),密檐式水泥塔,高度约4—5米。萩芦溪大桥塔共有4座,分别建在护栏上和桥头。

建筑特征:桥的护栏上有3座。其中东西面各有一座塔,造型相同,均为平面六角六层,第一层高0.95米,边长0.73米,正面辟拱形佛龛,高0.55米,底边宽0.3米。一层塔额长0.33—0.39米,宽0.22米,字迹已模糊不清。二至六层高度逐渐变小,叠涩六角出檐,檐角翘起。六角攒尖收顶,宝葫芦式塔刹。桥正中间有一座塔,平面四角四层,一层

萩芦溪大桥塔

高约 1.6 米，边长 1.5 米，正面辟高 1.2 米、底边宽 0.8 米的拱形佛龛，内供奉弥勒佛，塔额书"会津寺"三字，两旁撰联："梵声通三界，津梁度众生。"叠涩四角出檐，檐角翘起。四角攒尖收顶，宝葫芦式塔刹。还有一座塔位于东面桥头，平面四方形四层，方形须弥座，第一层塔身高 1.8 米，每面宽 0.76 米，二至三层较矮，四边挑角出檐，宝葫芦式

会津寺

塔刹。这 4 座塔的第一层高大，二层以上层层相叠，稍有收拢，具有密檐式塔的风格。

莆田唯独只有这 4 座密檐式塔，而在民国之前还未发现有如此风格的塔，为何民国时期会在萩芦溪桥上建密檐塔？笔者推断，因当年建塔需要在塔的第一层辟佛龛以供奉菩萨像，所以塔身需较高。而且这 4 座塔分别立在桥护栏和桥头上，萩芦镇离东海较近，每年都会有台风，易于吹垮塔身，而密檐式塔二层以上的塔身都较短，不易遭到台风侵袭。所以，当年建造者采用福建几乎从没有出现过的密檐式塔。

文化内涵：萩芦溪大桥塔具有护桥、镇水妖、防水灾的作用。桥东面建有"御史亭"，亭中供奉神龛，上书"杏邨侍御圣像"，两旁楹联曰"为忠臣必孝子，真御史名翰林"，龛前立有一块青石神位，上书"民国乡善士兰皋江先生之神位"。碑亭内还立有数块石碑，第一块为"创建萩芦溪大桥碑"，第二块为"建筑萩芦溪桥梁筹备处镌碑"。另外几块石碑记录了当年建桥者的姓名及捐款金额，其中还包括广化寺在内的几座寺院僧人的名字，说明僧人也为建桥捐资。

萩芦溪发源于广业山区，然后由北而南，汇集了众多的溪涧，到达萩芦镇时，已成为一条宽阔的河流，向东面奔流入兴化湾，为福建省第十一大河流、莆田第二大河流。萩芦溪大桥是福建省最早的水泥构筑桥，其建造的过程颇费周折。此处原是古渡口，莆田当地名医谢明远捐款于清康熙六十一年（1722 年）在萩芦溪上建起第一座石桥。但 3 年后，石桥被水冲毁。仙游富绅徐万安郎中又捐资重修大桥，可是又屡遭毁坏，到了嘉靖年间，石桥已荡然无存。光绪年间，里人江莲溪等人又重建了一座长数百米的石桥，但次年又被洪水冲毁。后其子江春霖御史考察地形，准备重建，可惜民国七年（1918 年）病逝。之后江春澍等人在民国十四年（1925 年）成立"建筑萩芦溪桥梁委员会"，决定采用水泥钢筋揉以沙石浇注的方法造桥，并从

上海、厦门等地采购钢筋、水泥，到上海聘请工程技术专家设计图纸。又经过3年时间，到了1934年，大桥终于建成，并依据风俗，在桥上建了4座镇妖塔。萩芦溪桥全长100多米，宽6米，高10多米，共立5个桥墩，6个桥洞，横跨在宽阔的萩芦溪上，十分壮观。萩芦溪大桥及其桥塔，凝聚了当地人民及江家三代人的心血。如今在桥东有一座奉祀御史公的"御史亭"，以表其功。20世纪80年代，人们又塑4尊"护桥将军"，桥西头建一座"萩水亭"。

四、荔城区古塔

1. 塔仔塔

位置与年代：塔仔塔又名东甲塔，位于荔城区北高镇汀江村外海的赤屿之上，是三一教主林兆恩的弟子陈绅与林玉峰于明万历十三年（1585年）建造，莆田市文物保护单位。

塔仔塔

建筑特征：塔仔塔为平面四角五层楼阁式空心石塔，通高16米。塔基直接建在礁石上，高约2.5米，使用铁砂和铜，极为坚固。第一层南面开门，高1.8米，宽0.8米，塔壁厚1.46米。每层开一塔门，其余塔壁辟方形券龛，大小基本相似，高约0.8米，宽0.7米。第五层塔身券龛内还遗存一尊佛像，其余14个券龛内均无佛像。塔身高度逐层递减，一至三层递减较缓，四五层递减较大，其中一层高3.8米，二层3.5米，三层3.2米，四层2.6米，五层2米。塔每层的宽度也是一至三层收缩较小，四五层收缩较大。整座塔使用大块长条石纵横叠砌而成，石缝之间没有用黏结材料，靠自身的重力稳固塔身。塔檐以单层条石跳出，长0.8米，厚0.2米，四个转角以龙首出跳，长约1米。塔身下重上轻，牢固性和稳定性好，整体性强。宝葫芦式塔刹。塔心室为正四方形空筒式结构，每边长4.63米，无阶梯和楼板。明万历三十二年（1604年）农历十一月初九夜晚，莆田沿海发生八级大地震，塔仔塔安然无恙，经受住了考验。

塔石色彩与屿上岩石色相似，说明是采用当地的石材。塔仔塔是莆田古代沿海五座航标塔之一，是船舶出入三江口的航标塔。

文化内涵：塔仔塔是座航标塔，又具镇海之功用，距塔不远处有一座比赤屿大数倍的小岛，建有一座灯塔，还有三一教的"心一堂"和明代三一教大弟子朱惠熙墓。

2. 瑶台阿育王塔

瑶台阿育王塔

位置与年代：瑶台阿育王塔位于荔城区黄石镇瑶台村，建于明代，荔城区文物保护单位。

建筑特征：瑶台阿育王塔为宝箧印经石塔，高5.18米。双层四边形基座以条石垒砌而成，一层高0.98米，下底边1.45米，上底边1.4米；二层高0.14米，边长1.2米。单层须弥座，如意形圭角高0.27米，底边长1.19米；下枋高0.12米，边长0.95米；下枭高0.11米，边长0.85米；上枭高0.25米；束腰高0.31米，边长0.74米，壶门宽0.74米，雕花卉、"卍"字等图案，转角施三段式竹节柱。须弥座上方置双层石座。塔身四方形，高0.57米，边长0.54米，每面辟券拱形浅龛，内浮雕结跏趺坐佛像，面部已模糊。德宇鼓出，素面无纹饰。塔顶四角立山花蕉叶，相轮式塔刹，刹顶置六角飞檐，再立宝葫芦。

文化内涵：瑶台阿育王塔坐落于村中的交通要道，具镇邪祈福的作用，旁边有一棵百年榕树，如今这里已成为村民休闲之处。

五、仙游县古塔

1. 无尘塔

无尘塔

位置与年代：无尘塔位于仙游县西苑乡九座寺西面约400米的山林中，始建于唐咸通六年（865年），但却具有宋代佛塔风格，应该是宋代重建的，全国重点文物保护单位。

建筑特征：无尘塔坐北朝南，平面八角三层楼阁式空心石塔，通高14.22米。八边形双层须

无尘塔须弥座

弥座，第一层须弥座较为宽大，高 0.83 米，如意形圭角高 0.48 米，束腰高 0.27 米，上枋高 0.12 米，南面设石阶。第二层须弥座高 0.78 米，如意形圭角高 0.26 米，每边长 3 米，圭角之间雕柿蒂棱纹饰；束腰高 0.26 米，边长 2.85 米，转角为五段式竹节柱，每面以两段竹节柱分隔成三部分，中间部分宽 0.92 米，两边宽 0.81—0.84 米，每一部分浮雕狮子、花卉图案；上枭和上枋高 0.12 米，边长 2.96 米。南面须弥座设四级垂带踏跺通往塔门，两边垂带做成弧形，颇具艺术感。

　　第一层塔身八个转角砌刻四瓣瓜楞形倚柱，两柱间相距 1.82 米，柱头间为阑额，南面塔门两边的石柱上浮雕盘龙。南北两面开门，南门高 2.51 米，宽 1.51 米；北门高 2.51 米，宽 1.31 米。东西两面开窗，东窗高 1.56 米，宽 1.37 米；西窗高 1.59 米，宽 1.3 米。其余塔壁每一面以宽 0.28 米的横向条石分隔成上下两部分。下部分辟长方形券龛，高 0.49 米，边长 1.38 米，内雕蛟龙；上部分高 1.57 米。西南方与东南方的塔壁上方还浮雕护塔金刚。二三层塔身四面开门，转角施瓜楞柱。塔檐采用三层混肚石叠涩出檐，檐口平直，檐角翘起，做出瓦垄、瓦当、滴水等构件。檐口用重唇板瓦样式，未有如

无尘塔塔心室

无尘塔盘龙造像　　　无尘塔金刚造像

木构屋檐的椽子。每层倚柱上置栌斗，栌斗上为一下昂，昂上置一斗，斗上再出一下昂。这种铺作结构十分特殊，其栌斗上没有施华拱，而是直接出两个下昂，两昂之间安置散斗。因无尘塔重建于宋代，当时楼阁式石塔才刚开始借鉴楼阁式木塔的结构，在石斗拱的建造上还无法做成与木斗拱一模一样，因此出现这种无华拱双下昂的铺作样式。二三层塔檐上施平座与栏杆，每面两个栏板，中间以石柱隔开。八角攒尖收顶，塔刹已毁。塔心室为空筒式结构，塔内壁施螺旋形石阶。内壁每层层间为五层混肚石叠涩出挑。站在底层可看到塔顶，由于二三层四面开门，因此塔心室比较明亮。塔地宫曾被盗窃，目前已空空如也。

　　雕刻艺术：无尘塔的雕刻古朴精湛。须弥座束腰浅浮雕双龙戏珠、狮子、花卉等图案。其中，两条龙从上而下，体型瘦长，翻腾于海浪中，动作敏捷，两只狮子已风化严重，每幅花卉略有变化，但模糊不清。第一层东南面和西南面塔壁上高浮雕金刚像。西南面的金刚，身披盔甲，双手按住剑柄。东南面金刚，左手握剑身，右手握剑柄，作拔剑状。塔门两边立柱上各浮雕一只蛟龙，左边一只从上而下，右边一只从下而上，腾云驾雾。无尘塔是福建唯一一座在塔柱上雕刻龙的古塔，相同的手法在建于南宋的重庆荣昌县报恩塔上也有出现，其一层塔身各个角柱上高浮雕一条类似的龙。第一层塔壁除了南北两面，其余均有龙或海浪浮雕，其中有一幅描绘了一只蛟龙正在波涛汹涌的大海中飞奔，这只龙的头部很瘦长，体现了当年工匠夸张的艺术表现手法；还有几幅海浪图，但见波涛滚滚，浪花层层叠叠，仿佛就要跃出冰冷的塔身，让人不得不惊叹其高超的雕刻技术。

　　无尘塔整体建筑造型庄重典雅，塔身浮雕精细逼真，是莆田宋代石雕的代表之作。

文化内涵：无尘塔为历代高僧圆寂静化之处，其中就埋藏有正觉禅师的 4000 粒舍利子。北宋端明殿大学士蔡襄曾来此游览，并提名："无尘塔。"可惜前些年无尘塔地宫被盗，舍利已无存。据《香花僧秘典》所载，正觉禅师于唐懿宗咸通六年（865年）创建九座寺，寺院建筑九座相连，为唐代仙游地区最大的佛教寺庙，如今的殿堂为清光绪年间（1875—1908）所建。寺庙不远处的草丛中，立一块刻"南少林寺"四字石碑，证明此地是莆田南少林遗址。九座寺背山面水，四周群山环抱，寺前是一片开阔的平原，九曲溪缓缓流过，景色宜人，山光明媚。

2. 望夫塔

位置与年代：望夫塔位于仙游县榜头镇南溪村海拔 857 米的塔山山巅，始建于唐代，北宋庆历年间（1041—1048），碧溪郭氏在山上建造"崇寿祠"，因觉得石塔有碍风水而将其拆除，20 世纪 80 年代，按照原样重建，为仙游县文物保护单位。《仙游县志》曾记载："望夫塔位于榜头镇南溪村高望山主峰。为唐代僧契行所建。"

建筑特征：望夫塔为平面八角五层楼阁式空心石塔，高 15.6 米。一层塔身底边直径 6 米。塔身逐层收分，层间单层混肚石出檐，檐角微微翘起。每层均开有门窗。塔檐上设平座，但没有设栏杆。塔心室为空筒式结构，石阶沿塔壁而上。一层塔门边保留一块"恭祝今上皇帝"匾额。

望夫塔

文化内涵：传说古时候，村民林坐良为了谋生到海外经商，妻子周氏香娘十分贤惠，经常来到山头眺望丈夫是否回来，为了能看得更远，她每天垒一块石头，最后垒石成塔，因此此塔被称作望夫塔。其实，从望夫塔所在的位置来看，应该是座兴文运、求安康的文峰塔。

3. 白莲塔

位置与年代：白莲塔位于仙游县钟山镇龙纪寺，始建于唐代，仙游县文物保护单位。

建筑特征：白莲塔为五轮式石塔，高 5 米。六边形基座高 0.88 米，底边长 0.93 米。双层须弥座。第一层须弥座六边形，如意形圭角高 0.26 米，底边长 0.87 米；下枭高 0.135 米，边长 0.75 米；束腰高 0.27 米，边长 0.64 米，壶门宽 0.54 米，浮雕花草、云纹、"卍"字等图案，但束腰色泽与塔的整体颜色不一样，应该是后来重新安装上去的；上枭高 0.08 米；上枋高 0.05 米，边长 0.74 米。二层须弥座为圆球形，刻有建塔捐资者姓名及祈福等铭文。塔身为球形，正面辟一佛龛，内雕坐佛。六角攒尖收顶，相轮式塔刹。白莲塔原有两座，另一座已毁，部分

白莲塔

石构件散落在寺院的庭院中，有的被做成花盆，有的被嵌入墙壁中，还有的堆放在草丛里，希望有关部门能收集这些残件，重修建造另一座白莲塔。

文化内涵：龙纪寺坐落在九鲤湖风景区旁，始建于东汉，环境优美。《兴化县志》记载："龙纪寺，在县西来苏里（古时兴泰里，今钟山镇）何岭之东，唐昭宗龙纪元年（889 年）敕额曰龙纪寺。"《八闽通志》记载："龙纪寺，宣德年间重建，在县东北兴泰里。"

4. 九座寺舍利塔

位置与年代：九座寺舍利塔位于仙游县凤山乡凤山村九座寺西南面的山脚下，始建于唐代，宋代曾重修。

建筑特征：九座寺舍利塔为窣堵婆式石塔，高 6 米，坐北朝南。四方形基座高 0.3 米，底边长 4.06 米，四角及中间位置雕如意形圭角。单层八边形须弥座，如意形圭角高 0.25 米，底边长 1.51 米，每边刻柿蒂纹；下枋高 0.12 米，边长 1.44 米，每面刻祥云图案；下枭高 0.14 米，底边长 1.39 米；束腰高 0.26 米，边长 1.3 米，转角施三段式竹节柱，壶门宽 1.17 米，浮雕双狮戏球、双凤朝阳、双龙戏珠、双菊双蝠等；上枭高 0.06 米；上枋高 0.06 米，边长 1.38 米。须弥座上方设圆形石座，高 0.12 米。钟形塔身正面辟一高 0.58 米、宽 0.475 米、进深 0.67 米的佛龛，上方浮雕卷草图案。塔身上方为圆形覆莲盘，上置轮盘，往上是八角攒尖顶宝盖，檐角翘起，檐下方浮雕双龙抢珠，宝葫芦式塔刹。

九座寺舍利塔的塔身与福建大多数窣堵婆式石塔的塔身较为笔直不同，其钟形

九座寺舍利塔

塔身下宽上窄，外形形成一条优美的抛物线，是福建最具艺术感的窣堵婆式塔。这说明当年设计者考虑到这座塔较高大，如果塔身较直，整体造型必然呆板，也会多耗费石材，因此就借鉴密檐式塔的特征，让其外形向上向内收，形成柔和的曲线，使这座福建最高的窣堵婆式石塔既高大而又不失灵巧。

文化内涵：据《仙游县志》记载，这座舍利塔是由九座寺正觉法师建造的，埋藏僧人的舍利。

5.天中万寿塔

位置与年代：天中万寿塔俗称塔斗塔，又名青螺塔，于五代中后期由南康郡王陈洪进所倡建，到了北宋嘉祐四年（1059年），端明殿大学士蔡襄又进行了重修，之后在明、清以及民国初年均有修复，全国重点文物保护单位。

建筑特征：万寿塔位于仙游县塔斗山巅，为实心四方形五层石塔，通高9.8米，立面呈梯形，其形状似一个宝箧，内藏佛经，为宝箧

天中万寿塔

印经式塔，是我国体量最大的宝箧印经石塔。万寿塔耸立在山顶之上，有凌云之势，仿佛伸手便可以摘星；站在塔前，不远处就是碧波荡漾的东海，故又被称为摘斗塔和望海塔。万寿塔造型奇特，典雅古朴，自下而上布满 44 幅浮雕。据史书记载，万寿塔的建筑石料以及工匠，均来自泉州洛阳地区，因此，万寿塔的建筑特色更多地代表了泉州地区的古塔风格。五代时期，当宝箧印经塔从吴越国传入福建后，被陈洪进视为圣物，并依照原来的样式广建于福建沿海各地，因此，天中万寿塔基本保留吴越时期宝箧印经塔的造型特征。

万寿塔台基下方为两层宽大的平台，其中第二层平台四周设石栏杆，正中位置修筑四方形台基，以长方形条石交错砌成，共4 层，每边长 5.1 米，周长 20.4米，高 0.7 米。塔的台基与平台是 2002 年重修的，如此设计既使塔身十分稳定坚固，又有强烈的视觉效果，颇具宗教的威严感。

天中万寿塔须弥座

万寿塔的塔基为双层须弥座，每层须弥座从下往上分别为圭角、下枋、下枭、束腰、上枭、上枋。第一层须弥座底边刻圭形座角，又称琴腿牙子，每转角 1 个，每边中心位置还各有 1 个，共 8 个。中间的圭形座角长 0.45 米，四转角的座角为蝙蝠形，呈一定的角度，每边长 0.2 米。每个圭角之间刻出整齐的波浪形，与上下枋的皮条线形成柔与刚的对比。下枋高度 0.17 米，刻有卷草纹样图案，下枭高 0.2 米，刻重瓣覆莲，束腰高 0.4 米，每面刻双龙戏珠，四个转角处雕跪姿侏儒力士，上枭为仰莲瓣，高 0.2 米，上枋刻满了卷草纹样，高 0.17 米。第二层须弥座仍有 8 个圭角，但与底层圭角外形有所区别，一层圭角外形为凸形，而二层圭角为凹形，形成凹凸对比，有一定的韵律感。二层上下枋高度为 0.17 米，仍然刻卷草纹样，上下枭仍为仰莲与覆莲花瓣，束腰高 0.42 米，东、南、西面束腰分别刻有牡丹花图案，北面束腰刻造塔铭文，束腰四转角置圆鼓形立柱，加上东、南、西三面束腰正面分别有 3 根同样的立柱，共 13 根立柱，每根立柱高 0.42 米，半圆周长 0.18 米。万寿塔的双层须弥座结构，层层上拔，内收外展，遒劲自然，富有层次感，体现了建造者的设计风格。

万寿塔塔身包括基坛、塔身、德宇、山花焦叶和塔刹 5 部分，其实这 5 个部分就是一座五代时期完整的小型宝箧印经塔造型。基坛每一面各凿有 3 个拱形佛龛，龛里各有一尊正面半身佛像，四转角处为浮雕金刚像。基坛上方就是立方体塔身，四面各雕刻一尊头戴宝冠、两边着璎珞、耳朵配有耳珰的观音像。塔身四转角各立一只鸟嘴人形的金翅鸟（即伽楼罗）立像，德宇为倒棱台造型，雕刻有莲花瓣图案，但已十分模糊。万寿塔最有特色的是塔身平座上的 4 朵山花蕉叶，造型如马的耳朵，这是典型的宝箧印经塔的特点，每片山花焦叶有三面，两面向外，一面向内，每面又分上下两格。据考证，山花蕉叶的造型最早源自古希腊和罗马时期的建筑与墓碑，临近的泉州地区几乎所有的宝箧印经石塔也均有山花焦叶。万寿塔的塔刹为一杆鞭状石柱，共七层相轮。

万寿塔自底座开始，逐层往上收缩，形成金字塔形状，在艺术效果上，既稳固，又有上升的感觉。因枫亭位于海边，每年都会有数次台风，而且又处于地震带，金字塔造型有利于建筑的防风抗震。天中万寿塔既继承了早期宝箧印经塔的基本造型，又融入了我国传统建筑的设计理念。

天中万寿塔雕刻

雕刻艺术：天中万寿塔上的雕刻题材与数量均较为丰富，雕工精细，刀法娴熟，造型优美。工匠们运用粗中有细的圆刀技法，借鉴传统国画刚中有柔的线条，勾勒出各种有趣的形态，把粗朴与精细两种工艺和谐地融合在一起，人物、动物、植物等姿态生动、逼真，有着强烈的艺术效果。

双层须弥座上下枭的莲花瓣较为饱满，具有唐代雕刻华丽的风格。莲花象征纯洁与尊贵，因此历来被佛教所崇拜，在魏晋南北朝时期，莲花已成为各种佛教艺术器物上常见的图案纹饰，福建大多数佛塔的须弥座上均刻有莲花瓣图案。第一层须弥座束腰转角处的四尊矮矮墩墩的侏儒力士，作半蹲状，用头顶着塔身，两腿弯弓，挺胸仰首，嘴巴紧闭，竭尽全力地顶住塔身，似有千钧压顶之势。他们的动态各不相同，有的双手叉在腰上；有的一手顶住塔身，一手撑着腿；有的双手用力托住塔，神情幽默。在古印度佛教雕刻中，往往把承托须弥座的力士塑成侏儒的形象，这一传统随着佛教传入中国，并一直保留至今，福建有许多古塔的须弥座上均有侏儒力士滑稽可爱的形象。束腰四面的 8 条蟠龙动态各不相同，有的相向而飞翔，有的前后腾飞，每条龙都刚健有力、宏伟雄壮，身上鳞片仍清清楚楚，排列有序。最精彩的是南面的一对雌雄双龙，各自反向而飞行，但却用尾巴互勾，同时回头相望，形态流动飘逸。而东面的一对石龙则仿佛在大海的波涛中遨游。第二层须弥座束腰每面精刻 4 幅造型不一的牡丹花和梅花等花卉。牡丹花雍容华贵，被称为"万花一品"，暗喻官居臣极之位，是尊贵、吉祥的象征，而梅花高洁纯净，比喻士人坚贞自守、清心雅骨、百折不挠的高贵品格。

万寿塔塔身底部沿用了宝箧印经塔的特征，每面刻 3 个佛龛，内各有一尊半身佛造像，体态匀称，神情肃穆，双手结各种禅定印，四转角处有浮雕武士立像，有的双手放在胸前；有的一只手高举着，神情肃穆。立方体塔身每面雕一尊观音像，具有男相特征，面露神秘的微笑，前额宽平，长眉深目，双眼微睁，面部舒展，有的手拿拂尘，有的手结法印，有的手托净瓶，头发作波曲状，造型端庄雄厚，具有古印度人物的特征，体现了菩萨内敛、包容的博大胸怀。据考证，这是密教的观音菩萨造型，也说明了五代时期，福建沿海地区流行过密宗。这 4 尊观音代表春夏秋冬四个季节，共同庇护着四方的民众。塔身四转角各有一只金翅鸟立像，嘴巴宽大，长而尖，目视远方。金翅鸟又名伽楼罗，是佛教天龙八部之一，众鸟之王，以龙族为食，通常以半人半鸟或全鸟形象出现，据说它位于佛的头顶，经常在空中盘旋飞行，保护佛的安全，在各种小型宝箧印经塔上，均有金翅鸟出现。天中万寿塔的雕刻艺术，造型奇特，艺术手法精湛，古拙而不失奇巧，反映了古代泉州地区的雕刻工艺高超的水平。

文化内涵：万寿塔位于海边的山上，设计者在此建宝箧印经塔，有借佛教威力镇压海上的恶龙的用意。值得注意的是，万寿塔既雕刻能吃龙族的金翅鸟，又刻有 8 只飞龙，这岂不是相互矛盾？众所周知，龙是中华民族最主要的吉祥物之一，它被奉为主宰雨水之神，受到民众的崇拜，但有时龙也有反面形象，如江海中兴风作浪的妖龙。万寿塔的设计者一方面刻龙，祈求龙王保佑风调雨顺，而另一方面又雕金翅鸟，用以降服海中的恶龙。因此，无论是供奉金翅鸟还是龙王，目的只有一个，就是追求和平幸福的生活。

龙华双塔（西塔）　　　　　　　　　龙华双塔（东塔）

6. 龙华双塔

位置与年代：龙华双塔位于仙游县龙华镇龙华寺大雄宝殿前的东西两侧，始建于北宋大观年间（1107—1110），全国重点文物保护单位。据《龙华寺志》载："北宋大观年间，邑人郭勇为母七十寿庆，捐建东塔；祈求母八十大庆时再建西塔，合称龙华东西塔。"由此可见，双塔是郭勇为母亲祈福所建的。清康熙五十八年（1719年）曾进行重修。

建筑特征：龙华双塔的基座为近年新建的，四周设石栏杆。两塔均为平面八角五层花岗岩楼阁式空心塔，通高44.8米，气势宏伟，震撼人心。东塔塔埋占地面积52平方米，底座直径3.28米，座高0.24米；西塔塔埋占地面积66平方米，底座直径8.92米，座高0.1米。龙华双塔的地基极其坚固，据仪器勘测，塔地下的地基为地面塔基的3倍，龙华塔历经多次地震而安然无恙。塔身转角倚柱为粗大的半圆形石柱，从下往上收分，柱头卷杀。每层塔身开4门，均位于同一方位。第一层塔身东西两侧塔门两旁各有两尊护塔武士，每尊武士用手按住剑柄。层间三层混肚石叠涩出檐，出檐较短，约1.25米，没有斗拱。一层塔檐有所损坏，露出坚硬的岩石。檐口中间平直，两端檐角翘起，刻瓦垄、瓦当与滴水等构件。檐上施平座，但平座较窄，约 0.7—0.8 米。没有栏杆，不方便行走。八角攒尖收顶，相轮式塔刹，塔尖灌铅，用作避雷。塔门已被封堵，无法进入塔心室。

龙华双塔因在清代重修过，因此混合了宋、清两代的建筑风格，是研究两个朝代建筑形式和风格差异的实物见证。双塔具有稳定、端庄的轮廓，简练、明确的线条，凝重、斑驳的黄褐色，给人极强的视觉冲击力。

文化内涵：龙华寺兴建于宋代，到元代时达到鼎盛，曾拥有约 500 名僧人。宋仁宗赵祯曾征召龙华寺住持雪径和尚入京讲道。元朝元贞年间（1295—1297），成宗皇帝铁穆耳两次征召住持无隐大师入京讲道，但禅师婉拒，成宗皇帝就诏命龙华寺统辖西、南面所有寺庙。从此之后，龙华寺管辖仙游当地 83 座寺院，信众渐多，香火日益旺盛。明嘉靖四十五年（1566 年），倭寇进犯莆田地区，龙华寺的僧尼皆逃散，寺院遭到了严重的破坏。倭寇本想砸毁双塔，但由于双塔无比牢固，无法推倒，只能扫兴而去，双塔塔身却被砸得千疮百孔，而且底层因曾经被倭寇焚烧过，现为黑色。

7. 九座寺双塔

位置与年代：九座寺双塔位于仙游县西苑乡凤山九座寺大雄宝殿前的左右两侧，建于北宋年间，福建省文物保护单位。

建筑特征：双塔均为平面六角五层楼阁式实心石塔，高约 4.5 米。双层须弥座，高 1.63 米。第一层须弥座下枋高 0.18 米，边长 1.27 米，下枭高 0.16 米，边长 1.2 米，束腰高 0.31 米，边长 1.1 米，转角施三节竹节柱，上枋高 0.05 米，边长 1.18 米。二层须弥座设圭角层，高 0.24 米，六角刻如意形圭角，两圭角间长 1.05 米，刻波浪形纹饰。下枋与下枭高 0.14 米，边长 0.95 米，下枭刻覆莲瓣，束腰高 0.31 米，边长 0.84 米，转角雕刻护塔神将，每面浮雕双狮戏球；上枭与上枋高 0.12 米，边长 0.94 米，上枭刻仰莲瓣。塔身与须弥座之间设两层六角形底座，第一层高 0.18 米，边长 0.77 米，第二层高 0.16 米，边长 0.67 米，每边刻双重覆莲瓣。第一层塔身高 0.47 米，每面宽 0.42 米，每面塔身均辟券龛，

九座寺双塔

高 0.3 米，宽 0.2 米。一至五层塔
身每面佛龛内均刻结跏趺坐佛像。
转角施半圆形倚柱，柱头刻隐形
五铺作泥道拱。层间双层叠涩出
檐，檐角翘起，檐口呈优美的曲
线。每层塔檐刻瓦垄、瓦当和滴
水，其中第一层塔檐每边宽 0.75
米。西塔第三层塔檐上方还保留

九座寺双塔护塔神将造像

部分平座与勾栏，说明两座石塔
原本均有设平座与勾栏，但几乎已全被毁坏。六角攒尖收顶，塔刹已毁。

8. 菜溪岩镇邪塔

位置与年代：菜溪岩镇邪塔位于仙游县象溪乡菜溪岩寺前的山道旁，建于宋代。

建筑特征：镇邪塔为三层圆形台堡式
石塔，高约 7.3 米。整座塔用不规则的花岗
石叠砌而成，逐层收分。第三层台堡之上
为一座小型五轮塔，塔身圆形，正面辟券
龛，内浮雕结跏趺坐的佛像。四角攒尖收
顶，塔刹为四方形锥体。镇邪塔具有稳重、
端庄、质朴之美。

菜溪岩镇邪塔

文化内涵：镇邪塔顾名思义是座辟邪
祈福之塔。菜溪岩寺始建于唐代，明成化
年间（1465—1487），陈建雄在此建"聘君祠"，清康熙年间（1662—1722）又进行
扩建。目前的建筑多为清代重建的。

9. 聘君塔

位置与年代：聘君塔位于仙游县象溪乡菜溪岩菜溪寺南面的半山坡，始建于宋
代，明代重建。

建筑特征：聘君塔为方形窣堵婆式石塔，高 2.23 米，用当地的赭红色石头雕
成。单层四方形须弥座，如意形圭角高 0.19 米，底边长 1.39 米，每边刻柿蒂纹；下
枋高 0.12 米，边长 1.4 米，每面雕祥云图案；下枭边长 1.25 米；束腰高 0.27 米，边

长 1.08 米，转角施瓜楞式竹节柱，壶门宽 0.94 米，浮雕狮子戏球、麒麟等瑞兽；上枋边长 1.22 米。须弥座上方设四方形石座，高 0.06 米，边长 1.08 米。覆钟形塔身约 1 米，正面宽约 0.98 米，辟一券龛，两侧宽约 0.92 米。方形塔顶，无塔刹。聘君塔造型十分特别，如同一顶轿子，因此又称石轿，这在福建窣堵婆式石塔中独一无二。之所以会把墓塔建成官轿的形状，是因为塔的主人陈聘君曾是朝廷官员。目前聘君塔周边杂草丛生，急需进行清理。

聘君塔

文化内涵：陈聘君是北宋仙游龙华人，著名易学家，曾授"监察使"。因与王安石政见不合，又向往出世生活，便辞官返乡，与蔡襄曾孙西京提学司蔡枢、太府卿郑国贤在菜溪岩隐居 50 年，潜心修佛，曾写有一副对联："避奸邪弃官归隐，好清静与佛同心。"当时许多官员、名士慕名来此集会，使菜溪岩成为儒释道文化的融合处。

10. 出米岩塔

位置与年代：出米岩塔位于仙游县榜头镇出米岩寺，建于明嘉靖年间（1522—1566），仙游县文物保护单位。

建筑特征：出米岩塔为平面八角七层楼阁式实心青石塔，高 6.6 米。双层须弥座。第一层须弥座较宽大，如意形圭角高 0.24 米，底边长 0.92 米；双层下枋，一层下枋高 0.13 米，边长 0.87 米，每面雕祥云，二层高 0.13 米，边长 0.81 米，转角处刻如意造型，但已十分模糊；下枭为覆莲花瓣，高 0.17

出米岩塔

米，底边长 0.71 米；束腰高 0.26 米，边长 0.63 米，转角施三段式竹节柱，壶门宽 0.5 米，浮雕狮子戏球；上枭为仰莲花瓣，高 0.14 米，边长 0.7 米。第二层须弥座向内收分，下枋高 0.16 米，底边长 0.56 米；束腰高 0.18 米，转角雕托塔力士，或跪或坐，动态各异，壶门浮雕坐佛；上枭高 0.14 米，边长 0.58 米。塔身细长，每层塔身立面接近正方形，每面辟佛龛，内雕刻坐佛，层层设假平座，每面刻团花图案，其中第一层塔身高宽均为 0.37 米，平座高 0.16 米，边长 0.48 米；二层塔身高宽均为 0.35 米。单层混肚石出檐，檐角略有翘起，檐面刻瓦垄、瓦当、滴水等构件，其中第一层塔檐高 0.3 米，边长 0.68 米。八角攒尖收顶，五层相轮式塔刹。

文化内涵：出米岩寺由无了祖师始建于唐代，明万历二十二年（1594 年）重建，清末曾有修复。传说古代寺庙旁有一块巨大岩石，岩石上的口每天均会流出大米，寺中僧人就靠这些米生活。

11. 雁塔

位置与年代：雁塔位于仙游县鲤城街道，明代尚书郑纪建于明万历年间（1573—1620），仙游县文物保护单位。

雁塔

建筑特征：雁塔为平面六角七层楼阁式实心石塔，高 12.6 米。塔座接近圆形，较为宽大。塔身逐层收分，第一层塔身高 1.44 米，底边长 1.36 米；二层塔身高约 1.03 米，边长约 1.23 米。第二、四、六层塔身转角施倚柱，利于塔身的坚固，而第一、三、五、七层没有倚柱，使塔身整体视觉上有一定的节奏感，避免过于单调。单层混肚石出檐，檐口平直，檐角微翘，其中第一层塔檐边长 1.63 米，檐口厚 0.11 米。塔身二层北面匾额刻大楷"雁塔"，落款"万历八年庚辰冬阳月吉旦立"。六角攒尖收顶，宝葫芦式塔刹。雁塔除了文字外，没有其他雕刻，朴素粗犷。

文化内涵：雁塔是座兴文运之塔。古代时，雁塔是用于科举张榜的，因取"雁塔题名"的含义，故名雁塔，是仙游城区的文笔塔。雁塔原本在体育场旁，四周较为空旷，但如今被新建筑团团围住，已无景观可言。

12. 槐塔

位置与年代：槐塔位于仙游县榜头镇昆仑村前埔厝后的半山坡上，建于明崇祯四年（1631 年），民国十九年（1930 年）重修，1986 年修缮塔基，仙游县文物保护单位。

建筑特征：槐塔为平面六角三层楼阁式空心石塔，通高 20 米。六边形塔基高

0.22 米，边长 2.80 米，塔基转角距离底层塔身转角
1.55 米，塔基边长中心距离底层塔身中心 1.42 米。一
层塔身底部边长约 1.25 米。南北两面开券门，高 1.78
米，宽 0.9 米。第一层塔檐转角施斗拱，先出一拱，
再安置一栌斗，再出一拱，为五铺作双抄斗拱，每朵
斗拱之间施罗汉枋。塔檐上设平座与栏杆。第二层塔
身开一门。塔檐为双层混肚石出檐，每层混肚石上方
分别设柱头枋与挑檐枋。塔身转角立半圆形倚柱，柱
头安置方形栌斗，斗上出拱，拱上再安置栌斗，斗上
再施双层拱，为六铺作三抄斗拱。檐上设平座与栏杆。
第三层南、东北、西北向开门。塔檐及斗拱与第二层

槐塔

基本相似，只是混肚石上为双层挑檐枋，而斗拱最上方又多了一段角梁，用以承托
檐角。六角形攒尖收顶，相轮式塔刹高约 2 米，用铁链和塔檐戗脊相连。

槐塔塔心室比较奇特。从一层南北向的门可进入六边形塔心室，室内每一面上
方均施两朵四铺作斗拱承托二层塔心室的地板，共有 16 朵。奇怪的是，从一层塔心
室无法上二层，如要到第二、三层，只能另外借助竹梯从塔外边攀登到第二层的塔
门口。第二层塔身偏北向开门，宽 0.50 米，门内可见上行石阶。二至三层石阶位于
塔内，为曲折式阶梯，通道狭窄，台阶较陡。槐塔这种一层空筒式，二、三层塔内
折上式结构的塔在福建古塔中唯此一座，在全国古塔中也极其少见。

雕刻艺术：槐塔塔身布满浮雕与文字。第一层南门两边对联"斗拱星环槐桂堂
开八面，云从塔应桃花浪滚三层"。北门对联"地萃琨烟人倚玉，天开塔影世乘骢"。
第二层塔身南面浮雕魁斗神君像。这尊魁斗像右脚踩鳌头，象征着中第，左脚踢起
星斗，右手高举握笔，头向着后上方，脸部貌似鬼之神祇，颇有动态。头上方刻北

槐塔雕刻

斗七星图，其中凸出部分应是北极星。两边对联"鹊走三台临国族，蝉联五色护魁星"，横批"纲张奎壁"。这些诗句代表了古人对功名富贵的向往与追求。魁斗像两旁倚柱上各雕一只腾云驾雾的蛟龙，应该是借鉴无尘塔的飞龙图。塔门门额刻"紫柏开天"，两边为龟蛇呈祥图、瑞狮呈祥图。其余塔壁还有雕大鹏逐日图以及两联诗句，分别为"清江使者护，奇引蛇神路；走笔滚桃花，拜官捷露布"与"芝云又啸风，斗牛蕊珠丛；冲霄开生面，种是玉花骢"。

第三层塔壁六面均刻有浮雕壁画，分别是：夫妇教子、衣锦还乡、大鹏展翅、庆功摆宴、建坊颂德等情节。塔壁还供奉文昌帝君神像，帝君左手拿如意，右手放右腿上，面带微笑，身旁立两尊文官。文昌帝君在古代象征权力与地位。帝君两边的对联刻"八柱映天新，帝星拱耀；三槐高地轴，塔颖团云"。

以上神像与文字均有深刻的内涵。如群星、北斗、槐桂堂、彩云、桃花、浪涌等词代表功名利禄。魁斗神君为主宰文运之神，受到参加科举考试者的尊敬，具有至高无上的地位。槐树在众树之中品位最高，可用以镇宅，而在庭院里植槐，自古视为祥兆。龟蛇最早出自《周礼·春官·司常》，古人常将此二物绘于旗上，希望消灾避害。大鹏由鲲变化而成，是汉族传说中的一种神鸟，与凤凰源自同一种鸟图腾。大鹏逐日象征对功名的追求。雀台是指三国时曹操铜雀、金虎、冰井三台，形容文坛。五色为青、赤、白、黄、黑色，代表帝王的颜色。清江使指神龟。露布比喻授官后颁布天下。斗牛指牵牛星和北斗星，代表天空。开生面象征新气象。玉花骢指骏马。总之，槐塔全部雕刻均蕴含丰富的儒家追求功名利禄的思想。槐塔承载了人们太多的期望。

文化内涵：据 1989 年版的《榜头镇志》记载："槐塔为明崇祯四年（1631 年）云庄王懋卿、王献卿、王铨卿兄弟所建。"王懋卿三兄弟，也是著名的"三槐王氏"的后裔，取得功名之后，倡议建造文塔以彰显祖德，因此命名为"槐塔"。所以，槐塔不仅是座家塔，也是座文峰塔。槐塔建于一座不高的山坡上，恰好位于整座山高度的约六分之一处，且是村庄的西南之位，不远处为木兰溪的一条支流。

13. 东山塔

位置与年代：东山塔位于仙游县赖店镇玉塔村石鼓山东山寺东面的山顶，俗称东渡塔，建于明代，爱国侨僧坚操法师在 1985 年捐款重修，莆田市文物保护单位。

建筑特征：东山塔为平面八角七层楼阁式实心石塔，高 12 米。没有设塔基，塔身直接建于地面。塔身逐层收分，立面呈梯形，其中第一层高 1.955 米，下底边 1.53

米，上底边 1.51 米，塔身三层南面刻楷书"东山塔"。单层混肚石出檐，檐口平直，檐角翘起。八角攒尖收顶，刹座为覆钟形，宝葫芦式塔刹。

东山塔

文化内涵：东山塔屹立在石鼓山顶，与 1966 年被毁的走马山上的镇国塔隔木兰溪相望，扼仙游城咽喉之要塞，把住仙游城东面的水口，守住仙游的运气。古时候当地文人雅士经常在石鼓山游玩，留下"绮云丽月东山塔"等诗句。据史料记载，清代之前，附近的塔埔山顶还有一座宝缨塔，这 3 座石塔形成鼎足之势，并且与仙游城内的东、西、南三湖互相辉映，可惜如今只剩下东山塔孤独地耸立着。东山寺依山势而建，建筑错落有致，据传朱熹曾来此讲学。

14. 拱笔塔

位置与年代：拱笔塔位于仙游县龙华镇貂峰村，建于明成化年间（1465—1487），仙游县文物保护单位。

建筑特征：拱笔塔为五轮式塔，高约 4 米。塔基第一层原有塔座丢失，村民以扎糖轱辘代替，高 0.57 米，直径约 0.6 米；第二层为新修的八边形大理石，高 0.5 米，每边长 0.24 米。双层圆形须弥座，第一层须弥座下枋高 0.08 米，直径 0.73 米；束腰瓜楞形，高 0.32 米，分成 8 瓣，每瓣宽 0.23 米；二层须弥座束腰瓜楞形，高 0.26 米，分成 6 瓣。双层塔身，一层椭圆形，正面辟一佛龛，内浮雕坐佛；二层以双层鼓形石叠加，两层塔身之间以圆盘拼接。塔顶为圆形华盖，宝葫芦式塔刹。

拱笔塔是福建最瘦长的五轮塔，与普通的五轮塔有所区别，主要体现在以下两点：①普通五轮塔基座基本均为四边形，少数为六边形，且较为低矮，而拱笔塔基座有经幢的特征，比较瘦长。②普通五轮式塔塔身只有一层，而拱笔塔有两层塔身，且第二层塔身比一层塔身还长。为何当初建造者会打破常规呢？原来他们有意把这座塔建成一支毛笔的形状，又细又长，因此被命

拱笔塔

名为"拱笔塔"。

文化内涵：拱笔塔为兴化知府岳正所建。据说当地吴姓与红旗村朱姓由于田地分配不均，经常互相争斗，搞得人心不稳。岳正亲自考察这里的地形之后，认为此地风水不佳，就在洪厝山脚下挖一个象征"砚台"的池塘，旁边建一座象征"朱笔"的拱笔塔，塘右侧安置一口蕴含"降鬼"之意的石棺，塘北建造一座取名"坐镇一方"的轿状亭子，后又在池塘里种植荷花。"笔砚"使当地兴起文风，石棺和亭子镇住妖气与邪气，于是后来朱、吴两族果然和好了。

15. 龙纪寺海会塔

位置与年代：龙纪寺海会塔位于仙游县钟山镇龙纪寺右侧的山坡上，建于民国。

建筑特征：海会塔为五轮式石塔，高 1.55 米。单层八边形须弥座，下枋边长 0.46 米；束腰高 0.45 米，每边长 0.405 米，正面刻"南无海会塔"；上枋为覆莲盘，高 0.18 米，直径约 1.05 米。鼓形塔身高 0.37 米，直径约 0.55 米。塔身顶为仰莲露盘，高 0.22 米，宝葫芦式塔刹，高 0.335 米。

龙纪寺海会塔

文化内涵：这座石塔虽然建于民国，但部分材料是利用原有宋代墓塔的石构件，说明宋代有僧人在这里修行。

16. 龙华寺舍利塔

位置与年代：龙华寺舍利塔位于仙游县龙华镇龙华寺大雄宝殿前两侧，共有 4 座，其中 3 座五轮塔，另一座为石经幢，年代待考。

建筑特征：西侧两座为五轮塔，坐北朝南。前面一座双层塔基，一层塔基为六边形，高 0.6 米，每边长 0.5 米，每面刻法轮、法螺、金鱼、白盖、宝瓶、宝伞等佛八宝图案。法轮在佛教蕴含佛法无边的意思，具有摧邪显正的功能，

龙华寺西侧舍利塔

比喻佛说法圆通无碍，运转不息。二层塔基为须弥座，设3层基座，一层高0.13米，边长0.52米，二层高0.15米，边长0.47米，三层高0.12米；束腰圆鼓形，高0.32米，直径0.53米，上枭浅浮雕团形花卉。两层塔身，一层椭圆形，高0.54米，南面辟佛龛，内雕坐佛；二层圆形短柱；层间设上下向内收分的圆盘。宝盖为圆盘，扁葫芦式塔刹。

后面一座五轮塔双层六边形塔基，一层塔基高0.6米，每边长0.46米，刻佛八宝图案。二层须弥座塔足刻如意形圭角，高0.25米，底边长0.6米；束腰圆鼓形，高0.53米，直径0.52米；上枭圆形仰莲盘，高0.22米。塔身为椭圆形，高0.54米。宝盖为圆盘，扁葫芦式塔刹。

东侧两座塔前一座为五轮塔，后一座为石经幢。五轮塔第一层八边形塔基高0.6米，每边长0.5米，刻佛八宝图案。二层塔基须弥座，设3层石座，一层高0.13米，边长0.49米；二层高0.15米，边长0.5米；三层高0.14米，边长0.6米；束腰圆鼓形，高0.32米，直径0.56米；上枭为圆形仰莲瓣，高0.2米，直径0.58米。一层塔身椭圆形，高0.56米，正面浮雕坐佛；二层塔身圆柱形。宝盖为圆盘，扁葫芦式塔刹。

龙华寺东侧舍利塔

这3座五轮塔是近年根据原有石塔构件重新修建的，因此有部分结构与标准的五轮式塔不同，如有两座多了一层圆柱形塔身；与标准五轮塔相轮式塔刹不同，这3座塔的塔刹均为葫芦式，这是后来重修安装上去的。

石经幢为双层八边形塔基，一层高0.6米，每边长0.46米，每面刻佛八宝图案；二层高0.28米，每边长0.45米，每面刻回纹。塔基上方设圆形幢座，高0.265米。幢身八边形，高0.87米，每边长0.23米，上面字迹已漫漶不清。幢身上设圆形露盘。六角攒尖收顶，宝葫芦式塔刹。

第十章　宁德市古塔纵览

宁德市位于福建省东北部沿海地区，东临东海，与台湾隔海相望，南接省会福州，北接浙江。宁德下辖蕉城区、东侨开发区、福安市、福鼎市、古田县、霞浦县、周宁县、寿宁县、屏南县和柘荣县。

宁德于晋太康三年设立温麻县。隋开皇九年（589 年），归属泉州。唐长安二年（702 年），隶属闽州，后来归属福州。南宋是宁德最繁华的时期，号称"小杭州"。元至元二十三年（1286 年）设立福宁州。清雍正十二年（1734 年）升为福宁府。民国二十三年（1934 年）设行政督察区。1949 年设福安专区，1971 年 6 月改为宁德地区。宁德具有独特的区域文化特质，山海兼备，特殊的地形地貌造就了"五里不同天，十里不同俗"的特殊现象，素有"海上天湖""佛国仙都""百里画廊"之美誉。

历史上宁德地区曾经有一段时间归属吴越国管辖，因此受到吴越国崇信佛教的影响，佛教信徒多，佛教氛围较好，现存有 700 多座佛教寺庙。

宁德佛教发展较早，历史上建有不少佛塔，但保留下来的不多。如县城原有一座建于北宋乾德年间（963—968）的楼阁式育英塔，位于镜台山上，在明代中期还保存原貌，被列入"宁川十景"，可惜毁于明代后期。还有一座建于清乾隆五十一年（1786 年），高 20 余米的灵瑞塔，位于塔山上，民国时期倒塌，如今当地又重建了一座新的灵瑞塔。宁德从南朝到宋代的古塔还保留有 12 座，且塔上浮雕十分精彩，雕工精湛，如同圣寺塔、倪下塔和幽岩寺塔等，说明其历史文化底蕴较深厚。明清时期基本都是些风水塔，如灵霄塔、云峰石塔和虎镇塔等。总体看来，宁德古塔虽然大型楼阁式空心塔很少，但其小型楼阁式实心石塔颇具特色，不仅年代较早，而且雕工细致。

宁德目前共有古塔 29 座，其中，楼阁式塔 19 座，窣堵婆式塔 6 座，经幢式塔 1 座，亭阁式塔 1 座，灯塔 1 座。其中，蕉城区 9 座，福鼎市 7 座，福安市 5 座，霞浦县 4 座，古田县 2 座，屏南县 1 座，柘荣县 1 座。按照年代划分，南朝 1 座，唐代 1 座，五代 1 座，宋代 9 座，元代 2 座，明代 10 座，清代 4 座，民国 1 座。

一、蕉城区古塔

1. 同圣寺塔

位置与年代：同圣寺塔位于蕉城区七都镇马坂村同圣寺内，始建于五代晋天福七年（942 年），宁德市文物保护单位。

同圣寺塔

建筑特征：同圣寺塔原为平面八角九层楼阁式实心石塔，高 8 米，但前几年被盗去上面 6 层，如今只剩 3 层。塔基为八边形双层须弥座。第一层须弥座高约 0.91 米。圭角高 0.21 米，雕 8 个如意形塔足，两圭角之间相距 0.78 米，每边刻柿蒂纹；下枋高 0.15 米，每边长 0.76 米，刻海浪纹图案；下枭高 0.13 米，每边长 0.65 米，雕双层覆莲瓣；束腰高 0.29 米，每边长 0.61 米，8 个转角施竹节柱，每面浮雕戏狮；上枭高 0.13 米，边长 0.64 米，雕仰莲瓣，风化严重。第二层须弥座向内收缩，高 0.45 米。下枋高 0.14 米，边长 0.55 米，素面无雕刻；束腰高 0.18 米，边长 0.53 米，转角雕侏儒力士；上枋高 0.13 米，边长 0.5 米。层间以单层叠涩出檐，檐口略有弯曲，檐角微微翘起，其中第一层塔檐高约 0.27 米，两檐角相距 0.48 米。仅剩的 3 层塔身每面均辟券龛，龛内为佛像，其中第一层塔身高 0.3 米，每面宽 0.32 米，塔身下设覆钵石座，高 0.14 米，边长 0.42 米。同圣寺塔作为福建年代最久远的九层楼阁式石塔，原先造型瘦长挺拔，影响了福建地区众多楼阁式实心塔的建筑风格。

雕刻艺术：虽然同圣寺塔只剩 3 层，但仍让观者惊讶于其精湛、细致的雕刻技

同圣寺塔狮子戏球

同圣寺塔侏儒力士造像

艺和极具鲜明的地方特色。其中，最为精彩的是狮子、力士和佛造像。一层须弥座每面的狮子戏球图中，狮子们或尽情奔跑，或迈开步子，或昂首远望，或俯首沉思，头部宽大、浑圆，鬃发飞扬，每一只狮子脸部仿佛都带着微笑，顽皮可爱。二层须弥座的侏儒力士造型各异，有的双膝跪地，左手撑住地面，右手承托塔身；有的单膝跪地，右手撑住腰部，

同圣寺塔坐佛造像

左肩膀顶着塔身；有的蹲在地上，左手承托塔身；有的用头顶住塔身；有的以双手举着塔身。而且这些力士表情栩栩如生，神态威武刚毅，或咬紧嘴巴，或下嘴唇凸出，表现了人物的内心世界。塔身上每面结跏趺坐在盛开莲花之上的佛像也雕得庄严而不失雅致，手法朴实，与一般佛寺里高大严肃的佛像不同，颇具民间工艺之特色。同圣寺塔的这些浮雕，以小见大，显露出雄健刚劲的气势与蓬勃的生命力，而且在福建所有小型石塔中，同圣寺塔的力士是最具特点的，甚至能与泉州东西塔、石狮六胜塔、莆田释迦文佛塔的力士相媲美。只可惜石塔目前仅剩3层，无法欣赏到另外六层的精美雕刻。总之，同圣寺塔浮雕能突破宗教艺术的制约，极具地域特色，洋溢着写实生活气息，不愧是唐末五代时期，宁德地区民间雕刻艺术的精品。

文化内涵：同圣寺塔所在的位置十分偏僻，远离城镇，作为寺庙中的小型石塔，能有如此精湛的雕刻技艺，实在难得。这也说明五代时期，宁德地区民间石匠的高超技艺。同圣寺如今只是一座规模很小的寺庙，后面是一座20—30米的山林，前面为开阔的田野。

2. 报恩寺双塔

位置与年代：报恩寺双塔位于蕉城区报恩寺内右侧的小树林中，一高一矮共有两座，建于宋代，宁德市文物保护单位。

建筑特征：高塔为平面八角六层楼阁式实心石塔，高 2.8 米。双层塔基素面无雕刻。第一层塔基四边形，高 0.12 米，边长 0.8 米。第二层塔基八边形，高 0.25 米，边长 0.31 米。塔身并非是标准的正八边形，而是略有些圆鼓形。其中，第一层塔身高 0.22 米，二、三层塔身高均为 0.2 米，第四层塔身高 0.18 米。每层塔身每面辟券龛，内浅浮雕一尊结跏趺坐的佛像，风化很严重，已经模糊不清。层间叠涩出檐，

报恩寺高塔

檐下刻出双层混肚石，檐口弯曲，檐角翘起，为一块石板雕刻而成。其中一层塔檐高 0.2 米，二层塔檐高 0.17 米，三层塔檐高 0.18 米。八角形攒尖收顶，塔顶立一个四角形石块，下为覆钵状造型。这座石塔是利用原材料重新建造的，因此在塔身比例上有些偏差，而且原塔应该是 7 层，如今只剩下 6 层。

矮塔为平面八角三层楼阁式实心石塔，高 1.53 米，其中二层塔身为圆形。四边形基座高 0.15 米，每边长 0.55 米。第一层塔身高 0.18 米，边长 0.1 米；二层圆形塔身高 0.17 米，直径 0.3 米；三层塔身高 0.18 米，边长 0.15 米。一、二层塔身每面雕一尊坐佛。双层混肚石出檐，檐口弯曲，檐角高翘，其中一层塔檐高 0.2 米，两檐角相距 0.3 米；二层塔檐高 0.15 米，檐角相距 0.25 米；三层塔檐高 0.15 米，檐角相距 0.22 米。塔顶先安置一块鼓形覆钵石，上方放置一仰莲形承露。

报恩寺矮塔

文化内涵：报恩寺位于宁德市区南面，占地 70 多亩，是闽东地区著名的千年古刹之一，有着小桃源之称，据《宁德县志》记载："报恩寺……都城南三里许。唐咸通九年（868 年）建，相传旧为合邑人士报答亲恩道场……寺前后有八景，皆古迹。"报恩寺千年来几经兴废，如今的主体建筑群是在原址上重建的，背靠青山，坐西北

朝东南，古朴庄严，气势磅礴。

3. 支提寺舍利塔

位置与年代：支提寺舍利塔位于蕉城区霍童镇支提山的支提寺。舍利塔共有4座，为历代主持舍利塔，均为窣堵婆式石塔。其中3座位于寺庙后山，中间一座是第三代禅师塔，右边是第十二代禅师塔，左边是第九代禅师塔，建于元、明时期。另一座能贤（字悟正）禅师塔建于民国时期。

支提寺舍利塔

建筑特征：第三代禅师塔为单层八边形须弥座，如意形塔足，圭角高0.16米，底边长0.85米；下枋高0.14米，边长0.85米；下枭双层覆莲瓣，高0.14米，边长0.75米；束腰高0.23米，壶门宽0.45米，内雕瑞兽、花卉图案，转角施四段式竹节柱；上枭双层仰莲瓣，高0.17米，边长0.58米。须弥座上方安置八边形石座，边长0.51米。钟形塔身高约0.95米，直径1.05米，正面辟券拱形龛，内刻"第三代禅师塔"，字迹模糊。八角飞檐攒尖顶，莲瓣形承露，塔刹已毁，只剩一圆盘形刹座。

第三代禅师塔

第十二代禅师塔为单层八边形须弥座，塔足雕如意形，圭角高0.25米，底边长0.76米；下枋高0.12米，边长0.65米；下枭覆莲瓣，高0.12米，边长0.57米；束腰高0.23米，壶门宽0.4米，雕狮子戏球、麋鹿、花卉等图案，转角施三段式竹节柱；上枭高0.07米；上枋高0.05米，边长0.58米。须弥座上方为圆形覆钵式石座。钟形塔身高约1.1米，直径1米，正面辟券龛，内刻"第十二代隐庵禅师"。

第九代禅师塔为单层八边形须弥座，如意形塔足，圭角高0.26米，底边长0.76米；下枋高0.13，边长0.66米；下枭为覆莲瓣，高0.16米，边长0.6米；束腰高0.2米，壶门宽0.42米，雕瑞兽、花卉等图案，转角施三段式竹节柱；上枭仰莲瓣，高0.06米；上枋高0.06米，边长0.6米。须弥座上方置圆形覆钵式石座。塔身钟形，高约 1.03 米，直径 1 米，正面辟券龛，内刻文字已风化。

能贤禅师塔

能贤禅师塔位于支提寺右前方的山坡上，建于民国三十三年（1944 年）。单层六边形须弥座，下枭覆莲瓣，部分被土埋没，底边长 0.56 米；束腰高 0.6 米，宽 0.38 米，正面辟开光；上枭仰莲瓣，高 0.14 米，边长 0.48 米。须弥座上方设正反仰覆莲花瓣石座，高 0.23 米。钟形塔身比较瘦长，高 0.7 米，直径 0.55 米，正面辟券拱形龛，内刻"第廿五代能贤（字悟正）禅师塔，民国三十三年十一月吉旦"。

文化内涵：支提寺又名华藏寺，位于海拔 800 多米的支提山双髻峰脚下，由吴越国王钱弘俶命法眼宗清耸了悟禅师建于北宋开宝四年（971 年），据传是天冠菩萨的道场。支提山与五台山、峨眉山、普陀山和九华山并称佛教名山。诗人陆游曾经在南宋绍兴二十八年（1158 年）寻访支提寺，并作诗一首："高名每惯习啮齿，巨眼忽逢支道林。共夜不知红烛短，对床空叹白云深。满前钟鼓何曾忍，匝地毫光不用寻。欲识天冠真面目，鸟啼猿啸总知音。"

4. 沧海珠禅师塔

位置与年代：沧海珠禅师塔位于蕉城区上金贝村金贝寺南面的山林中，建于明代，蕉城区文物保护单位。

沧海珠禅师塔

建筑特征：沧海珠禅师塔既是塔制，又是墓形，坐东朝西，占地面积 300 平方米，全部以花岗岩垒砌而成。墓采用三进布局，墓的外面为四柱亭式享堂，整体墓形前方后圆，内外连接处为瓶颈状，以弧形条石砌成高大圆拱形柱。墓后正中位置雕火轮珠，两侧墓墙上雕螭吻。螭吻为龙生九子之一，又称鸱吻、鸱尾。

舍利塔为窣堵婆式石塔，高 2.3 米。单层四边形须弥座，塔足雕如意形，圭角高 0.21 米，底边长 0.85 米；下枋高 0.045 米，边长 0.745 米；下枭高 0.08 米；束腰高 0.23 米，壶门宽 0.59 米；上枭高 0.045 米；上枋高 0.045 米，边长 0.74 米。须弥座上方置圆形覆钵式石座。钟形塔身高 0.8 米，直径 0.7 米，西、北两面辟券龛，西面券龛下方雕莲花座。塔身碑文刻"御赐金襕佛日圆明大师第三代沧海珠禅师之塔"20个小字。

文化内涵：这座舍利塔 2008 年才被正式发现，是福建省规模最大、墓形制最罕见的僧人塔，也是福建最神秘的塔，墓主的身份疑云重重。多年来引起众多专家、学者前来探究，目前主要有两种观点。

①建文帝朱允炆之墓。部分专家认为这座墓的结构与规模具有皇家气派，如塔没有落款建造年代、明代风格的龙轮珠、螭吻雕刻、如意云莲座、墓前的金水河和金水桥、古墓的风水等，有可能是建文帝朱允炆之墓，而金贝寺可能是建文帝出家隐身之处。

②元代高僧墓。还有学者根据碑文"御赐金襕佛日圆明大师第三代沧海珠禅师之塔"判断，这座墓是元代高僧沧海珠禅师的墓。佛日圆明大师是元代高僧印简圆寂后的谥号，而沧海珠禅师是印简的第三代法嗣。并且沧海珠禅师可能是元代的贵族，出身煊赫，所以圆寂后才会建如此高规格的墓。

根据笔者判断，因这种样式的墓在闽东地区比较多见，并无特别的地方，所以，沧海珠禅师塔应该就是元代的僧人墓塔。

金贝寺始建于唐大中八年（854 年），开发于两宋，明代时达到鼎盛，如今金贝寺正在重建天王殿、大雄宝殿、地藏殿等。

5. 三佛塔

位置与年代：三佛塔位于蕉城区天王禅寺，建于 1920 年左右，蕉城区文物保护单位天王禅寺的附属建筑。

建筑特征：三佛塔为平面八角七层楼阁式实心砖石塔，高约 8.6 米。石构塔基共两层，第一层八边形基座高 0.43 米，边长 0.64 米；二层为仰覆莲瓣塔座，高 0.32 米。塔身逐层递减，其中一层塔身较高，高 1.01 米，底边长 0.6 米，整体塔身有密檐式塔的特征。塔身每面辟券拱形佛龛，龛内绘坐佛壁画，其中一层塔身的佛龛高 0.35 米，宽 0.3 米。仿木构八角飞檐，双层平砖叠涩出挑，檐角高翘，檐面设瓦垄、滴水等。三佛塔最大的特点就是檐角翘得特别高，外形形成一条弧线，给笔直的塔身增添灵巧的动感，飘逸

三佛塔

美观。八角攒尖收顶，串珠式塔刹，共有 5 颗宝珠从大到小叠加而成，刹顶再立一宝珠。三佛塔造型瘦长，收分柔和，庄严古朴。

文化内涵：天王寺始建于五代晋天福七年（942 年），明成化九年（1473 年）重建，嘉靖年间（1522—1566）两次扩建。圆道大师在民国初年再次进行修建，占地面积达 1700 平方米，殿堂颇具规模。

二、福鼎市古塔

1. 昭明寺塔

位置与年代：昭明寺塔位于福鼎市桐山镇柯岭村鳌峰山顶，坐落在昭明寺大雄宝殿后侧的中轴线上，建于南朝梁大通元年（527 年），后毁于火，明嘉靖十三年（1534 年）重修，清乾隆五十六年（1791 年）塔顶被雷电击毁，1981 年重修。塔内有印塔纹的明代塔砖以及明嘉靖年重修时立的塔碑，福鼎市文物保护单位。

建筑特征：昭明寺塔为平面六角七层楼阁式空心砖塔，通高 25.6 米。塔埕铺满鹅卵石，周边围以石栏杆，栏柱上立一座六角五层小型楼阁式空心石塔。塔基是明代原物，为六边形石砌须弥座，高 0.51 米，每边长 4 米，占地 47 平方米，转角施竹节柱。第一

照明寺塔

层塔身立于须弥座之上，向内收分 0.58 米。一层塔身每边长 3.3 米，正面开一拱形塔门，高 1.78 米，宽 0.71 米，两边嵌石碑，高 1.05 米，宽 0.8 米，上刻捐款人的姓名。塔身北面镶嵌有明代重修碑记，是研究昭明寺塔的重要实物史料。塔身每一层都开一塔门，其余五面辟佛龛，转角施五角形倚柱。层间以三层菱角牙子出檐，每层菱角牙子中间再砌一层平砖。檐口下方为抽屉檐，以丁头砖向外凸出，在丁头砖之间采用间隔退进的做法，上层铺盖板。转角斗拱为四铺作四拱造型，上方设两组一斗三升斗拱，如一朵绽开的莲花。补间

昭明寺塔塔心室

设一个扇形或火焰形门匾，浮雕瑞兽、花卉图案。六角攒尖收顶，塔刹为一座五层小塔。塔心室为壁边折上式结构，铁梯直接靠在内壁上，直通楼板上的方形孔洞。

文化内涵：昭明寺位于福建省福鼎市城西 3.5 公里的鳌峰山顶，建于南朝梁大通元年（527 年），相传为昭明太子萧统所敕建。福鼎透埕乡《太原郡王氏宗谱》记载"昭明寺始自梁大通元年，昭明太子赐建额并造浮屠以镇温麻"。

2. 楞伽宝塔

位置与年代：楞伽宝塔位于福鼎市秦屿镇太姥山国兴寺旁，始建于唐乾符六年（879 年），宋代时倒塌，1986 年重修，福鼎市文物保护单位。

楞伽宝塔

建筑特征：楞伽宝塔为平面八角七层楼阁式实心石塔，高 8.5 米。圭角八个塔足为豹脚纹饰，高0.3 米，两圭角间距 0.82 米，刻波浪形纹样。圭角上为八角形塔基，高 0.3 米，每边长 0.6 米，每面浮雕狮子戏球、花卉等图案，转角雕武士，均双手握剑柄站立着。塔身每面辟神龛，龛门顶部为多段曲

楞伽宝塔武士造像

线构成，为唐宋时期流行的欢门形式，以表示高尚尊贵之意。第一层塔身高 0.55 米，边长 0.43 米；二层塔身高 0.5 米。边长 0.4 米，以上逐层收分。层间叠涩出檐，檐口下枋单层混肚石，檐口弯曲，檐角翘起，刻瓦当、瓦垄、滴水等构件。八角形攒尖收顶，顶上安置鼓形石，再置一个四角攒尖顶，塔顶为圆锥体。

文化内涵：国兴寺为太姥山三绝之一，宋代曾被火烧毁，1992 年在原有遗址上重建。明代布政使谢肇淛在《太姥山志》记载："国兴寺建自乾符，遗址没蒿莱，石柱数十，纵横倾仆，唯中殿尚屹立。而石柱础栏循，遍镂花卉物类。意当年宏丽，当不知黄金布地作如何供养也。"

3. 三福寺双塔

位置与年代：三福寺双塔位于福鼎市白琳镇柘里村三福寺大雄宝殿前的两边，始建于南宋，后毁坏，明永乐九年（1411 年）重建，1986 年重修，但仍然保留宋代风格，福建省文物保护单位。

建筑特征：三福寺双塔造型精巧，结构雅致。两座塔均为平面六角七层楼阁式实心砖塔，高 8 米，整个塔身由 36 种不同规格的青砖砌成。塔基已被水泥封住，无法辨认原有塔基的形制。每层塔身六面各辟一欢门式券龛，龛下方的灰砖刻有水波纹，转角施多边形倚柱。层间双层菱角牙子叠涩出檐，檐口为抽屉檐，丁头砖向外凸出，在丁头砖之间采用间隔退进的做法，上方承托塔檐。塔身每层倚柱施斗拱，补间一朵斗拱，其转角的斗拱造型颇为特别，柱头栌斗上方施四铺作五拱造型，比标准木斗拱多出两拱，宛如盛开的花瓣，上方再施两组一斗三升斗拱。每层塔檐补间均为四铺作斗拱，栌斗上施瓜子拱，上方再设一斗三升斗拱。从塔檐的一端到另一端的平列掾整齐地展开，形成中间凹陷两端翘起的曲线，最后再铺瓦片、瓦垄与瓦当等构件，瓦当刻花卉图案。戗脊高高升起。六角攒尖收顶，宝葫芦式塔刹。三福寺双

三福寺双塔

三福寺双塔塔檐

塔塔身细长，建造工艺精巧，具有较高的审美特征。

文化内涵：1986 年文物部门在对塔进行维修时，发现了宋代石槽、青白瓷小碗、灰黑陶的筒瓦等文物，还在塔刹发现有一尊南宋时期的鎏金铜佛像，一个装有宝珠的南宋银圆盒、青白瓷盒和许多宋代铜钱。其中佛像顶上刻有"龙宫"，背部磨平，阴刻楷书："信女陈十五娘舍金佛像一躯镇于宝塔上舍身同圆佛果。"说明这尊佛像为陈十五娘所捐，目的是为了追求佛道。银圆盒底面阴刻两行楷书"四息三有，同超法界"，边缘一圆阴刻楷书"信女黄四娘舍宝珠二匣镇于宝塔共愿报"。这些出土的文物证明三福寺双塔始建于南宋时期，明代重建时把原有的镇塔之物又放回塔中藏匿。

4. 清溪寺双塔

位置与年代：清溪寺双塔为东西两塔，位于福鼎市店下镇三佛塔村清溪寺的大雄宝殿前的两旁，建于明景泰四年（1453 年），是斗门林氏先人为造功德而捐建的，福鼎市文物保护单位。

清溪寺双塔

清溪寺双塔须弥座

建筑特征：清溪寺双塔为平面六角七层楼阁式实心石塔，高 4.32 米。六边形基座高 0.11 米，边长 0.53 米。单层须弥座高 0.71 米，底座由双层六边形正反仰覆莲组成，高 0.29 米，每边长 0.49 米。束腰高 0.26 米，每边宽 0.4 米，转角雕侏儒力士或竹节柱，每面浅浮雕壶门。塔身每层交错辟券龛，内雕坐佛，但已严重风化。第一层塔身八边形假平座高 0.12 米，边长 0.31 米，塔身高 0.27 米，每边长 0.13 米。二层塔身高 0.25 米，边长 0.23 米，往上各层逐层收分。层间叠涩出檐，檐角翘起，檐口弯曲，隐约可见刻有瓦当。六角攒尖收顶，宝葫芦式塔刹。

雕刻艺术：清溪寺双塔雕刻精细，严谨中富于变化。最精彩的浮雕是须弥座上的力士造像，个个目如铜铃，肌肉隆起，很有威慑力。东塔须弥座的几尊小力士，有的双手紧握剑柄，表情严肃；有的右手顶塔身，左手叉腰间，连手指头都雕得十分细致；有的力士双膝跪地，由于用力过猛，眼睛凸出，头发竖起来，嘴巴紧咬；有的用双肩顶住塔身，拳头紧握，双腿张开；有的表情比较平和，仿佛已进入甚深禅定。西塔的力士也十分有趣，相貌威严，

清溪寺双塔力士造像

有的双手向上举着；有的双手撑住双腿，用肩膀顶塔身；有的右手叉腰，左手顶着塔身。这些侏儒力士只有约 0.26 米高，虽然体积较小，但可以看出工匠高超的雕刻技艺。西塔须弥座有镌刻铭文，共 7 行文字："斗南境林公□恭全僧修宝塔二造一天井报息有者景泰四年癸酉岁主持比丘惠渊立。"说明这两座塔是斗门林氏家族所建，目的是为了积累功德。塔旁立有《重建清溪寺信士捐献功德碑》，为 1982 年主持僧悟成所立。

文化内涵：清溪寺始建于唐咸通年间（860—874），占地面积 1080 平方米，宋、元、明、清各代均有重修过，寺内还保存有北宋佛像、石基、供案等文物。

5. 仙翁塔

位置与年代：仙翁塔位于福鼎市桐城街道江边村仙翁山山巅，建于清代，福鼎市文物保护单位。

建筑特征：仙翁塔为平面六角九层台堡式实心石塔，坐北朝南，高 6 米。基座建在天然岩石之上，高约 0.58 米，边长约 3 米。整座塔以花岗岩垒砌而成，塔身呈锥形体，逐层收分较大。每层以 6 块条石垒筑，转角处再砌一小块条石，塔身越往上越接近圆形。其中，第一层条石高 0.34 米，边长 0.8 米；二层高 0.33 米，边长 0.72 米；三层高 0.32 米，边长 0.65 米；四层高 0.33 米，边长 0.6 米；五层高 0.33 米，边长 0.47 米；六层高 0.34 米，边长 0.39 米；七层高 0.32 米，边长 0.3 米；八层高 0.32 米，边长 0.22 米；九层高

仙翁塔

仙翁塔石亭

0.3 米，边长 0.18 米。六角攒尖收顶，宝葫芦式塔刹。塔基座南面辟一券拱形龛，高 0.83 米，底边宽 0.58 米，内供奉神像。

　　仙翁塔正南面建有一青石亭，面阔三间，以 4 根圆柱分隔。亭内石碑刻"宁福山香位，品岩洞仙翁"，两旁刻楹联"十二高城围玉阁，三千溺水绕金台"。左侧石碑刻"蓬莱宫阙对南山，承露金茎霄汉间。西望瑶池降王母，东来紫气满函关。云移雉尾开宫扇，日绕龙鳞识圣颜。一卧沧江惊岁晚，几回青琐点朝班"，右侧石碑刻"花宫仙梵远微微，月隐高城钟漏稀。夜动霜林惊落叶，晓闻天籁发清机。萧条已入寒空静，飒沓仍随秋雨飞。始觉浮生无任着，顿令心地欲皈依"。亭外石柱上方横向牌匾刻"相厥居""觉岸""霓源"。石柱上刻两副对联，分别是："四维佳气浮仙岛，千古荣光荫海疆；岛屿萦回环玉洞，云霞璀璨映琳宫。"

　　文化内涵：从石亭上的铭文可以知道，仙翁塔具有道家文化特征，是道教的八卦塔，具有镇妖祈福的作用。

三、福安市古塔

1. 倪下塔

位置与年代：倪下塔俗称七层塔，位于福安市甘棠镇倪下村附近的山上，建于北宋熙宁六年（1073年），福安市文物保护单位。

倪下塔

建筑特征：倪下塔为平面八角九层楼阁式实心石塔，高6.85米。单层八边形须弥座，如意形塔足；下枋高0.15米，边长0.9米，每面刻壶门；下枭为双层覆莲瓣，高0.155米，边长0.78米；束腰高0.3米，边长0.7米，每面浮雕戏狮，转角立侏儒力士；上枭为仰莲瓣，高0.155米，边长0.78米。须弥座上置八边形塔座，高0.19米，边长0.65米，座上立塔身，其中第一层塔身高0.3米，边长0.5米；二层塔身高0.29米，边长0.48米；三层塔身高0.28米，边长0.46米，往上各层逐层收分。一层塔身每面浮雕护塔神将，二至八层雕结跏趺坐佛像，九层雕一尊立佛造像。仿木构八角挑檐，檐角翘起，并凿有空洞，作挂风铃之用。第一层塔两檐角相距0.65米，二层檐角相距0.63米，三层檐角相距0.58米，以上各层逐层递减。八角攒尖收顶，檐角处留有挂风铃的空洞外，上方还凿一空洞，作挂浪风索之用。七层相轮式塔刹，塔顶为宝葫芦。

笔者两次探访倪下塔。第一次来到倪下村时，由于塔的地宫被盗，石塔发生倾斜，随时有倒塌的危险，于是当地文物部门把石塔一块块拆下来运走保存，笔者只能面对空荡荡的地基。一年多后，听说倪下塔正在重建，于是又一次来到倪下村，正赶上工匠在安装倪下塔，有幸了解了倪下塔的建造过程，主要有以下几个步骤。①用条石铺设塔的地基。②铺设圭角，共有8块。③在圭角上铺设8块下枋，中间空出的地方用青砖平铺填满。④安装下枋、束腰与上枋，中间空处用青砖填满。⑤搭脚手架，陆续安装各层塔身和塔檐，都是由数块石材拼接而成，中间空处均用青砖填满。⑥最后安装塔顶和塔刹。在重建过程中，最难的是原有石材的拼装。因经过近千年的时间，这些石材多有破损，工匠需要经过多次拼接，才能安装成功，而一些局部毁坏的地方，需用石头粉进行修补。

倪下塔须弥座

文化内涵：倪下塔位于两座小山之间，为前往福州的必经之路。倪下塔为镇邪塔，保佑着行旅商人及赐福一方百姓。据甘棠民间传说，此塔处有南北两山，宋代前一直昼开夜合，适逢夜过此官道者，顿觉眼黑，无路可行，当地庶民皆知。后报之朝廷，朝廷于是拨银建造此塔。如今站在塔旁，远远地可以望见倪下村。

2. 东坑佛塔

位置与年代：东坑佛塔位于福安市潭头镇东坑村佛塔岗上，建于北宋，福安市文物保护单位。

建筑特征：东坑佛塔为平面四角三层楼阁式实心石塔，高 2.23 米，坐西北朝东南。双层如意形圭角塔基，高 0.46 米，底边长 1.15 米，一上一下相互叠加。塔身收分不明显。每层塔身四面均辟券龛，内雕结跏趺坐佛像。每层塔身转角立金刚力士造像。四角攒尖收顶，五层相轮式塔刹。

东坑佛塔

3. 兴云寺舍利塔

兴云寺舍利塔

位置与年代：兴云寺舍利塔位于福安市溪柄镇榕头村凤凰山的兴云寺，建于南宋淳熙五年（1178年），福安市文物保护单位。

建筑特征：兴云寺舍利塔为窣堵婆式石塔，高1.95米，坐东南朝西北。方形塔基底边长0.43米。四方形塔身有阴刻文字"六世舍土□众同悟，大宋淳熙戊成立"。塔身上方安置覆钵石加圆形盘盖。

4. 泗洲宝塔

泗洲宝塔

位置与年代：泗洲宝塔原位于福安市坂中乡松潭村古龙潭渡口，后移至富春公园，建于南宋绍熙三年（1192年），福安市文物保护单位。

建筑特征：泗洲宝塔原为平面四角七层楼阁式实心石塔，如今只剩下4层，残高2.3米。单层须弥座，如意形圭角，高0.2米，底边长0.7米，每边刻柿蒂纹；下枭双层覆莲瓣，高0.15米，底边长0.6米；束腰高0.2米，边长0.45米，3面阴刻："绍熙壬子岁六月，南湖图造石匠林文……泗洲宝塔七层镇波头舟渡接往来求平安。"另一面雕戏狮，转角雕侏儒力士；上枭覆莲瓣，高0.11米，边长0.59米。塔身逐层收分较小，其中一层塔身高0.25米，边长0.35米；二层高0.22米，边长0.34米；三层高0.22米，边长0.33米；四层高0.2米，边长0.3米。每层塔身各面辟券拱式佛龛，除第一层塔身佛龛内雕刻有一佛二菩萨、弥陀佛等造像外，其余各层龛内均浮雕结跏趺坐佛像。一层塔身还阴刻铭文"照济往来人，永消沉溺患"。四边挑角出檐，其中一层塔檐高0.12米，边长0.54米；二层塔檐高0.13米，边长0.535米；三层塔檐高0.15米，边长0.495米。四角攒尖收顶，边长0.46米，锥形塔刹。

文化内涵：泗洲宝塔是座保护过往行人乘船安全的镇妖辟邪之塔。

5. 灵霄塔

灵霄塔

位置与年代：灵霄塔俗称江家渡塔，位于福安市区南面坂中乡江家渡村后的旗顶山山巅之上，由知县梁兆阳建于明崇祯二年（1629 年），崇祯四年（1631 年）竣工，福安市文物保护单位。

建筑特征：灵霄塔为平面六角七层楼阁式空心石塔，通高 22 米。塔基以块石砌成，高约 0.65 米，每边长 3.7 米，对角长 8 米，转角浅浮雕花卉图案，塔足刻圭角。第一层北门开券门，二层东西两面开门，三层南北向开门，四至六层均开两门，七层一面开门。塔身转角施方形倚柱。第一层塔门高 1.74 米，底部宽 0.8 米，顶部砌成"人"字形。一层倚柱高 1.8 米，宽约 0.49 米，栌斗高 0.4 米，宽约 0.48 米，两倚柱相距 2.6 米，柱底雕仰覆莲花瓣。层间以单层混肚石叠涩出檐。转角倚柱上施四铺作斗拱，补间无斗拱。塔檐以条石垒砌而成，檐角直接以一条伸出的石板代替，出头部分雕成拱状，向上翘起。塔心室为穿塔绕平座式结构。一层塔心室供奉阿弥陀佛、观世音菩萨、大势至菩萨西方三圣。八角攒尖收顶，宝葫芦式塔刹。灵霄塔整体比较粗糙，石板打磨较粗，除塔基略有浮雕外，塔身均无雕刻。

文化内涵：作为福安市的风水塔，灵霄塔坐落于富春溪南面的旗顶山的山巅上，可遥望福安城区。富春溪其实是闽东最大河流——交溪的一部分，为福安的母亲河，环绕福安城区，在城区南面又接纳秦溪（龟湖）的水。南宋时期，乡人殿中御史郑寀献诗宋理宗："韩城风景世间无，堪与王维作画图。四面罗山朝虎井，一条带水绕龟湖。形如丹凤飞衔印，势似苍龙卧吐珠。此处不堪为县治，更于何处拜皇都。"交溪发源于海拔千米的山区，水资源丰富，因此，历史上福安所在的富春溪流域常有洪水，而富春溪的名字与洪水也有一定的关联。传说有一次发洪水，淹没了一个村庄，河流改道，把村落变成了一条溪流，人们便把这条溪叫作"苦村溪"，后来根据谐音改名为"富村溪"。这里江面特别宽阔，水流湍急，而且富春溪直通白马港和三都澳，往来船舶较多，汹涌的河水会威胁过

灵霄塔塔心室

往船只,于是人们就在南面的旗顶山顶建灵霄塔,用来镇住河妖。而且此处正好是福安城区的出水口,因此灵霄塔还可关锁水口,防止福安财源外流。原来对面的天马山上还有一座溪口塔,与灵霄塔南北夹江对峙,共同护住水口,但如今溪口塔已无存。

四、霞浦县古塔

1.金台禅寺多宝佛塔

位置与年代:金台禅寺多宝佛塔又称赤岸多宝佛塔,位于霞浦县松城镇石桥村,建于宋代。

建筑特征:金台禅寺多宝佛塔为经幢式石塔,高2.3米,原为宋代寺庙金台禅寺旧物,后迁移到此处。六边形三层水泥基座。仰覆莲花瓣塔座,高0.53米。六边形幢身高1.55米,每边宽0.21米,每面刻有"南无本师释迦牟尼佛""南无当来下生弥勒佛""南无多宝佛""南无观世音菩萨""南无大势至菩萨""大圣泗洲菩萨"等佛菩萨名号。每个名号之上辟券拱形佛龛,龛内雕端坐于莲盆之上的佛菩萨造像。六角攒角收顶,尖锥形塔刹。

金台禅寺多宝佛塔

文化内涵:金台禅寺多宝佛塔立于赤岸古桥头,是保佑来往行人平安的镇妖塔。金台禅寺坐落于松港赤岸浮头岗之西隅山麓,始建于宋天圣元年(1023年),近年得到大规模重建,曾出土宋、明、清许多文物,有石刻、碑刻和陶器等。

2.云峰石塔

位置与年代:云峰石塔位于霞浦县下浒镇王家衕村云峰寺前的山上,建于明代,清代重建,霞浦县文物保护单位。

建筑特征:云峰石塔为平面六角七层楼阁式实心石塔,高7米。六边形双层基座,第一层素面无雕刻,高

云峰石塔

约 0.08 米，底边长 1.08 米；第二层每一角雕如意形圭角，高 0.36 米，边长 0.83 米，每面刻柿蒂纹。塔身逐层递减，每层塔身立面略呈梯形，其中第一层高 0.58 米，底边长 0.66 米；二层高 0.5 米，底边长 0.6 米；三层高 0.47 米，底边长 0.53 米。塔身转角施倚柱，柱头隐刻栌斗。第三层塔身北面刻"嘉庆六年六月吉旦"，南面刻"当院比丘凤住重建"。层间六角飞檐，檐口平直，檐角翘起，第一层塔檐边长 0.86 米，二层塔檐边长 0.81 米。六角攒尖收顶，宝葫芦式塔刹。

文化内涵：云峰石塔坐落于山巅之上，四周树木茂盛，东面是浩瀚的东海，西面是三都澳。这里紧临海边，海风较大，因此云峰石塔不仅是座佛塔，还是座镇风平妖的风水塔。

3. 虎镇塔

位置与年代：虎镇塔位于霞浦县松城龙首山西侧塔岗山顶的塔岗禅寺内，建于清康熙十五年（1676 年）。据《霞浦县志》里记载"清康熙十五年总兵黄大来建"，塔身镶刻"清康熙二十三年，雍正十二年十月重建，乾隆十八年重修"，霞浦县文物保护单位。

虎镇塔

建筑特征：虎镇塔为平面八角七层楼阁式实心石塔，通高 12 米。基座宽大，四周围以石栏杆，南面开口设踏跺。塔基为双层，与太姥山楞伽宝塔的塔基颇为相似。其中，第一层高 0.3 米，每边长 1.45 米，八转角刻如意形圭角；二层塔基为八边形石台，高 0.31 米，边长 1.33 米，素面无雕刻。每层塔身八面均辟方形券龛。第一层塔身高 1.53 米，每边长 1.3 米，南面券龛高 0.98 米，宽 0.55 米，其余七面各券龛高 0.69 米，宽 0.54 米。二至七层逐层收分。层间以单层混肚石叠涩出檐，檐口水平，檐角翘起，刻有瓦垄、瓦当等。八角攒尖收顶，塔刹为七层相轮，塔顶宝葫芦式。

文化内涵：虎镇塔坐落于龙首山上，传说此山状如虎，为了防止伤人，便建塔用以镇虎。虎镇塔塔顶盘绕着一条巨大的铁锁链，据说就是为了锁住老虎，保佑当地群众幸福安康。虎镇塔因是"龙之角"，能使"龙飞动"，故被前人神化，赋予灵性。《霞浦县志》载："龙首山者，县之镇山也，高峻盘郁，围崎城北，若负扆然。山势约分五脉而下……最西一脉为塔岗，上有虎镇塔、荫峰阁。又谓中为龙首，东、西宜建塔为角，龙乃飞动。"县志还记载："每逢大比中秋夕，里人燃灯数百盏于塔，以为科名预兆。"因此，虎镇塔又成为文峰塔，以兴文运。

4. 洋屿灯塔

位置与年代：洋屿灯塔位于霞浦县海岛乡洋屿岛，建于清光绪初年，霞浦县文物保护单位。

建筑特征：洋屿灯塔为平面圆形英式铁塔，高 12 米。塔身圆柱形，四周有铁杆架住塔身，塔座处可烧燃料，塔顶安装有指示灯。

文化内涵：洋屿灯塔是英国水警建造的导航塔，塔附近建有供水警使用的建筑。

洋屿灯塔

五、古田县古塔

1. 吉祥寺塔

位置与年代：据史料记载，北宋太平兴国四年（979 年），禅僧妙惠在古田旧城三保后街兴建吉祥寺，并在寺内建造一座石塔，命名为吉祥塔，距今已有 1039 年的历史。传说吉祥寺塔原先所在的地理位置属于风水宝地，附近有一口终年水源滚滚、井水清澈的"吉祥井"，饮用之后会延年益寿，生活美满，因此周边百姓经常在此取水。吉祥寺塔在元大德和明成化年间曾重修，后因雷霆震撼，塔身敧斜，民国二十四年（1935 年）福州雪峰寺主持圆瑛法师又捐募修复，1958 年因修古田水库迁移到新城狮公山时，重新进行了安装，1984 年福建省政府拨款增建八角石构护栏，目前整体建筑保存完好。

建筑特征：吉祥寺塔为浑体花岗岩石砌仿木结构楼阁式实心建筑，通高 25 米，八角九层，从下往上由台基、须弥座、塔身、塔檐和塔刹组成，塔身布满浮雕，每一层八面均设佛龛，整体造型既淳厚古朴又端庄清秀，在我国众多宋代古塔中独具风格，其建筑设计、施工技术及雕刻工艺，堪称福建楼阁式实心石塔的经典之作，具有较高的历史研究价值与艺术价值，为福建省文物保护单位。

吉祥寺塔挺拔修长，出檐舒缓，雕饰丰富，是一座造

吉祥寺塔

型精美的佛教建筑，有着独特的建筑艺术特征，代表了福建楼阁式实心石塔的最高成就。吉祥寺塔须弥座下方为两层八边形宽大素面台基。第一层较矮，每边长3.2米，周长25.6米，高度只有0.1米，第二层向内略有收分，每边长3.15米，高0.51米。如此宽大的台基使得塔身非常坚固稳定，又增加塔

吉祥寺塔须弥座

的高度，极具强烈的视觉效果，颇有肃穆庄严的宗教气氛。吉祥寺塔塔基为三层须弥座叠涩收分砌成，第一层须弥座自下而上分别由下枋、下枭、束腰、上枭、上枋构成，总高度0.81米，其中束腰每边转角为四节竹节柱，其余八面无雕刻。一层须弥座下枋每边长2.50米，上枋每边长2.40米，束腰每边长2.35米，高0.37米。第一层须弥座与第二层须弥座之间还有一层高度为0.17米的基座。第二层须弥座由下向上为圭角、下枋、下枭、束腰、上枭、上枋组成，总高度0.94米，底部八个边角用剔地法雕饰蝙蝠形琴角式底足，两足之间为2.16米，束腰边长1.93米，高0.34米，上枭和上枋边长2.03米。第三层须弥座由下枋、下枭、束腰和上枭等构成，底边长1.88米。三层须弥座主要起了三个方面的作用。①使塔身更加稳固。由于吉祥寺塔塔身较长，如果只做一层或两层须弥座，塔身就不够稳定，三层须弥座使塔体重心向下，可坚固塔身。②增加塔的高度。吉祥寺塔是中型塔，周长有限，因此影响到塔的高度，建三层须弥座，可以增高塔身，即使在远处也能看见。③视觉上的美观作用。总之，三层须弥座稳重大方，使塔更加高大，有着强烈的节奏感和韵律感，增强了艺术审美效果，突出了佛教至高无上的宗教精神。吉祥寺塔这种三层须弥座塔基，层次感分明，具有相当成熟的建筑技术与设计理念，在福建古塔中独一无二。我国最早的须弥座出现在山西大同云冈北魏石窟，是一种上下出涩、中为束腰的"工"字形基座，后经过代代相传，不断完善与丰富，之后拓展至建筑便成为一种华丽的基座，而直到五代之后，须弥座才开始大量作为塔的基座，吉祥寺的三层须弥座真实地体现了宋代佛塔的建筑风格。

吉祥寺塔采用筒体结构的力学原理，平面为正八边形，形态简洁匀称，这是我国古塔较为普遍的形制。因八边形的边缘线较为曲折，平面内角为135度，每一边立面对地基的压力均衡，较利于抗震，如地震时受力面积大，能够均衡分散震波，

比四边形和六边形结构更不容易被损坏，而且八边形塔外壁的角度较为缓平，能削弱来自任何方向的风力，减轻塔身承受的风压，便于抗御强风。因此，把吉祥寺塔建成正八边形，能保证塔的整体稳定性，增强对风力和地震横波的抗受能力。如果从科学角度看，圆形塔应该更有利于抗震防风，吉祥寺塔建成八边形而不是圆形有其更深层的原因。首先，八边形塔符合我国古人"天圆地方"的宇宙观，地上建筑多以方形而不是圆形存在。其次，八边形塔符合我国古代建筑重视方位的风水学观念，如果是圆形塔就无方位可言。最后，把塔建成八边形符合偶数为阴、单数为阳的"阴阳五行说"，即"纵为阳，横为阴，阴阳结合，阴阳一体"的思想观念。因此，八边形的吉祥寺塔以古代造塔技术和经验为基础，给人一种敦实、敬畏、神圣之感，深刻地体现了我国传统文化的精神内涵。

中国古建筑最突出的形象特征之一就是流畅舒展的大屋顶，吉祥寺塔借鉴了木建筑屋檐的造型与装饰，做出翼飞式，单层叠涩出檐，出檐短而灵巧，塔檐中间平直，但两端做成翘起的挑角，形成优美的曲线，美观大方。塔檐上刻出檐子、椽子和瓦垄，每个檐面刻有筒瓦，工艺严谨，结构规整，给人以轻盈挺秀之美感，使塔身有凌空欲飞的态势。可以看出，吉祥寺塔的塔檐已具备明显的木构化特征。而且，吉祥寺塔的出檐较短而不深远，说明设计者为了突出和强调塔身的整体造型和精美的浮雕，有意缩短塔檐纵深的长度。唐代古塔塔檐大都造型比较平直、呆板，到了五代和北宋初期，塔檐才开始出现曲线造型。像吉祥寺塔这种中间平直而两端翘起的塔檐，往往出现在五代及北宋初期的佛塔上。

吉祥寺塔塔身挺拔刚直、装饰华丽，犹如一根擎天柱，拔地刺空，风姿峻然。塔的第一层至第九层塔身面宽与高度逐层收分递减，形成下宽上窄的建筑样式，使得整体外轮廓形成角锥形，类似于加长版的金字塔形状，这样有利于把各层的重量传递到下一层，使整体的重心向内倾斜，增强了塔结构的坚固性，给人一种神圣、威严之感。吉祥寺塔塔身的外轮廓凹凸有序，造型活泼清秀，颇具南方楼阁式塔秀丽瘦长的特点。

综上所述，吉祥寺塔承袭五代和北宋古塔的基本特征，形制朴素稳重，造型别具一格，建筑艺术独特，整个塔体犹如一支铁笔穿云竖立，在福建楼阁式实心塔中独树一帜，体现了宋代福建石构建筑技术的高超水平。

雕刻艺术：吉祥寺塔身自下而上布满了300余幅精美的雕刻，分别有人物、动植物和符图等图案，这些浮雕原本是为了更好地宣传宗教教义，但起到了美化塔的作用。

吉祥寺塔的人物形象有武士、官员、高僧与佛菩萨圣像等。吉祥寺塔第一层塔身八个转角分别雕刻一尊护法武士，这些武士动态各异，表情丰富，有的右手叉在腰间，左手紧握石铜；有的左手抓着腰带，右手高举乾坤圈；有的双手抱拳；还有的手握利剑横在胸前，个个显得威武雄健，雄姿英发。塔

吉祥寺塔武士造像

身第一层佛龛两边还雕有高僧、官员等形象，均显得幽默有趣。有的高僧扛着一把芭蕉扇，有的拿着扫帚，有的肩背禅杖，有的双手合十，其中有一名官员双手握着笏板，仿佛正在朝堂之上。吉祥寺塔每一层塔身每面有一拱形或方形佛龛，内供奉一尊菩萨像，其上方刻有伏虎菩萨、地藏菩萨、圆通菩萨等文字，标明佛龛内菩萨的圣号。另外，塔身第六、七层佛龛两边还塑有神将，有的拿着铁铜，有的握着大刀，显得威风凛凛。吉祥寺塔的人物雕刻虽然数量不多，但既有佛教肃穆庄严的气氛，又具民间风趣横生的意味。

吉祥寺塔的动物雕刻有狮子、麋鹿、仙鹤、灵龟、龙与凤凰等瑞兽。塔的第二层须弥座束腰分别雕刻狮子、麋鹿、仙鹤与灵龟，其中，狮子造型最为突出。狮子为传统吉祥动物，象征威严与权力，历来受到佛教的推崇，具有保护佛法的作用，被人们赋予消灾辟邪的人文含义。吉祥寺塔须弥座的4只狮子中，有3只狮子作戏球状，嘴巴咬着彩带，神态既勇猛又温驯，特别是南面的一只石狮威风凛凛，嘴巴紧咬彩球的飘带，头部宽大而浑圆，眼睛炯炯有神。吉祥寺塔上的狮子有护卫佛教的含义，但却以狮子戏球的造型出现，显得亲切可爱，因此又有祈求吉祥如意的民俗内涵。吉祥寺塔共雕有3只麋鹿，均位于须弥座束腰上，其中两只鹿悠闲地趴在草地上玩耍，嘴里含着灵芝，另一只则站立在草坪上低头觅食。麋鹿代表吉祥如意，民间往往以之为吉祥、长寿的象征，并赋予其超凡的威力。鹿还代表王位，《六韬》曰，"取天下若逐野鹿"，得鹿者得天下，失鹿者失天下，

吉祥寺塔仙鹤造像

所以，鹿不仅是神兽，而且是王权的象征，代表国家繁荣昌盛，而且与官员俸禄的"禄"同音，体现了永享禄寿，加官晋爵，这也体现了古田当地官员们浓厚的儒家思想。鹤是长生不老的仙禽，是民间喜用的吉祥瑞兽，鹤与长寿永生、羽化升仙、平安祥和等寓意相伴随。吉祥寺塔须弥座上有两幅仙鹤图，均站立着长鸣，体态轻盈，举止有节。龟寓意长寿，南北朝时期已经有"龟鹤齐寿"的古钱。吉祥寺塔须弥座束腰上一只乌龟浮雕，伸着长长的脖子在水中游动，活泼可爱。相传龟鹤皆有千年寿，人们同时在吉祥寺塔上雕刻龟与鹤，代表祈求健康长寿的愿望。吉祥寺塔第四层佛龛两边还有龙和凤凰的形象。龙与凤凰也是中国主要的瑞兽，在福建一些佛塔上经常出现二者的身影。吉祥寺塔的瑞兽浮雕，姿态栩栩如生，充满活泼感和韵律感，体现了宗教寓意和民风民俗，古田的官民把美好的愿望寄托在这些可爱的瑞兽上。

吉祥寺塔的花卉雕刻有莲花、石榴等，符图有方胜、"卍"字等。塔的第二层须弥座束腰共有4幅花卉图案，分别为莲花和石榴，其中东面的莲花依偎在荷叶上，显得清秀雅洁，可爱妩媚，而第三层须弥座上枋为饱满大气的仰莲。塔身第三、五层佛龛两边为莲花盆景，天然独秀，既玲珑又纯洁谦虚，亭亭玉立。由于佛教崇拜莲花的缘故，在魏晋南北朝时期，莲花已成为各种佛教艺术器物上常见的图案纹饰，福建佛塔上几乎都雕刻有莲花造型。须弥座束腰上的石榴开着光彩照人的花朵，中间结满果实，不仅象征了佛陀圆满的智慧，还代表着多子多福。

吉祥寺塔还有符图图案，如第三层须弥座束腰有方胜，其第四、五、六、七、八、九层塔身佛龛下方也有方胜。方胜为两个菱形压角相叠组成的纹样，表达同心双合、彼此相通的美好愿望，为祥瑞之物。另外，塔身第二层刻有"卍"字图案。"卍"字形纹饰为古代一种符咒，用作护身符或宗教标志，常被认为是太阳或火的象征，梵文中意为"吉祥之所集"，这种花纹常用来寓意万福万寿不断头之意，也叫"万寿锦"。

吉祥寺塔从第二层到第九层塔身转角均浅浮雕立柱，柱头还雕有斗拱造型，为双抄五铺作，这些斗拱没有出现在塔檐下用以支撑出檐，只是作为纯粹的图案用来装饰塔身，这种情况在福建古塔中是极少见到的。

文化内涵：吉祥寺塔曾在明成化年间（1465—1487）和民国时期进行过重修，而当时佛塔世俗化色彩浓厚，已成为一种能够给人带来精神安慰和好处的文化符号，因此除了雕有佛教题材的造型外，还出现大量民间吉祥图案。据笔者推断，吉祥寺塔重修时保留了原来石塔的建筑造型，但在装饰雕刻上则增添了一些当时民间普遍流行的吉祥图案。因此，吉祥寺塔雕刻已没有早期佛塔那种极具佛教庄严、肃穆、神秘的气氛，而是显得生动朴实，多是民间喜闻乐见的题材，体现出神性人性化和神道世俗化的特色，反映了佛教以及佛塔自北宋之后不断世俗化、民族化和本土化的发展趋势。吉祥寺塔结合本土实际情况，在雕刻题材上有所改进，使之更加平民化，具有更为丰富的文化内涵，流露出地方特色的审美趣味，创造出适合当地传统文化的雕刻形式，这标志着明代之后，佛教造像已深深融入世俗百姓生活，这是基于现实生活需求的中国传统伦理文化影响下的大众易于接受和认同的结果。

2. 幽岩寺塔

位置与年代：幽岩寺塔位于古田县鹤塘镇幽岩寺大雄宝殿的前面，建于北宋元丰三年（1080 年），原有两座，南宋庆元六年（1200 年）倒塌，嘉泰四年（1204 年）重新建造。1932 年西塔毁坏，现只剩下东塔，福建省文物保护单位。

建筑特征：幽岩寺塔为平面八角九层楼阁式实心石塔，通高 13.5 米。塔基为双层须弥座。须弥座之下为八边形地基，每边长 2.25 米。第一层须弥座高 1.34 米，底层八角形座基转角各雕一尊力士，两力士之间相距 1.1 米，题刻："宝塔成于元丰庚申，坏于庆元庚申，阅五载，四更住持嘉泰甲子二月募缘重建。"下枋三层，逐层向内收缩，每面刻缠枝花卉，其中，一层高 0.15 米，边长 1.32 米；二层高 0.14 米，边长 1.22 米；三层高 0.14 米，边长 1.16 米。下枭高 0.17 米，边长 1.1 米，刻覆莲瓣。束腰

幽岩寺塔

高 0.29 米，每边长 1.02 米，转角施竹节柱，每面浮雕狮子。上枭与上枋相连，总高度 0.18 米，刻仰莲花瓣。第二层须弥座高 0.6 米，下枋与下枭总高度 0.16 米，边长 0.95 米，束腰高 0.26 米，每边长 0.88 米，转角雕神将，每面浮雕天神与花卉。上枭与上枋高 0.18 米。幽岩寺塔底层须弥座采用三层下枋比较特别。因幽岩寺塔为九层石塔，又只有两层须弥座，如果第一层须弥座只设一层下枋，就会造成塔基不够坚固，所以就使用三层下枋再加一层座基，以稳固塔身。塔身逐层收分，每层塔身均设平台，转角立瓜楞柱，柱头置栌斗，每一面辟方形佛龛，龛内为佛像。层间单层斜面出檐，檐角翘起，塔檐刻瓦垄、瓦当与滴水。八角攒尖收顶，九层相轮式塔刹，

塔尖为宝葫芦。塔身已经有点倾斜，但仍挺拔而秀丽。

雕刻艺术：幽岩寺塔的雕刻颇具特色，堪称宋代福建石雕艺术的精品。一层须弥座八个转角的侏儒力士个个显得钢筋铁骨，双手撑在臀部，用肩膀托住塔身。其中4尊力士怒目而视，头部或向前伸出，或向左摇摆。另4尊力士头部已破损，有一尊力士右手的五根手指头雕得栩栩如生。一层须弥座每一面的狮子动态各异，雕琢朴质，造型简练。有的面部凶猛，瞪着双眼，爪子锋利有力；有的后腿蹬着地面，身子向前倾斜，以左爪抱着宝珠，张开嘴巴添着；有的以右爪按住宝珠，目光直视；有的奔跑着，威武高昂，舒展自由，体现宋代石狮温驯柔情的特征。二层须弥座八个转角各塑一尊神将，姿态魁梧，身披盔甲。神将们均双手紧握剑柄，威风凛凛地站立着。须弥座每面雕刻天神或花卉。塔身每面浮雕结跏趺坐在莲盆上的佛像，头部后面有光环。一层塔檐下方虽然风化严

幽岩寺塔侏儒力士

幽岩寺塔神将造像

重，但还能辨认出刻有飞天、花卉等图案，三层塔檐刻卷云，四层塔檐刻花卉，五层塔檐刻凤凰，其他图案已模糊不清。

文化内涵：幽岩寺位于海拔2500米的雷峰山下，始建于五代后晋天福五年（940年），元至正十九年（1359年）被毁，至正二十三年（1363年）重建，明洪武十一年（1378年）再次重建，目前的建筑建于清乾隆三十三年（1768年）。幽岩寺历史上久负盛名，僧人最多时达数千，坐北朝南，原本规模宏大，经过数次损毁，又数次重建，如今只剩下大雄宝殿。

六、屏南县古塔

瑞光塔

位置与年代：瑞光塔位于屏南县双溪镇西面的钟岭山顶，又名文笔塔，由知县

黄瑞梧捐俸创建于清光绪年间（1892—1897），屏南县文物保护单位。

瑞光塔

瑞光塔塔心室

建筑特征：瑞光塔为平面八角七层楼阁式空心石塔，高 14.3 米。双层塔基，第一层高 0.44—0.46 米，底边长 2.3 米；二层塔基向内收分 0.15 米，高 0.325 米，底边长 2.17 米。第一层塔身高 1.53 米，底边长 2.07 米，往上各层逐层收分。塔身每层开一拱形门，上下位置相互错开，其中一层塔门高 1.84 米，宽 0.67 米。层间单层混肚石出檐，檐口水平，檐角微翘。塔心室为穿心绕平座式结构，但塔檐上的平座十分狭窄，又无栏杆。整座石塔均无雕刻，显得朴素大方。

文化内涵：双溪镇曾经是闽东通往闽北的交通要道，从清雍正十二年（1734 年）到 1950 年，是屏南县衙所在地，商业发达，积累了丰富的历史底蕴，至今还保留着大量古建筑。瑞光塔正好坐落于古镇西面的出水口，保佑古镇居民安康幸福。

七、柘荣县古塔

泗洲佛石塔

位置与年代：泗洲佛石塔位于柘荣县东源乡水浒桥桥头，建于元代，全国文物保护单位水浒桥附属建筑。

建筑特征：泗洲佛石塔为亭阁式石塔，高 2.85 米。四方形基座高 0.22 米，底边长 1.18 米。塔座为四方形三层须弥座。第一层须弥座塔足雕如意形圭角，高 0.31 米，边长 1.15 米；束腰高 0.31 米，边长 0.93 米；上枋高 0.105 米，边长 1 米。二层须弥座束腰高 0.23 米，边长 0.9 米，上枋高 0.1 米，边长 1.01 米。三层须弥座束腰高 0.35 米，边长 0.815 米，浅浮雕卷草纹图案，转角施三段式竹节柱。须弥座上方置覆莲瓣石座，高 0.15 米，边长 0.805 米。四方形塔身高 0.78 米，边长 0.68 米，面对桥正门处辟一方形佛龛，高 0.78 米，宽 0.46 米，内供奉泗洲文佛像。四角攒尖收顶，串珠式塔刹。

泗洲佛石塔

文化内涵：水浒桥又称东源桥，南北走向，桥长 41.9 米，宽 6.9 米，高 8.2 米，原是进京的必经之路，是柘荣最美观的一座木拱廊桥。传说南宋时，有位官员曾经到这里考察，发现附近的两个山口相套，山风具有煞气，而且直冲向柘荣城关和东源乡，认为此地风水不佳。村民听说后于是就捐资修建了水浒桥，并有意设 108 根桥柱，用以象征 36 位天罡星与 72 位地煞星，借《水浒传》里 108 名将领镇邪气以保佑民众平安幸福。元代时，人们认为水浒桥道路太直，不利于藏风与避风，又在正对着桥头处建泗洲佛石塔，使道路弯曲，避免山风直冲。柘东贡生吴书纶在《柘东八景·塔踞新路》里有诗曰："长溪惟柘古称雄，况是兹桥四达通。兀突当中维佛座，巍峨对峙两神宫。题桥有志怀司马，扫塔无缘忆远君。幸值皇途万国辟，不开新路海风同。"泗洲佛石塔和水浒桥体现了当地质朴、生动的民风民俗。

第十一章　厦门市古塔纵览

厦门市别称鹭岛，简称鹭，位于福建省东南部沿海地区，南接漳州，北邻泉州，东南与大小金门和大担岛隔海相望，地势西北高，东南低。厦门是闽南地区的主要城市之一，与漳州、泉州并称"厦漳泉"，是闽南金三角经济区，辖思明区、湖里区、海沧区、集美区、同安区和翔安区。厦门体现了闽南地域文化的包容性与开放性。

唐开元二十年（732年）时厦门称新城，大中元年（847年）设置嘉禾里，归属同安县，明洪武二十七年（1394年）建厦门城，清康熙十九年（1680年）复名厦门，1935年设厦门市。

早在五代时期，佛教就传入厦门，曾经在同安的大同镇建有4座佛寺，后来发展成为梵天寺、梅山寺、天兴寺和拱莲古寺。明代厦门佛教有所发展。清代佛教逐渐衰落。

厦门宋代古塔都是些小型石塔，如西安桥塔、古石佛双塔等，这说明宋代厦门佛教并不发达。明代厦门多建造风水塔，如禾山石佛塔、凤山石塔、下土楼塔等。清代很少建塔，保留至今的只有挡风三角塔和水尾宫塔。而且厦门古塔主要集中在文化底蕴深厚的同安区。总体看来，厦门古塔建造技术不如福建其他沿海地区。

厦门共有古塔18座，其中，楼阁式塔7座，宝箧印经式塔3座，五轮塔2座，经幢式塔3座，文笔塔2座，密檐式塔1座。其中，厦门城区1座，同安区11座，翔安区6座。按照年代划分，宋代7座，元代1座，明代7座，清代3座。

一、思明区古塔

埭头石塔

位置与年代：埭头石塔又称作凤屿石塔、筼筜古塔，位于思明区湖明路东侧，建于明代，是厦门岛内唯一留存的古塔。

建筑特征：埭头塔的塔基原先是由土石堆筑而成，地基不牢固，塔基西北端比东南端高出近 0.5 米，使得塔身向东南方倾斜，因此又名斜塔。厦门市文化局在 2003 年对石塔进行维修，把塔的每一块石构件拆下来，并进行逐一编号，再加固塔的基座，之后按原样恢复石塔原有的造型。

埭头石塔

埭头石塔高 7 米，除去基座共六层，下面三层为平面四角形楼阁式，上面三层为经幢式。塔基四边形，边长 2 米，面积 4 平方米。下三层层间单层混肚石叠涩出檐，檐口平直，第三层刻有"永"字。第四层为圆鼓形，由数块石头拼接而成，塔檐接近于圆形。第五层为八边形柱体，塔檐八角形。第六层四边形，每面刻结跏趺坐的佛像。八角形攒尖收顶。埭头石塔全部由花岗岩条石砌成，石块之间没有使用粘胶材料。因目前这座石塔是由楼阁式塔和经幢式塔结合而成的，所以笔者推断埭头石塔原本应该是楼阁式，不知何时上面数层倒塌，只剩三层，后来就用其他石经幢的构件重新建造。

文化内涵：埭头石塔现坐落于厦门西港的东侧，但在 20 世纪 70 年代之前，这里还是一片汪洋。石塔就建在筼筜港的岸边，具有镇水和导航之用。筼筜港曾是一个天然的避风渔港，筼筜渔火原是厦门八大景之一。后来，厦门进行"围垦筼筜港"工程，筼筜港变成了筼筜湖，石塔四周也已成为繁华的都市。如今，埭头石塔已立于陆地之上，旁边是条狭窄的内河，另一边为车水马龙的湖明路，而筼筜湖已成为南湖公园和白鹭洲公园的内湖。埭头石塔见证了筼筜港沧海桑田的变化历程。

二、同安区古塔

1. 东桥石经幢

位置与年代：东桥石经幢位于同安区孔庙内，建于北宋建隆四年（963年），原立于同安太师桥，即如今的东桥桥头，1990年因修路迁移到孔庙，为厦门历史最久远的古塔，同安区文物保护单位。

东桥石经幢

建筑特征：东桥石经幢以花岗岩石垒砌而成，通高4米。塔基为三层须弥座。第一层须弥座较宽大，第二、三层向内收分。第一层八边形须弥座两层下枋，一层下枋八边形，高0.11米，每边长0.6米，每面刻双层仰莲瓣；二层八边形下枋高0.18米，每边长0.48米，每面刻连续三角形几何纹样，下枭覆钵形，高0.2米，刻海浪图案，束腰圆鼓形，高0.3米，浮雕双龙戏

东桥石经幢雕刻

珠，上枋也是二层须弥座的下枋，八边形，高0.12米，每边长0.32米，每面刻花卉图案。第二层须弥座束腰八角形，高0.29米，每边长0.19米，每面刻武士，上枋也是第三层须弥座的下枋，高0.12米，每边长0.31米，每面刻花卉图案。第三层须弥座八边形，高0.28米，每边长0.19米，每面刻乐伎供养造像，上枭圆盘形，雕三层仰莲

瓣。这三层须弥座层层叠加并向上收分，富有节奏感。八边形幢身笔直挺拔，原先应刻有《佛顶尊胜陀罗尼经》经文，但已经风化。八角形攒尖收顶，塔刹为新修的。

文化内涵：东桥建于北宋建隆四年（963年），位于同安大同街道的东溪上，比同安西安桥早100多年，比泉州洛阳桥早近百年，是闽南地区较为古老的石桥，连接泉州与漳州。朱熹曾到过东桥，赋《雨霁步东桥玩月诗》："月出澄余晖，川明发素光；星河方耿耿，云数转苍苍。"东桥石经幢原坐落于桥头，是镇水妖之塔，希望

造福过桥的行人。

2. 梵天寺西安桥石塔

位置与年代：梵天寺西安桥塔位于同安区梵天寺内，建于北宋元祐年间（1086—1094），福建省文物保护单位。此塔原位于同安城区西安桥桥头，1957年我国著名历史学家郑振铎先生在考察同安时，发现了这座古塔，为了更好地加以保护，建议当地政府将其迁移到城北千年古刹梵天寺内，如今竖立在寺院钟楼旁的草地上。

建筑特征：梵天寺西安桥塔为宝箧印经塔造型，从下往上分别由须弥座、塔身、德宇、塔刹几部分组成，通高4.68米，立面呈下宽上窄的梯

梵天寺西安桥石塔

形，塔刹为覆莲盆刹座，刹杆五层相轮，刹尖葫芦形，全塔布满浮雕。目前各种文献资料，包括梵天寺西安桥塔旁边近代所立的石碑上，一般都称之为"婆罗门佛塔"，如《厦门文物志》记载："婆罗门佛塔始建于北宋元祐年间"，还有《新编福建省地图册》里称之为"婆罗门教塔"。但是，笔者认为此名称有误，主要原因有三点：①婆罗门教作为印度早期宗教，与之后出现的佛教完全是两种宗教，婆罗门教后来发展成为印度教，因此，婆罗门教与佛教不可混为一谈。②西安桥塔建筑造型明显是宝箧印经式塔，这是一种标准的佛塔，与婆罗门教没有任何关系。③西安桥塔有佛本生故事、佛像、金翅鸟等佛教题材雕刻，与婆罗门教也没有关系。因此，梵天寺这座石塔根本不是所谓的"婆罗门佛塔"或"婆罗门教塔"，应称作"梵天寺西安桥塔"，而同安梅山寺的西安桥塔则称作"梅山寺西安桥塔"。

梵天寺西安桥塔与西安桥其他三座塔一样，全部由石材建造，四方形塔身，整体造型独特，样式美观，古朴淳厚，具有传统宝箧印经塔的基本特征。梵天寺西安桥塔的塔基为一大一小叠加而上的双层四边形须弥座。第一层须弥座从下往上分别为圭角、下枋、束腰和上枋四部分。须弥座底边四角设如意形圭角，高0.32米，两圭角中心相距1.8米，既稳重又轻巧。一层须弥座下枋高0.11米，边长1.42米，束腰高0.35米，边长1.36米，每一面浮雕双狮戏球，四转角各立一尊侏儒力士。上枋素面无雕刻，高0.12米，边长1.58米。第二层须弥座向内收分0.24米，下枋高0.1米，边长1.08米，束腰高度与第一层须弥座束腰相同，均为0.35米，边长0.91米，

每一面刻四尊坐佛，上枋高度 0.19 米，边长 1.2 米。

钱弘俶所造金涂塔只有单层须弥座，而梵天寺西安桥塔所采用的双层须弥座具有以下三个优点：①双层须弥座重量较沉，体积较大，使得整座石塔重心向下，起到稳固塔身的作用。②因西安桥塔为安置在桥头的风水塔，设计成双层须弥座可以增高塔身，与西安桥的体量比较协调，而且即使在远处也能望见桥头的这座宝箧印经石塔。③双层须弥座收分合理，节奏明快，整体构造比单层须弥座的金涂塔更具有艺术性。总之，双层须弥座使西安桥塔显得更加稳健牢固，因此，福建沿海大部分宝箧印经石塔的塔基都采用双层须弥座。

梵天寺西安桥塔塔身为立方体造型，向内收分，饱满肃穆，高 0.71 米，边长 0.82 米。塔身四个面均凿有一个拱形佛龛，高 0.53 米，底边长 0.51 米，内雕刻佛本生故事。塔身四个转角的上半部分各浮雕一只高 0.32 米的金翅鸟。

梵天寺西安桥塔的塔刹为整根石柱雕刻而成，笔直挺拔，底座为覆莲座，向上五层相轮，相轮上方为仰莲座，顶部为宝葫芦造型。

梵天寺西安桥塔整体形状逐渐收分，呈金字塔造型，显得十分稳重。因同安为沿海城市，每年均会有台风，而西安桥塔原位于河岸边，四周较为空旷，容易遭受台风的侵袭，建成金字塔形状有利于石塔的坚固性和稳定性。而且金字塔形建筑还有利于防止地震的破坏。总之，金字塔造型的西安桥塔利于防风抗震，体现了工匠巧妙的设计理念。

同福建众多大型楼阁式石塔相比，西安桥塔建筑造型小巧端庄，别具一格，但查看西安桥塔的建筑结构，发觉其塔身上并没有宝箧印经塔独有的四朵山花蕉叶，这是此类佛塔最主要的特征之一。笔者通过对闽南地区所有石造宝箧印经塔的调研，发现基本都有山花蕉叶，而如今没有山花蕉叶的洛阳桥月光菩萨塔在早年所拍摄的一幅照片中，也能看到立在塔身之上的四朵山花蕉叶，因此笔者推断，西安桥塔原来应该有山花蕉叶，造塔者不可能遗漏如此重要的构件，应该是由于年代久远，四朵山花蕉叶已丢失。

雕刻艺术：梵天寺西安桥塔的须弥座、塔身以及塔刹均刻浅浮雕，刀法娴熟，主题明确，对美化石塔起到不可替代的作用。

梵天寺西安桥塔第一层须弥座束腰雕刻双狮戏球，其中西面束腰一对狮子围绕着一个绣球嬉闹，左边雄狮横眉瞪眼，威风凛凛，身体呈弧线形俯冲而下，而右边的雌狮显得较为温驯，双狮左右侧视，呈现出一种欢快的气氛。双狮戏球为我国传统吉祥图案，多出现于民俗喜庆活动，寓意消灾祈福。作为纯粹的佛塔，原本宝箧印经塔上并没有狮子戏球雕刻，西安桥塔的双狮戏球增添了浓郁的中国民间文化特色，特别是闽南的狮文化有着深厚底蕴，舞狮是其重要的民间风俗。一层须弥座束腰转角雕四尊可爱、粗壮的侏儒力士，他们均单腿跪地，挤眉弄眼，表情颇为丰富，有的右手单掌托着塔身，左手支撑在右臂上；有的左肩顶住塔身，右手撑在左臀部位，显得骨健筋强，形象逼真，姿态生动。

梵天寺西安桥石塔雕刻

第二层须弥座束腰每一面有4个拱形佛龛，龛内为一尊结跏趺坐的佛像，每尊佛闭目凝神地盘腿坐在莲花之上，手结禅定印，面容丰满，仪表端庄，每一朵莲花都由9瓣圣洁淡雅的花瓣组成。

传统宝箧印经塔最精彩的雕刻主要集中于塔身上。梵天寺西安桥塔每面塔身刻佛龛，内为佛本生故事，构图饱满，工匠注重人物的表情与心理刻画，衣褶自然，线条流畅，歌颂了释迦牟尼佛前世做菩萨时为救度众生，自我牺牲，忍受痛苦的善行。其中，塔身东面为快目王舍眼，南面为萨埵太子舍身饲虎，西面为尸毗王割肉饲鹰救鸽

梵天寺西安桥石塔佛本生故事雕刻

，北面为月光王捐舍宝首。西面的尸毗王割肉饲鹰救鸽图外形为拱形券门，正中间的尸毗王右边袒胸露肩，斜披印度式服装，跏趺坐于岩石之上，神情端庄慈祥，毫不惧怕，左手护住死里逃生的鸽子，右手抬起，准备施舍右臂上的肉，右上方有一人即将用刀割肉，下方一人准备接国王的肉。尸毗王左边有四人虔诚地双手合十，充满崇敬之感，下方还有两人痛惜地抱着国王的右腿。画面生动地展示了菩萨舍生取义的悲壮场景，具有崇高的宗教精神内涵。

塔身四角分别站立一只金翅鸟，每只金翅鸟头型浑圆，嘴巴宽大，胸部向前隆起，展开双翅，目视远方，显得精神抖擞，蠢蠢欲动。据说金翅鸟是种凶猛的飞禽，奇大无比，专食龙族，因西安桥塔立于河流旁，设金翅鸟能镇住河里的妖龙，以保

民众平安。

西安桥塔的德宇类似于普通楼阁式塔的塔檐，德宇下刻卷草纹样，为"S"形波浪线，虽然已经十分模糊，但还能辨别出花卉的枝条曲卷多变，富有流动感。卷草纹样是由忍冬纹变化而来的，为一种意象性装饰纹样，是佛教中比较普遍的装饰图案。

梵天寺西安桥塔造型雄浑坚实，雕刻精美，反映了北宋时期同安民间工匠的高超水平，其塔身感人悲壮的佛本生故事与须弥座热闹欢庆的双狮戏球形成鲜明的情感对比，体现了造塔人兼具的宗教意识与人文情怀。

文化内涵：据历史文献所载，西安桥建于北宋元祐年间（1086—1094），建桥时同时在桥的南北两端分别造两座相互对称且造型相同的石塔。明代福建杰出地方志学家何乔远的《闽书》记载此桥为"宋元祐间邑人许宜、僧宗定所建"，因许宜号"西安"，故石桥命名为"西安桥"。西安桥位于同安西溪和东溪交汇处的双溪口，20世纪20年代之前，西溪与东溪航运发达，因此，为了保护船只以及过桥行人的安全，当年许宜等人便在桥头建造佛塔以镇水怪护桥。这4座石塔均为宝箧印经式塔，因年代久远，其中两座已损坏严重，还有两座分别迁往梵天寺和梅山寺内，而梵天寺内的西安桥塔保存得最为完整。

3. 梅山寺西安桥石塔

位置与年代：梅山寺西安桥塔位于同安区梅山寺内，与梵天寺西安桥塔同为西安桥的附属风水塔，为宝箧印经式石塔，从下往上分别由须弥座、塔身、德宇、塔刹四部分组成，通高4.7米，形制与梵天寺西安桥塔相同。

梅山寺西安桥石塔

建筑特征：石塔为四边形双层须弥座。第一层须弥座高9.2米，底座四角刻如意形圭角，两圭角间相距1.8米，下枋刻覆莲花瓣，束腰高0.37米，边长1.36米，转角雕侏儒力士，每面浮雕双狮戏球，上枭刻仰莲花瓣，上枋每边长1.58米。第二层须弥座上下枋素面，束腰高0.33米，边长0.94米，每面辟4个佛龛，内雕结跏趺坐佛像。四方形塔身高0.72米，底边宽0.82米，转角上半部分雕金翅鸟，下半部分刻方形柱，塔身四面浮雕快目王舍眼、萨埵太子舍身饲虎、尸毗王割肉饲鹰救鸽、月光王捐舍宝首等佛本生故事。原有的山花蕉叶已丢失。五层相轮式塔刹，底部覆钵石，塔顶在仰莲盘盖上立宝葫芦。

文化内涵：梅山寺位于同安城区东面的梅山，依山而建，周边树木茂盛，岩壁陡峭，隋代末年始建，宋代和明代有所扩建。如今梅山寺已经重新建造多座殿堂和佛塔，但古老的西安桥塔仍孤独地立在寺院后山。

梅山寺西安桥石塔佛本生故事雕刻

4. 安乐村塔

位置与年代：安乐村塔位于同安区莲花镇澳溪村南 500 米处的麒麟山西麓。据《同安县志》记载："石沃山沃口有石佛岩，洞中镌石佛二身，洞右有石塔，刻'安乐村'。"该塔始建于南宋，为平面四角四层楼阁式实心石塔，同安区文物保护单位。

建筑特征：安乐村塔建于溪边一块巨石之上，高 6 米。三层四方形塔基都较矮，第一层塔基素面无雕刻，高 0.13 米，边长 2.5 米；第二层塔基四角刻如意形圭角，每边刻波浪形纹样，高 0.27 米，边长 2.32 米；三层塔基素面无雕刻，高 0.12 米，边长 2.05 米。塔身四层，一至三层塔身略有收分，

安乐村塔

每层塔身形成一个梯形，层间单层叠涩出檐。第一层塔身高 0.92 米，底边长 1.85 米。一层塔檐高 0.16 米，边长 1.91 米。第四层塔身每面辟长方形浅券龛，其中一面刻楷书"安乐村"，另一面浮雕结跏趺坐佛像。四边形翘檐攒尖收顶，宝珠式塔刹。

文化内涵：传说安乐村塔所在的巨石如同一头肥猪，村民担心肥猪被溪流冲走，于是建石塔以镇之。石塔上"安乐村"三字据说为朱熹所题。当年朱熹任同安县主簿时，曾到澳溪村游玩，发现此处景色很美，仅一条小道通往外面，犹如世外桃源，便称该村为"大旱半收，大乱半忧"的风水宝地，于是题"安乐村"。后来村民建塔时，便拓这三个字刻在塔上，以求永远安乐。

5.古石佛双经幢

位置与年代：古石佛双经幢位于同安区梵天寺钟楼附近，建于宋代，同安区文物保护单位。

建筑特征：古石佛双经幢高 3.6 米，塔基为三层须弥座。第一层须弥座下枭为三层仰莲瓣，束腰圆鼓形，雕刻风化严重，图案漫漶不清，上枭雕刻海浪纹

古石佛双经幢

样。二层须弥座束腰八边形，每面浮雕护塔神将，八角形上枋每面刻莲花图案。三层须弥座下枭为扁圆鼓形，束腰八边形，每面辟券龛，龛内浮雕一尊乐伎供养造像，上枋三层仰莲瓣。八角形幢身与一般经幢高大的幢身不同，比较短小，幢身未见刻经文，而是浅浮雕结跏趺坐的佛像。八角形翘檐攒尖收顶，塔刹葫芦形，与泉州通天宫经幢相似。这两座石经幢立在菩提树下，古色古香。

文化内涵：古石佛双经幢应该是佛信徒为亡者消罪祈福而建的。

6.姑井砖塔

位置与年代：姑井砖塔位于同安区新圩镇庄安村姑井自然村西面的田野上，建于元代，据《厦门文物志》记载，此塔"始建年代未见记载，属元代造作风格"。

建筑特征：姑井砖塔为平面八角五层密檐式实心砖塔，高 5.2 米。整座塔

姑井砖塔

以红砖砌成，涂抹白灰，但破损严重，塔基已被土掩埋，白灰基本已脱落。一层塔身每边长 1.1 米，二、五层辟一佛龛，龛内佛像已丢失。层间叠涩出檐，檐口弯曲，檐角翘起，上方安置筒瓦、滴水。隐约可见璎珞、卷云与双龙戏珠等纹样。每层转角施四铺作斗拱。塔顶已毁坏，长有数株小树。

文化内涵：姑井砖塔原来建有 3 座，形成三角形布局，每两座塔相距约 15 米，但如今保存较完整的只剩一座，另一座只剩一层半塔身。据传说，庄安村地形如"麻雀穴"，村民为了防止麻雀飞走，就建 3 座砖塔，分别代表网柱，罩住麻雀。姑井砖

塔是厦门地区唯一保留至今的砖塔，如今孤零零地坐落于荒野之上，如果再不进行修缮，不久之后只怕将消失殆尽。

7. 禾山石佛塔

禾山石佛塔

位置与年代：禾山石佛塔又名豪山石佛塔，位于同安区新民镇禾山村西面两公里处的石佛山慈云岩寺后的岩石上，明永乐十一年（1413年）由慈云岩寺僧人性庵与工匠王仕拱所建，同安区文物保护单位。

建筑特征：禾山石佛塔建于一块巨大的岩石之上，造型接近于五轮塔，高7.1米。石塔底层为一座四方形佛心室，西面开一拱门，室内高3米，边长3.5米，供奉观音菩萨、土地爷、送子娘娘与齐天大圣，室内石壁上刻有"时永乐癸巳岁仲夏吉日鼎建""匠人王仕拱、住山比丘性庵立"，点明石塔建造的人员与年代。福建有不少地方都有供奉齐天大圣孙悟空，如漳州角美广福宫、建瓯玉山镇齐天大圣庙、南靖县山城镇三藏公庙等都有供奉齐天大圣。

禾山石塔为单层八边形须弥座，底座八个塔足刻如意形圭角，每边刻柿蒂纹饰，束腰转角为三段式竹节柱，每面刻一字，共八字，为"皇明永乐诸佛法典"。塔身为腰鼓形，由6块连弧花瓣形花岗岩砌成，下部分刻双层仰莲，每面浅浮雕佛胸像。八角翘檐攒尖收顶，塔刹已丢失。在禾山石佛塔石室不远处还有一座慈云石室。禾山石塔是福建最高大的五轮塔。

文化内涵：石佛山又名端平山、圣水泉山，为同安西面的一处名胜，慈云岩寺始建于南宋端平年间（1234—1236），1998年重建。

8. 凤山石塔

凤山石塔

位置与年代：凤山石塔位于同安区大同镇东面的凤山上，就在同安城区环城东路旁边，又名魁星塔、文笔塔，建造于明万历二十八年（1600年），同安区文物保护单位。

建筑特征：凤山石塔为平面六角五层楼阁式实心石塔，通高 14.25 米，是厦门最高的古塔。层间叠涩出檐，每层补间施两斗拱承托塔檐，檐口平直，檐角略有翘起。第二层塔身辟有佛龛，内有魁星造像，第四层塔身佛龛内也有一尊坐佛。六角攒尖收顶。塔刹为一座小塔，基座为覆钵形，塔身中段为一圆鼓形，六角攒翘檐顶，宝葫芦式塔刹。

文化内涵：据《同安县志》记载："县令洪世俊以学宫之前文峰不卓，建塔城东南隅凤山之巅，于是弦诵益广，文学斌斌，明年许獬遂魁。"可以得知，凤山石塔的建造目的是祈望同安地区人才辈出，文运昌盛。也许是巧合，塔建成的第二年，金门人许獬便中了会试传胪。凤山与大轮山是同安的"龙脉"，因大轮山已有"状元砚"，而凤山地势较矮，没有"文笔峰"，因此，官府就在凤山上建造石塔用以象征"文笔"，希望同安科举兴旺。同安区祥平街道瑶头社区后巷里的水仙宫后面，原先也有一座瑶江文笔塔，与凤山文笔塔交相辉映，可惜"文革"时被毁坏。

9. 下土楼塔

位置与年代：下土楼塔又称水尾宫塔，位于同安区新民镇禾山村下土楼自然村的南面，建于明代永乐年间，同安区文物保护单位。

建筑特征：下土楼塔为宝箧印经石塔，高 8.3 米。底层基座是近年重建的，为宽大的四方形石台，四周设有石栏杆。石塔就耸立于石台正中间，四方形塔基为两层，第一层高 0.12 米，每边长 4.35 米；二层高 0.1 米，每边长 3.36 米。第一、二层四边形塔身呈梯形，其中一层塔身高 2.6 米，底边长 3.3 米；二层塔檐以单层叠涩出檐。三层塔身为六边形，北侧嵌有魁星造像，上为六边形塔檐。四层为圆鼓形，上方以四方形单层叠涩出檐，塔檐上方四角立

下土楼塔

四朵山花蕉叶，塔刹圆柱形，宝葫芦式塔尖。确切地说，下土楼塔一至三层为楼阁式，四层为宝箧印经式。它应属于宋代至明初，闽南地区民间修建的石质宝箧印经塔，而且是一座造型独特、具有中西佛塔风格的宝箧印经塔。下土楼塔前建有一座小巧的石砌宫庵，内供奉财神爷、土地爷与送子娘娘。

文化内涵：下土楼塔旁边有一条溪流，东南面为东咀港。据说石塔左侧山岭俗

称"牛岭山"，右侧山岭俗称"虎头山"，为防止老虎咬伤牛，当地民众就建石塔以镇之，因此又称作镇虎塔。

10. 莲花石塔

位置与年代：莲花石塔位于同安区莲花镇云埔村，建于明代。

建筑特征：平面六角四层台堡式实心石塔，底边长2.55米，高约5米。整座塔以较为粗糙的条石垒砌而成，无塔檐和塔刹。

文化内涵：莲花石塔是一座镇邪压煞的风水塔。

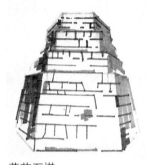

莲花石塔

三、翔安区古塔

1. 东村石佛塔

位置与年代：东村石佛塔位于翔安区新店镇新店社区东村，建于宋代。

建筑特征：东村石佛塔为三层楼阁式实心石塔，高1.42米。四边形基座。第一层塔身四边形，二、三层塔身为圆形覆钵。塔檐四边形。塔顶置一块四方形花岗岩，正面浅浮雕月光菩萨像，其余三面刻"宝""法""僧"。

东村石佛塔

文化内涵：东村石佛塔是座镇妖保平安之塔。

2. 东界石塔

位置与年代：东界石塔位于翔安区新店镇东界村许府真人宫对面的田野上，建于明万历四十年（1612年），民国十年（1921年）重修，同安区文物保护单位。

建筑特征：东界石塔坐西朝东，平面六角五层楼阁式实心石塔，高8.56米。塔基为一个高大的四边形石台，以条石交错砌成，高1.65米，每边长3.85米。塔身逐层收分，一至三层塔身素面无雕刻，四层塔身刻楷书"拱

东村石佛塔

星""宝镇""大明万历壬子年建"等字，还浅浮雕有菩萨、魁星等造像。

文化内涵：东界石塔坐落于浔江港口东面的海滨，靠近刘五店码头，对进出浔江港的船舶有导航的作用，另外还有镇风之功能。刘五店码头是来往厦门、翔安、同安、金门的古渡头，为古代泉州通往厦门的重要航道。东界石塔反映了福建明代东南沿海海运贸易的繁荣。

3. 石笔塔

位置与年代：石笔塔位于翔安区新店镇蔡厝村东面的田野之上，建于明万历年间（1573—1620）。

建筑特征：石笔塔为文笔式塔，高12米。塔为圆锥形，以粗糙的岩石交错垒砌，底直径3.9米，底周长11米，有一棵400多年的大榕树紧紧抱住石塔，塔顶隐没在树叶里，塔身仅露出半面。

文化内涵：传说明万历年间，翔安大嶝岛人尚书张文君回家乡路过蔡厝村时，发现有块岩石形状如同一把毛笔，之后又在大嶝看见一块岩石如砚台，而这两块石头隔海互望，于是便在蔡厝村如笔的岩石上建了一座文笔塔，以兴文运，这就是石笔塔。

石笔塔

4. 董水石佛塔

位置与年代：董水石佛塔位于翔安区新店镇吕塘社区的观音堂，建于明代。

建筑特征：董水石佛塔为平面四角三层楼阁式实心石塔，高2.8米。如意形塔足，每边刻柿蒂纹。塔身逐层收分，第一层塔身浮雕花卉，二、三层塔身每面辟圭形佛龛，内浮雕一尊坐佛。单层仿混肚石出檐，四角攒尖收顶，宝葫芦式塔刹。

文化内涵：董水石佛塔原坐落于董水渡口旁边，是座镇邪保平安之塔。

董水石佛塔

5. 挡风三角塔

挡风三角塔

位置与年代：挡风三角塔位于翔安区新店镇蔡厝村的田野上，与石笔塔相距约300多米。

建筑特征：挡风三角塔为文笔式塔，塔身为三角锥形，高10米，三角形底边每边长5.3米，层间直接出檐。塔刹为一小石灯笼，宝葫芦式塔尖。挡风三角塔的锐角对着大嶝岛与新店镇莲河社区之间的莲河港。

文化内涵：塔前石碑记载，此塔原来建于蔡厝村后埔头东北角，塔面的前角正指向"莲河缺"，是挡风避雨、消灾镇煞的风水塔，保护村民生活安宁，幸福美满。可惜在"文革"期间塔被毁，2004年村民集资重建。如今，挡风三角塔气势宏伟，造型美观。

6. 水尾宫塔

位置与年代：水尾宫塔位于翔安区新店镇蔡厝村南的小宫庵对面，建于清代，1990年重修。

水尾宫塔

建筑特征：水尾宫塔为五轮式石塔，高3米。塔基为三层须弥座。第一层须弥座为四方形，下枋高0.2米，边长1.6米，束腰高0.37米，边长1.31米，上枋高0.1米，边长1.4米。二层须弥座为六边形，如意形圭角层高0.2米，两圭角之间相距0.6米，下枋高0.13米，边长0.47米，下枭高0.14米，边长0.47米，束腰高0.22米，边长0.28米，转角施三段式竹节柱，每一面浅浮雕菱形纹饰，上枋边长0.42米。三层须弥座下枋也是二层须弥座的上枋，束腰圆柱形，高0.23米，上枭与上枋为圆形，高0.13米，刻仰莲瓣。塔身椭圆形，高0.4米，雕刻成金瓜的外形。六角攒尖收顶，五层相轮式塔刹。

文化内涵：水尾宫塔坐落于湖边，应为关锁水口之塔。塔东面为大海，海对岸为大嶝岛。小宫庵内供奉"宫仔祖"，应作祭拜海上无主遗体之用。

第十二章　漳州市古塔纵览

　　漳州市位于福建省南部沿海，东面是台湾海峡，南面与广东的潮汕地区相邻。漳州是国务院于 1986 年公布的历史文化名城，是闽南文化的发祥地之一，民俗风情多姿，境内有数十万客家人，还是八闽的商港与对外贸易港，有"鱼米花果之乡"的美称。漳州辖芗城区、龙文区、龙海市、漳浦县、平和县、东山县、长泰县、华安县、诏安县、云霄县和南靖县。

　　漳州在唐垂拱二年（686 年）建立州制，并开始得到开发。五代至两宋时期，北方移民的先进技术促进了漳州的经济发展。从明洪武元年（1368 年）开始，如今的城区一直都是漳州府、道、公署所在地。宋代时期的漳州，由于地处东南一隅，战争较少，社会比较安定，经济良好。明代是漳州快速发展的一个时期，社会繁荣，海外交通发展迅速，成为我国东南沿海地区海外交通贸易的中心。清代漳州农业和手工业得到进一步发展，商业发达。

　　漳州历史上佛教较为兴盛，曾经被称作佛国，佛教持续兴盛数百年。明代时期，城区拥有开元寺、法济寺、净众寺、南山寺等规模宏大的禅院，如今有佛教寺院 163 座。漳州佛教建筑多样化，并具有当地民居的特点。

　　漳州保存最早的塔是建于唐代的咸通经幢与四面佛塔。宋代虽有建塔，但数量很少，且都是些宝箧印经式塔、经幢式塔和台堡式塔等小型石塔，如正峰寺阿育王塔、塔口庵经幢等。到了明清时期，由于盛行风水学，各地开始建造风水塔，如文昌塔、坂上塔、九峰双塔和金马台塔等。漳州风水塔最与众不同的是，一些塔都建在海边或海上，视野极为开阔，如祥麟塔、文峰塔和石矾塔等。

漳州共有古塔 27 座，其中，楼阁式 13 座，宝箧印经塔 3 座，经幢式塔 3 座，五轮式塔 6 座，亭阁式塔 1 座，台堡式塔 1 座。其中漳州龙文区和芗城区 6 座，龙海市 3 座，漳浦县 2 座，云霄县 1 座，平和县 4 座，南靖县 3 座，长泰县 2 座，诏安县 3 座，华安县 2 座，东山县 1 座。从年代上看，唐代 2 座，五代 4 座，宋代 5 座，明代 9 座，清代 7 座。

一、龙文区古塔

咸通经幢

位置与年代：咸通经幢原先位于漳州开元寺，又称咸通塔碑，建于唐咸通四年（863 年），历史上多次遭到破坏，现保留部分构件被收藏在漳州市博物馆。经幢由漳州押衙王颙所建造，幢上文字由宣议郎刘镛所书，漳州市文物保护单位。

建筑特征：咸通经幢由黑色花岗岩雕成，单层八边形塔基高 0.32 米，边长 0.5 米，每面壶门雕动态各异的执剑力士造像。八边形幢身高 1.85 米，边长 0.28 米，阴刻楷书《佛顶尊胜陀罗尼经》，经文字体刚健清秀，有着晋人书法的风韵。

咸通经幢

二、芗城区古塔

1. 南山寺多宝塔

位置与年代：南山寺多宝塔位于漳州市区丹霞山麓的南山寺内，建于五代时期南唐保大十一年（953 年）。南山寺多宝塔共有 4 座，均为石质五轮塔，其中两座位于大雄宝殿前庭院的东西两侧，另两座位于天王殿前庭院的东西两侧。

建筑特征：大雄宝殿前的两座塔，原来位于芝

南山寺大雄宝殿西侧多宝塔

山东麓的净众寺，1970年被移入南山寺，高4米。西侧的石塔的基座为正方形，每边长2.165米。单层六边形须弥座。圭角高0.25米，底边长0.86米，塔足雕成如意造型，饱满厚实。双层上下枋，一层下枋高0.13米，边长0.7米，每面雕呈"S"形波浪曲线的卷草纹，二层下枋高0.05米，边长0.635米；一层上枋高0.05米，边长0.63米，二层上枋高0.13米，边长0.57米，每面雕卷草纹。上下枭素面无纹饰。束腰高0.32米，转角施三段式竹节柱，壶门宽0.41米，每面雕刻双狮戏球、莲花、人物、"卍"字等图案。有一幅描绘了两名小沙弥围

南山寺大雄宝殿东侧多宝塔

着一位福态横生的高僧正在观看一名跳舞的人，其中一名沙弥特别有趣，左手搭在高僧的肩膀上，右手举到头部，两脚踩在石头上，双目向前眺望；另一名沙弥双手合十，态度端庄，而最有意思的是那位舞者，但见他头向右倾斜，左手高举指向上方，右手弯曲并拿着一件器具，双膝下蹲，舞姿优美。另一幅图是一名力士张开双手正在奔跑。塔身共有两层。一层椭圆形，正面辟高0.46米、宽0.32米的欢门式佛龛，龛内浮雕坐佛；二层塔身瓜楞形，以凹线分出6瓣。一层塔身下方为仰覆莲圆盘，二层塔身下方为仰莲圆盘。六角攒尖收顶，相轮式塔刹。东侧的石塔与西侧石塔造型尺寸相同，只是须弥座的雕刻有所不同。其中一幅浮雕描绘一名罗汉端坐在蒲团上，前面有一座宝箧印经塔；另一幅是蹙额大腹的布袋和尚坐在地上，右手靠着大布袋，一副佯狂疯癫的神态，其他几幅描绘了翩翩起舞的飞天和老僧手拿拂尘端坐入定的场景。

天王殿前的两座石塔结构与大雄宝殿前的两座石塔基本相似。四边形基座高0.44

南山寺天王殿西侧多宝塔

南山寺天王殿东侧多宝塔

米，边长 2 米。单层六边形须弥座。圭角高 0.24 米，边长 0.7 米，塔足为如意造型。双层上下枋，第一层下枋高 0.24 米，边长 0.7 米，每面雕卷草纹饰，二层下枋向内收分；一层上枋高 0.05 米，边长 0.56 米，二层上枋高 0.115 米，边长 0.5 米，每面刻卷草图案。上下枭边长 0.56 米。束腰高 0.27 米，壶门宽 0.35 米，转角施三段式竹节柱，每面雕莲花、盘长、法轮、方胜等图案。两层塔身，一层椭圆形塔身高 0.63 米，直径 0.63 米，辟 4 个欢门式佛龛，内雕坐佛，下方设仰覆莲圆盘；二层瓜楞形塔身下方设仰莲圆盘。六角攒尖收顶，宝葫芦塔刹。

文化内涵：南山寺原名报劬崇福禅寺，坐南朝北，建筑规模较大，南面靠着丹霞山，北面面向九龙江，由太子太傅陈邕始建于唐开元年间（713—741），20 世纪 80 年代被列为全国重点寺庙。

2. 塔口庵经幢

位置与年代：塔口庵经幢位于漳州市芗城区大同路塔口庵前，建于北宋绍圣四年（1097 年），福建省文物保护单位。

建筑特征：塔口庵经幢为平面八角石经幢，高 7 米。幢座为三层须弥座。第一层须弥座下枋与下枭已被水泥封住，束腰八角形，素面无雕刻，上枭圆盘形，刻仰莲瓣，上枋刻海浪纹样。二层须弥座下枭覆钵形，刻卷云图案，束腰圆鼓形，浮雕双龙戏珠，上枭刻仰莲瓣，上枋八角形，每面刻菱形图案。三层须弥座下枋也为二层须弥座上枋，束腰浮雕护塔神将，上枭刻双层仰莲瓣。

塔口庵经幢

塔口庵经幢雕刻

幢身共有六层，幢身外形遵照一凸一凹的韵律，层层叠加并逐层收分。第一层幢身下方为一个八角形基座，每面刻栏杆，幢身为八角形石柱，南面刻楷书"宝塔建造于宋绍圣四年丁丑至大明崇祯拾伍年陆月初十日飓风颓坏原任钦差福建中路副总兵王尚忠捐资重造"等字，其余七面均刻竖排六字楷书"南无阿弥陀佛"，柱顶为八角翘角攒尖顶。

第二层幢身底座圆盘刻卷云纹饰，幢身圆鼓形，八角攒尖顶。三层幢身四方形，每面浅浮雕禅定佛像，底座为双层仰莲瓣。三层与四层之间置八边形塔盖，转角处略有凸出。四层八边形幢身，每面刻佛像，八角形塔檐。五层幢身圆鼓形，四角形塔盖。六层幢身圆鼓形。六角攒尖收顶，宝葫芦式塔刹。整座经幢由 24 块石头砌筑而成。

文化内涵：塔口庵经幢坐落于三条街道交叉汇合处，是为亡者消罪祈福之塔，旁边有棵枝繁叶茂的百年榕树。

三、龙海市古塔

1. 蓬莱寺经幢

位置与年代：蓬莱寺经幢位于龙海市程溪镇南乡村蓬莱寺，建于北宋咸平四年（1001 年）。

蓬莱寺经幢

建筑特征：蓬莱寺经幢设八边形双层基座，素面无纹饰，一层基座高 0.21 米，边长 0.38 米；二层基座高 0.61 米，边长 0.33 米。两层八边形幢身，第一层幢身高 1.30 米，每边宽 0.25 米。塔身刻有文字，但字迹已十分模糊。其中，序言标明造幢者的心愿与建造时间，还出现"北极灵尊""圆山康阜大王"等文字。北极灵尊是指北极玄天上帝，即真武大帝，道教北极四圣之一，是传说中的北方之神，唐太宗封为佑圣玄武灵应真君，民间称作荡魔天尊、报恩祖师或披发祖师。康阜指安乐富庶，圆山康阜大王应该是保佑民众富裕安康的地方神灵。这表明漳州在北宋时期，佛教与道教、地方信仰能和平共处。幢上还刻有 3 篇经文，分别是《佛顶尊胜陀罗尼经》《观自在菩萨甘露咒》和《阿閦如来灭罪咒》。据说每到天上降雨时，只要诚心持诵《观自在菩萨甘露咒》21 遍，雨滴所沾到的一切有情众生，皆能灭尽所有重罪，获得安乐；常念《阿閦如来灭罪咒》就能帮助三恶道众生得到超度，功德无量。除了经文外，还刻有佛教偈语、咒语，漳州古地名和坊名，朝代年号与干支纪年等。蓬莱寺经幢上刻有如此多的内容，在福建经幢中实属罕见。第二层幢身四面刻直棂窗，另外四面开窗。八角攒尖收顶，宝珠式塔刹。蓬莱寺经幢其实只有第一层幢身为原物，其他如基座、二层幢身、幢顶皆为后来重修的。为了防止被风雨侵袭，如今还建了一个八角石亭保护经幢，石柱上刻"论道谈禅悟人生哲理，念经拜佛悉存善积德"。

文化内涵：龙海蓬莱寺始建于南宋，因曾经供奉过清水祖师，而祖师的祖寺是安溪蓬莱，所以这里称作蓬莱寺。寺庙在清末民初遭到破坏，2005 年又重建蓬莱寺，如今已有天王殿、大雄宝殿、卧佛殿、藏经阁和厢房等建筑，而石经幢就坐落于寺庙后山坡上，环境清幽。

2. 韩厝石塔

位置与年代：韩厝石塔位于龙海市颜厝镇颜厝村东侧，又名塔兜，建于南宋建炎三年（1129 年）之后。根据《韩氏族谱》所载，是宋代漳州韩氏开基中祖、户部尚书韩铵所建，故又称作尚书塔。

韩厝石塔

建筑特征：韩厝石塔为宝箧印经式石塔，高 4 米。四方形基座，高 1.04 米，底边长 1.77 米，其中一面嵌有"塔兜"楷书塔铭。单层方形须弥座，底边长 1.55 米，塔足为如意形圭角，两足间刻柿蒂纹，圭角层高 0.21 米。下枋高 0.11 米，边长 1.32 米；下枭高 0.07 米，边长 1.2 米；上枋高 0.07 米，边长 1.25 米。束腰高 0.32 米，边长 1.02 米，壶门刻狮子戏球、花卉等图案，转角施三瓣式倚柱。须弥座与塔身之间部分空心，中间为圆形石柱，四周立 5 尊高约 0.35 米、浑厚古朴的侏儒力士造像以承托塔身，上下石板每面刻几何纹饰。四方形塔身每面雕一尊站立的菩萨像，表情严肃，敛容屏气。塔身上四朵山花蕉叶向外翘。塔顶中间为仰莲瓣，塔刹为宝葫芦造型。韩厝石塔的建筑构造比较特别，与闽南地区常见的宝箧印经塔不同，原本是第二层须弥座的位置变成空心结构，使整座石塔更显得通透，富有灵气，这也反映了民间工匠别出心裁的设计理念。

文化内涵：韩厝石塔坐落于村中三岔路口处，具镇邪祈福之作用，旁边有一座塔兜庙，内供奉土地公。庙里还有一块石牌匾刻"塔兜庵"三字楷书，两旁分别刻"颜厝前""仲冬之月""民国二十五年岁次丙子""本社弟子颜春德敬谢"，说明这座塔兜庙是 1936 年建的。

3. 晏海楼

位置与年代：晏海楼位于龙海市海澄镇东北向古月港的港口附近，又名八卦楼，建于明万历十年（1582 年），清康熙四十一年（1702 年）重修，乾隆三年（1738 年）扩建，民国十年（1921 年）改为水泥塔檐，漳州市文物保护单位。

晏海楼　　　　　　　　　　　　　　　　晏海楼塔心室

建筑特征：晏海楼为平面八角三层楼阁式空心砖石混合宝塔式建筑，通高22.4米，建在一个高大石砌台座之上，并建有石阶通往塔身。第一层塔身的下半部分与正门塔壁为石砌。因晏海楼位于海边，海风较大，塔外壁部分使用石材，有利于防止海风腐蚀和潮湿。第一层开拱形门，木门上写"登晏楼海阔天空，望海澄稻香网红"，门上匾额刻楷书"晏海楼"。塔檐出檐较大，檐上施平座，二、三层平座与一层塔座转角立圆形倚柱，柱头施斗拱与雀替，两根倚柱之间的枋上彩绘图案。晏海楼每一层塔心室之间设楼板分隔开来，楼梯紧靠在塔的内壁，顺着塔内壁而上，是比较典型的壁边折上式结构。晏海楼比较奇特之处是塔底层开通一条暗道，可以直通原来的县衙。如今这条全部由条石砌成的暗道还部分保留着。

文化内涵：晏海楼屹立于海澄镇东北角的九龙江口，濒临台湾海峡。这里原是古月港港口，为沿海重要边防，由于明代时期海上贸易繁华，倭寇和欧洲殖民者常来劫掠，造成龙海沿海居民深受其害。1582年，知县翟寅为了加强对海盗的监视侦察，在县城东北角上修建了一座两层楼的瞭望塔，命名为晏海楼，寄寓"波平海晏"。晏海楼与周边的镇远楼、九都堡、溪尾铳城、大泥铳城等互为犄角，彼此呼应，形成一个比较完整的防御系统。清乾隆《海澄县志》描述晏海楼"东望汪洋，西挹山乍，南瞰演武，北俯飞航，实为城隅奇观"。福建大多数沿海的塔皆有镇妖龙保平安的作用，而晏海楼却是座军事瞭敌塔，在福建所有古塔中也是独一无二的。我国其他地方也有这种瞭望塔，如河北定州开元寺料敌塔、山西应县木塔等。

晏海楼见证了明代月港的兴衰历史，许多文人墨客来此登临怀古，赋诗酬唱。晏海楼下立有一方石碑，刻有明代学者张燮一首《登晏海楼》的诗："飞盖移樽逐胜游，凉生衣带已深秋。月明倒映江如月，楼尽遥连蜃作楼。埤堄风前横短笛，烟波天外有归舟。凭栏转觉机心息，安稳平沙卧白鸥。"

四、漳浦县古塔

1. 聚佛宝塔

位置与年代：聚佛宝塔位于漳浦县湖西乡赵家堡汴派桥的南面，建于明万历年间（1573—1620），全国文物保护单位赵家堡的附属建筑。

建筑特征：聚佛宝塔为平面四角六层楼阁式实心石塔，高 5.8 米。单层四方形须弥座，塔足刻成如意形圭角，圭角高 0.28 米，底边长 1.12 米。下枋加下枭高 0.12 米，边长 0.95 米。束腰高 0.31 米，边长 0.73 米，素面无纹饰。上枭高 0.13 米，边长 0.8 米。方形塔身逐层收分，递缩严谨，每面辟欢门式券龛，龛内雕坐佛 20 尊。其中第一层塔身高 0.81 米，底边长 0.55 米；二层塔身高 0.6 米，底边

聚佛宝塔

长 0.47 米。层间以石板直接出檐，一层塔檐高 0.125 米，每边长 0.79 米。四角攒尖收顶，塔顶覆钵石上立三层相轮，刹顶置宝珠。

文化内涵：聚佛宝塔是镇邪保安康之塔。赵家堡是宋太祖之弟赵匡美的第十世孙、闽冲郡王赵若和的后代所建，如今堡内还有赵氏子孙 600 多人，建筑物均复制京都的重要建筑，如聚佛宝塔的高度约为 55.88 米高的开封铁塔的 1/10。罗哲文先生等文物专家在 1984 年 2 月曾为赵家堡题词："赵家堡是一处不可多得的古城堡遗址，其布局立意处处犹似汴京之旧。"

2. 坂上塔

位置与年代：坂上塔位于漳浦县旧镇镇霞屿村塔山上，建于明天启四年（1624 年）。

建筑特征：坂上塔为平面六角三层楼阁式实心石塔，高 9.2 米。塔身全部以不规则花岗岩石块砌成，每层收分较大，如同一个锥体。二层北面石匾刻三字行书"第

坂上塔

一峰",上下款刻"明天启甲子""元春坂上立"。塔刹为圆柱形。坂上塔虽然建造得较为粗糙,但与周边荒凉的气氛却十分协调。

文化内涵:坂上塔的东南面就是旧镇港,具有镇海保船舶平安的作用。

五、云霄县古塔

石矾塔

位置与年代:石矾塔位于云霄县城东面 20 公里东夏镇漳江入海处的礁石之上,始建于清康熙九年(1670 年),后坍塌,清嘉庆十九年(1814 年)重新建造,1981年再次重修,福建省文物保护单位。

建筑特征:石矾塔为平面八角七层楼阁式空心石塔,通高 24.81 米,塔基周长22.2 米。第一层塔身南面开一券拱式门,二层开有 3 个券拱式门,三至五层均开 4个门,六层开两门和一拱形窗户,七层北向开一门。塔身以条石采用一顺一丁的砌法建成。双层塔檐,均以条石直接出一跳,塔檐第二层转角施飞檐,檐口平直,檐角高翘。第二层塔身门额朝西置青石镌刻"斯文永昌",两侧分别镌刻"嘉庆十九年八月旦""赐进士出身……特授云霄同知薛凝度书"。宝葫芦式塔刹。塔心室以条石嵌入石壁,形成螺旋式阶梯通往塔顶层。石矾塔孤零零地屹立在岩石之上,四周奇石怪异,还建有平台与阶梯。

文化内涵:《云霄县志》对石矾塔的建造过程有记载。原来在这块礁石上有一天

石矾塔

然形成的石笋，民众认为它能保佑云霄多出人才。可惜后来由于郑成功与清军在此交战，石笋被毁。堪舆者认为云霄风水被破坏，灵气无法凝聚。于是在清康熙九年，云霄溪美人、进士陈天达在岛上建了一座小塔。清嘉庆十九年（1814年），由于振衣和尚的倡议，云霄诸生集资，再建一座高大石塔。石矾塔坐落于东山湾的前江港，古代凡是从台湾海峡进入云霄县城的船舶都以此为航标，石塔犹如中流砥柱，屹立海中，是云霄的标志性建筑。

从地理位置来看，轮船从东海入东山湾到云霄县，首先会看到耸立于塔屿之上的文峰塔，进入东山湾后，就会望见漳江口的石矾塔。古代时，许多往来云霄和台湾的船舶都走这条航线，并以这两座塔为航标，因此，石矾塔和文峰塔均与台湾有着深厚的渊源。

六、平和县古塔

1.曹岩寺四面佛塔

位置与年代：曹岩寺四面佛塔位于平和县文峰镇前埔东的曹岩寺外，始建于唐代，平和县文物保护单位。

建筑特征：四面佛塔建在一块岩石之上，为宝箧

曹岩寺四面佛塔

印经式石塔，高约 3 米。塔基为覆钵座，高 0.31 米，由 4 块石头组合而成，比较粗糙。塔基上方再安置一四方形覆钵石盖，高 0.13 米，边长 0.53 米。塔身高 0.5 米，边长 0.36 米，四面辟高 0.4 米、宽 0.25 米的佛龛，内雕结跏趺坐佛像，或双手合十，或结禅定印，均面带微笑，双目微闭，表情可爱，雕刻工艺细致。塔身上方德宇四面雕刻扁形狮首形正面像，眼睛、鼻子、嘴巴造型较大，背景是波浪纹饰，已有所残缺。山花蕉叶已无存，五层相轮式塔刹。四面佛塔原坐落于寺院的入口处，但如今四周已被农民种植的枇杷树所包围。

文化内涵：曹岩寺始建于唐宝历三年（827 年），开山始祖是广惠禅师，为平和历史最悠久的佛寺。寺庙原有三进，规模宏大，清末时遭到毁坏，目前还遗存一些石刻、圆石柱、石墩、石条和石槽等。

2. 九峰双塔

位置与年代：九峰双塔位于平和县九峰镇塔仔山山麓，由知县卢焕和教谕黎宪臣建于明万历二十四年（1596 年），1966 年曾被毁，1988 年和 1996 年分别进行重建，现为平和县文物保护单位。

建筑特征：九峰双塔分为大塔与小塔，均为平面八角七层楼阁式空心石塔。大

九峰双塔

塔每层每面辟券拱式门，除第一层开一门可进入塔心室外，其余均为假门。塔身一层底边长2.17米，塔门高1.92米，宽0.9米，假门高1.74米，宽0.85米。往上各层假门逐层缩小。层间直接以条石出檐，檐口平直，檐角翘起。塔心室为空筒式结构，以"十"字形水泥柱水平承托塔心室内壁，用以保证塔的稳固性。

小塔的基座为一个大平台。每层塔身开塔门的方式与大塔相同。第一层塔身高1.77米，立面为梯形，下底长1.46米，上底长1.24米。一层正面塔门高1.4米，宽0.6米，假门高1.23米，宽0.59米。层间以条石出檐，檐角弯曲，刻出瓦垄造型。八角攒尖收顶，串珠式塔刹。

文化内涵：双塔关锁水口，是九峰镇的标志性建筑，其所在的塔仔山正好位于九峰溪拐弯处，溪流蜿蜒向西，把镇区环抱起来，站在塔仔山上可鸟瞰九峰镇全景。

3.大尖山惜字塔

位置与年代：大尖山惜字塔位于平和县九峰镇大尖山山腰，建于清代。

建筑特征：大尖山惜字塔为平面六角三层楼阁式空心砖塔，高5.5米，正面开一拱形门。层间以单层菱角牙子出檐。瓷质宝葫芦式塔刹。其是福建省最大的焚字纸塔。

文化内涵：据说当年在九峰镇东西南北4个城门均设有箩筐，供读书人把废纸放入其中，达到一定数量后再组织专人将这些纸张放入惜字塔内焚烧。

大尖山惜字塔

七、南靖县古塔

1.正峰寺阿育王塔

位置与年代：正峰寺阿育王塔位于南靖县靖城镇部前村正峰寺内，建于南宋。

建筑特征：正峰寺阿育王塔为宝箧印经式石塔，原被丢弃在寺院附近的菜地里，只剩下束腰、塔身、德宇和塔刹等构件，2016年进行重新修缮。新修复

正峰寺阿育王塔

的阿育王塔基座为四方形。塔座为单层须弥座，刻如意形塔足。三层下枋，第一层每边刻方胜图案，其余素面无纹饰。须弥座转角施三段式竹节柱，壶门雕刻龙、象、双狮戏球等图案。四方形塔身高 0.56 米，宽 0.42 米，每面雕一尊结跏趺坐于莲花之上的佛像。四角攒尖收顶，相轮式塔刹，刹顶置宝珠。

文化内涵：正峰寺坐北朝南，原是漳州宋代九大名寺之一，由僧晦谷在南宋开禧三年（1207 年）建立。阿育王塔是当年寺庙的附属建筑。

2. 文昌塔

位置与年代：文昌塔又名东塔，位于南靖县靖城镇湖林村九龙江堤岸旁边，建于明万历四十七年（1619 年），清乾隆八年（1743 年）曾重新修缮，南靖县文物保护单位。

文昌塔

建筑特征：文昌塔为平面八角七层楼阁式空心砖石塔，通高 27 米，占地面积 29.38 平方米。第一层塔身以花岗岩条石砌成，转角施倚柱，柱间施额枋，柱斗安置方形栌斗，上方施四铺作石斗拱，补间施一石拱，层间以条石出檐，檐口平直，檐角微微翘起，刻瓦垄、滴水等构件。二至七层塔身以青砖砌成，层间以双层菱角牙子加三层平砖叠涩出檐，檐口略有弯曲，其中二层南面塔檐已损坏。一、二层塔身均在西北向开拱门。三层以上逐层开一塔窗，上下位置相互错开。塔心室原有的木楼梯已全部倒塌，成为空筒式结构。八角攒尖收顶，八条垂脊前方有龙首造型，宝葫芦式塔刹。塔的七层和塔顶在民国七年（1918 年）正月初三时被地震毁坏，直到 1986 年由政府修复。文昌塔的外抛物线优美流畅，整体造型接近于中原地区的密檐式塔。一层塔心室塔壁正面立一高 1.5 米、宽 0.7 米的石碑，是由贵州副使杨联芳于明朝万历二十九年（1601年）所撰写："状哉，靖之文昌塔乎！隅值巽方，柱砥水口，经始于万历之己未，锡珪于天启之丙寅年。孰肇厥初？曰黄候；孰营厥中？曰杨候；孰奏厥成？曰姚候、缵候两候。检括据捐俸，鼓众鸠工，命芳司出入代董之。阅三载余而塔竣，靖士民相和，歌曰：惟塔之巅，若龙奋鳞，蜿蜒飞天；惟塔之基，若石奠盘，重厚配地；惟塔之成，若神呵护。候精通灵，三才备矣。金汤屹如，甲第蔚起；斯文在兹，候功万祀，如之何勿思。邑人治生杨联芳于丙寅午日瑾识。"碑文记载了造塔时间。二层塔门内有一块立于清道光十六年（1836年），高1.68米、宽0.78米、由知县张嘉特氏五峰德成撰写的"文昌塔记"石碑。塔身外壁嵌清乾隆年间（1736—1796）的建塔石碑。塔旁边还有一块立于清同治四年（1865年），高1.5米、宽0.7米的"德政碑记"。近年在塔附近又发现3块石碑，记载了塔的建造时间、捐款人和如何保护文昌塔等。文昌塔外墙长有多株植物，如不清理，会对塔造成一定的损害。

文化内涵：传说明万历四十七年（1619年）时，九龙江暴发洪水，淹没了沿岸大片村落与田野。于是人们便在江边建造文昌塔以镇水妖，根治水患。据说塔建成后，这里再也没有灾祸了。文昌塔对岸原有一座石壁庙和龙江阁，与文昌塔同是南靖旧县城关锁水口的建筑。

3. 水美塔

位置与年代：水美塔位于南靖县金山镇水美村，又名金山砖塔，建于明代，南靖县文物保护单位。

建筑特征：水美塔为八角七层楼阁式实心砖石塔，占地15平方米，高8.8米。基座较为低矮，高约0.13米，每边长约0.93米。第一、二层塔身为石砌，三至七层为砖砌。第一层塔身立面为正方形，高与宽均为0.88米；二层塔身高0.8米，宽0.78米；三层塔身高约0.85米，比二层塔身更高，而且五、六、七层塔身明显也比一、二两层高。总体来说，水美塔塔身比例不协调。一层塔檐高0.18米，每边长约0.95米；二层塔檐高约0.2米，每边长约0.88米。

水美塔

第四层塔身辟一拱形券龛，券顶以红砖砌成。塔刹为宝葫芦。从水美塔不协调的塔身比例可以看出，当年建造此塔时并没有认真设计与施工，整座塔做工较为粗糙。

文化内涵：水美塔附近有一座镇安庙，建于明代，大门对联："镇四方威武招平安，安黎民康乐皆昌盛。"庙内还有一副石刻对联："宝塔挂慈帆水美有流通南海；金山舒慧眼镇安是处即西天。"由此看出，水美塔是一座水尾塔，保佑水美村村民生活幸福美满。

八、长泰县古塔

1. 山重石塔

位置与年代：山重石塔又名水尾塔、文昌塔，位于长泰县山重村塔仔溪边，建于南宋末期，为昭灵宫附属建筑，历代局部有修复。

山重水尾塔

建筑特征：山重石塔为平面圆形七层台堡式实心石塔，高8.45米，占地面积155平方米，外形犹如一个大草垛。塔身逐层收分，第一层直径14米，第七层直径1.5米。塔顶立一根高1.2米的八角形石柱，其中四面分别刻"南无弥勒佛""南无观音佛""南无释迦佛"，还有一处佛号已经难以辨认了。宝葫芦式塔刹。整座塔外部以不规则鹅卵石垒砌而成，内部由碎石和红土夯成。一至五层为同一年代鹅卵石，六层的鹅卵石与塔顶年代较迟，应是后来重修时新建的。山重石塔除塔顶外，没有任何装饰，朴实无华。石塔颜色黝黑，体现出强烈的体积感与力量感，充满浑然天成的原始美。

文化内涵：这座石塔建在溪流旁边，当地流传主要有3种建塔目的。①保护当地人平安幸福。山重村历史上有过一些灾情，导致人口大量减少，于是建塔以保安康。②按照我国民间风水学的观点，为了防止财气外流，都会在溪流的出水口处建塔以保财气，所以山重石塔又称水尾塔。③传说塔仔溪曾暴发多次山洪，对山重村造成危害，于是在溪边建塔以镇水妖。如今的山重村正在开发乡村旅游，而石塔成为一处重要景点，四周新建铁栏杆加以保护。

真应岩石塔

2. 真应岩石塔

位置与年代：真应岩石塔位于长泰县岩前村真应

寺前的山脚下，建于明代，长泰县文物保护单位。

建筑特征：真应岩石塔为宝箧印经式石塔，高2.85米。三层四方形基座建于岩石之上，底边长1.48米。如意形圭角高约0.26米，边长1.06米。双层四方形须弥座。第一层须弥座下枭高0.13米，边长0.86米，上枋边长0.86，束腰转角施三段式竹节柱，高0.36米，壶门宽0.52米，每面雕刻双狮戏球、花卉等图案。须弥座部分石构件丢失，已成空心，据说原来还雕有麒麟、龙凤等瑞兽。二层须弥座束腰高0.26米，边长0.63米，转角施方形石柱，上枋边长0.66米。四方形塔身高0.52米，边长0.44米，每面辟高0.44米的浅佛龛，内雕结跏趺坐佛像。四角攒尖收顶，刹座覆钵式，三层相轮式塔刹。为了防盗，石塔四周被树枝团团围住，前面有一个水池。

文化内涵：真应岩寺如今还保留有"真应岩记"石碑，为明弘治十三年（1500年）立，记载了寺庙的历史。寺庙北侧岩石上还有5尊人物浮雕，其中3尊为官员，另两尊为侍者。

九、诏安县古塔

1. 金环宝塔

位置与年代：金环宝塔位于诏安县霞葛镇坑河村楼下自然村，建于清乾隆三十三年（1768年），诏安县文物保护单位。

建筑特征：金环宝塔为平面八角三层楼阁式空心石塔，高14米，底层直径8米，每边长3.4米。第一层塔身东面开一券拱形门，高2.05米，宽1.32米，门框厚0.23米。石门上方牌匾刻"金环宝塔"四字，笔走龙蛇，遒劲有力，为当时名人江浩然所书。牌匾下方承托有两条伸出的石板，正面刻"卍"字图案。二层塔身北面辟有一拱形窗，三层东面辟有一方形窗。

金环宝塔

层间以条石直接出檐。整座塔由不规则花岗岩条石砌成，塔身粗壮厚实，无塔盖。塔心室为空筒式结构，犹如一个巨大的天井，站在直径约5.7米的一层塔心室向上望，可以看见天空。塔心室内还立有两块石碑，为高1.45米的"罗星宛现"和高1.5米的"戚属乐助缘碑"，但文字已模糊不清。塔室内壁层间有许多出跳的条石，推测是原来铺设楼板时留下的。塔上长有数棵大榕树，形成"树包塔"状，整座塔内外石壁长满榕树板根，纵横交错的树根沿塔壁向下延伸至地上，犹如一幅抽象画。石塔西面有一座塔仔庵，据说是与塔同时期建造。

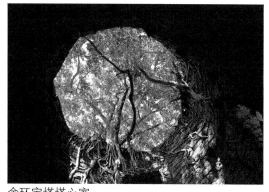

金环宝塔塔心室

文化内涵：村民介绍说，金环宝塔原有五层，四五两层供奉有观世音菩萨，后自然倒塌，只剩三层。又据有关古籍记载，金环宝塔原来是一座"罗星宫"，清乾隆三十三年时改为三层石塔，成为镇妖辟邪之塔。清代有学者为宝塔作有两副对联："固若金城环涧水，高陟石室借云梯"；"构局三层宛观罗星临碧涧，凌空一柱仡看文物映琼楼"。根据对联中所说和留下的"罗星宛现"石碑，金环宝塔原先确实是罗星宫。

2. 金马台塔

位置与年代：金马台塔位于诏安县秀篆镇河美村，又称金马台、河口塔，建于清乾隆四十八年（1783年），诏安县文物保护单位。

建筑特征：金马台塔为平面四角五层楼阁式空心石塔，坐南向北，占地面积36平方米，高16米，底边长5.8米。第一层塔身北面辟拱券式门通向塔心室，塔门高2.17米，宽1.06米，进深0.81米，门上方石牌匾刻"金马台"，落款"乾隆癸卯秋"。二层开圆形窗；三层开环拱形窗，高0.83米，宽0.5米；四层设长方形窗，高0.64米，宽0.36米；五层为三角形窗，

金马台塔

所有门窗都朝向北面。一二层层间为双层混肚形叠涩出檐，三四层层间为单层混肚形出檐，五层为单层菱角牙子出檐，檐头平直，檐角翘起，铺有瓦片。四角攒尖顶，宝葫芦式塔刹。塔心室为壁边折上式结构，石梯紧靠塔壁，室内空间较大。金马台塔外观有五层，但塔心室只有四层，二至四层均有楼板，五层是假层，顶部设木构梁架。第一层塔心室供奉北极玄天上帝，即真武大帝，为道教神仙中著名的玉京尊神，传说是盘古之子，生有炎黄二帝，又说是太上老君的化身，可斩妖除魔；二层

供奉五谷尊王老爷，是农家所供奉的社稷土神，为五谷之主，又名药王师，是医药界的祖师；三层供奉关帝神君老爷，即关羽，后成为佛教的护法神；四层供奉文昌帝君老爷，是道教和民间所供奉的掌管功名与禄位的神仙。因此，金马台塔主要是一座道教之塔，寄托民众除魔降妖、五谷丰登、身体健康和科举高中的祈望。

文化内涵：金马台塔坐落于蜿蜒曲折的清溪畔，基座直接建在溪边岩石之上，高约4米，异常坚固，而且一面靠山，其余三面有意做成弧形，能抵抗洪水的冲击。塔的旁边建有一座石桥，四周青山绿水，风光秀丽。据说在此建塔可保护龙脉，镇风水，避免"四水流散"。秀篆镇地处诏安深山，古时人民贫穷，于是许多村民到台湾谋生，如今云林、宜兰、彰化和桃园等地区均有其后人。而秀篆籍台胞回乡时，都会来到金马台塔寻古探幽。

3. 祥麟塔

位置与年代：祥麟塔位于诏安县梅岭镇腊洲村腊屿山顶，由沈丹青等邑绅倡建于清嘉庆三年（1798年），次年建成。诏安县文物保护单位。

祥麟塔

建筑特征：祥麟塔为平面八角七层楼阁式空心石塔，高24.5米。单层须弥座，高0.9米，边长3.68米，圭角高0.37米，如意形塔足，每边刻柿蒂纹；束腰高0.36米，边长3.56米；上枋高0.15米，边长3.68米。第一层塔身边长3米，二层以上逐层收分圆和，类似锥体，造型较为硕大。塔身每层均开拱券式门，上下层位置相互错开。第一层塔门高1.93米，宽1.08米，塔门上方匾额正中刻"祥麟塔"三字，上下款刻"嘉庆三年三月谷旦，知诏安县事鞠清美、教谕包梦魁、训导柯辂"。二至五层塔门上方匾额均有文字，东西南北塔门分别刻"朝阳""挹晖""迎薰""拱辰"，均是沈丹青所书。第四层塔门两旁镌有石刻对联"气势凌霄汉，文章大海潮"。塔心室为圆形壁边折上式结构，以条石插入内壁而形成阶梯，一面是塔壁，另一面以铁栏杆护住，层层而上，可攀登至七层。

祥麟塔塔心室

文化内涵：腊屿海拔92米，俗称麒麟山，原本是海上的岛屿，后来由于河海冲积和筑堤围垦，逐渐成为陆地，形成腊洲半岛。"腊屿祥麟"为诏安二十四景之一。谢声鹤有诗曰："目断祥麟石塔边，渔庄蟹舍七洲连。江洲遥在蓼花岸，不识沜洲有紫烟。"腊洲半岛位于诏安东南向，三面环海，其左边是宫口港，右边是诏安港，南面是南海。进入宫口港到诏安县的轮船都能远远地望见高耸的祥麟塔，因此这座塔是座航标塔，另外还具有镇海的作用。

十、华安县古塔

龙径庵双塔

龙径庵双塔

位置与年代：龙径庵双塔位于华安县丰山镇龙径村，建于清代。

建筑特征：龙径庵双塔为五轮式青花石花岗岩塔，两塔相距 23.8 米，高 4.4 米。四方形基座素面无雕刻。单层须弥座，塔足为如意形圭角，束腰转角施竹节柱，壶门浮雕双狮戏球等。塔身两层，一层为瓜楞形，以凹线分成 6 瓣；二层为椭圆形，三面辟佛龛，内雕刻禅定佛像。六角飞檐攒尖顶，檐角高翘，雕刻瓦垄、瓦片等构件。刹座为覆钵石，上立七层相轮式塔刹。可惜这两座石塔因工地施工被拆除，只留下一些构件，希望文物部门能尽快重建。

文化内涵：龙径庵双塔坐落于九龙江边，具有镇水妖保平安的作用。

十一、东山县古塔

文峰塔

位置与年代：文峰塔位于东山县铜陵东门塔屿上，又名东屿文峰、塔屿石塔，建于明嘉靖五年（1526 年），东山县文物保护单位。

建筑特征：文峰塔为平面八角五层楼阁式实心花岗岩塔，高 14 米。塔基 3 层，第一层高 0.3 米，底边长 3.7 米；二层高 0.9—1 米，底边长 3 米；三层高约 2.6 米，底边长 2.47 米，一面开有拱形门，现已用条石封堵，上方塔铭刻"东屿文峰"。第二层塔身转角立两根倚柱承托塔檐，其中塔身四面雕结跏趺坐于莲盆上的佛像，或双手合十，或结禅定印，另外四面素面无雕刻。层间以条石直接出檐。八角攒尖顶，塔刹为宝葫芦式。

文峰塔

文化内涵：文峰塔具镇海保平安、兴文运和导航的功能。东门塔屿位于东山岛东北部，东北面是漳浦县的古雷半岛，从东海进入东山湾的船舶都需经过塔屿与古雷半岛之间的航道。这个航道上除了塔屿之外，还有树尾屿、有水岩屿、虎屿岛、大坪屿和铁钉屿等众多小岛，海域复杂。明代福建参政巡海道蔡潮来到东山视察时，发现塔屿附近的海面海浪较大，岛屿较多，不利于过往船只，于是就在山上建塔，为船舶导航。

第十三章　南平市古塔纵览

南平市地处福建省北部山区，闽江的上游，武夷山脉北段东南向，位于闽、浙、赣三省交界处，俗称"闽北"，号称"闽邦邹鲁"和"道南理窟"，地形以山地、丘陵为主，山河壮丽，具有典型的"八山一水一分田"的地理特征，旅游资源丰富。南平辖延平区、邵武市、武夷山市、建瓯市、建阳市、顺昌县、浦城县、光泽县、松溪县和政和县。

南平历史悠久，是福建开发最早的地区之一。东汉时期，南平、建瓯和浦城就已经建县。隋唐、五代时期，这里两次成为福建政治、经济与文化中心。两宋时期，南平的经济与文化发展繁荣。朱熹曾说："天下大乱，此地无忧。天下大旱，此地半收。"明清时期，南平发展慢于沿海地区。

佛教在两晋时期随着移民潮传入南平。南北朝时，南平佛教发展缓慢，寺庙较少。南平佛教在唐代开始兴盛起来，建有许多佛寺，出现佛教各种宗派，尤其以禅宗最盛。五代时，因王审知的崇佛，佛教得到大力发展。两宋时期，南平新建大量寺庙，南宋后期，南平佛教开始有所衰退。元代时期，一些寺庙建筑遭到毁坏。明代初期，佛教又恢复发展，但明代中后期到清代和民国时期，南平佛教难以再现原有的兴旺程度。

南平目前最早的古塔是始建于南宋咸淳年间（1265—1274）的松溪奎光塔。宋塔只保留两座，这与南平宋代发达的经济文化颇不相称。明清时期建造了许多风水塔，如明代的南平双塔、灵杰塔、万寿塔等和清代的龙山塔、书坊白塔等。南平有 8

座楼阁式砖塔，说明明清时期南平造砖技术较为发达。

南平目前共有古塔 28 座，其中，楼阁式塔 20 座，经幢式塔 3 座，亭阁式塔 5 座。其中，延平区 4 座，建阳市 4 座，邵武市 5 座，武夷山市 1 座，顺昌县 8 座，浦城县 1 座，松溪县 3 座，政和县 2 座。按照年代划分，宋代 2 座，元代 1 座，明代 12 座，清代 13 座。

一、延平区古塔

1. 南平东西塔

位置与年代：南平东西塔又称剑津双塔，始建于明万历三十三年到三十五年（1605—1607），由福建督学沈太守倡建，延平府属七县的官绅商民共同捐资。南平双塔是福建省最为高大的楼阁式实心石塔，现为南平市文物保护单位。

南平西塔

建筑特征：西塔位于城区东南向的九龙岩山巅，平面八角七层楼阁式实心石塔，通高 21.21 米，造型高大厚重。八角形单层须弥座，高 1.8 米，圭角高 0.38 米，每边长 2.35 米。下枋为一层条石砌成的八边形基座，高 0.33 米，每边长 2.31 米。束腰高 0.47 米，转角施竹节柱，石柱向外凸出，两柱之间相距 1.85 米。上方设一层条石层，高 0.3 米，边长约 2.31 米。上枭高 0.32 米，边长 2.38 米，上枋高 0.36 米，边长 2.38 米。第一层塔身下砌一层向外倾斜的条石层。塔身全部由石板相互交错垒砌而成，结构严谨，层次丰富。层间以单层混肚石出檐，檐口水平，檐角翘起。八角攒尖收顶，铁质宝葫芦式塔刹。

东塔位于城区东北向的鲤鱼山的山坡，平面八角七层楼阁式实心石塔，通高 27.27 米，与西塔造型基本相似，但更加

南平西塔须弥座

高大。单层八角形须弥座，高 2.67 米，圭角高 0.47 米，每边长 3.58 米。下枋高 0.46 米，边长 3.48 米。束腰高 0.54 米，转角施竹节柱，两石柱之间相距 3.2 米。上方设一层条石层，高 0.39 米。上枭高 0.36 米，上枋高 0.45 米。与西塔一样，整座塔均由粗大的条石砌成。层间以单层斜向石出檐，檐口平行，檐角翘起。八角攒尖收顶，宝珠式塔刹。

南平东塔

雕刻艺术：西塔雕刻颇为丰富。须弥座圭角层每面雕刻曲线纹饰，线条苍劲有力。束腰每一面刻卷草花卉图案，均是中间为花朵，两旁波浪形枝叶。塔身浮雕技术比较特别，没有直接在塔壁上进行雕刻，而是事先刻在一块扁平的石板上，而后嵌在塔壁上的石槽之上，通过上钩下托使得浮雕立于垂直的石壁上。第一层塔身雕刻有神将、金刚、麒麟、麋鹿、香象过河、双龙戏珠等。第二层塔身雕刻有文官、飞龙等。三层雕刻麋鹿、莲花等。四至六层雕刻有西王母、天神、花卉等。第六层安置一块匾额，刻"民财永阜、文运遐昌"八字。西王母形象的出现，说明此塔具有道教思想。传说西王母是半人半兽形象，由混沌道气中西华至妙之气凝结而成，被尊称为王母娘娘。在道教中，是所有仙女及天地间一切阴气的首领。明清时期，西王母在民间善男信女中的地位极高。

南平西塔双龙戏珠

东塔雕刻同样很精彩。须弥座圭角层雕刻与西塔相同，转角的倚柱比西塔更加粗大，有的甚至采用三根石柱并排。束腰每面以刻有花卉图案的石柱分隔成两部分，雕刻有花卉、鱼、鸟、马、兔、麋鹿等。一层塔身雕刻有鲤鱼跳龙门、天神、仙人、仙鹤、猴、花卉等图案。其余各层雕刻有龙、东王公、花卉等。第六层的匾额刻"民财永阜、文运遐昌"八字。东王公又名东华帝君，被尊称为"东华紫府少阳帝君"，是我国民间信仰的道教神仙，与西王母同为道教里的尊神，被道教奉为男仙领袖。

文化内涵：东西塔坐落于闽江两岸的山林中，夹宽阔的闽江对峙。由于建溪和西溪在南平市区的东向交汇成闽江并向东流，为了阻止滔滔的江水把南平的运势冲走，就在江的两岸分别建宝塔，以锁住水口，使得南平人民能够安居乐业。关于东西塔的建造，还有一个传说。据传南平原是个风景秀丽之地，但却有一妖怪经常出来作乱，民众认为妖怪害怕光线，而建溪与西溪在南平市区交汇，构成"人"字形，于是建造两座石塔在"人"字上方两旁，形成一个"火"字，这样就能镇住妖魔。

南平东西塔建成后，许多文人墨客前来游玩，并赋诗文赞咏，其中明代宰相福清人叶向高撰写的《双塔记》最为出名："浮屠一在九龙山者，高七丈，计金八百有奇。一在剑化阁者，高九丈，计金一千八百有奇。前各建亭阁一，计金百有奇。经始于万历三十三年三月二十九日，竣工于三十五年六月，合而名之曰：新建双塔。璀璨崔峨，矗立云表，吁嗟壮哉，郡之镇矣。山不筑而崇，水不引而回，灵气翕聚而郁勃，不蔚为人文者，未之尝有。是岁第南宫者二人，诸生回然，咸以地轴旋，而天符应，不诬也。"剑津双塔已成为南平市标志性的建筑。

2. 万寿塔

位置与年代：万寿塔位于延平区樟湖镇闽江边的白鸽岛上，建于明代。

建筑特征：万寿塔为平面八角七层楼阁式空心石塔，通高16.3米。单层须弥座，周长16米，设石构踏跺。下枭覆莲瓣，束腰雕刻双狮戏球等图案，上枭双层仰莲瓣。第一层塔门两旁各有一尊金刚造像。塔身每层开一拱形门，位置相互错开，其余各面辟方形佛龛，内有一尊结跏趺坐佛像，部分佛像已经丢失。塔身转角施圆形倚柱，柱头安置栌斗。层间以单层混肚石叠涩出檐，檐口平直，檐角略有翘起。檐上设平座，栏杆均已

万寿塔

不存。八角攒尖收顶，以条石层层垒砌，塔刹已毁。塔心室为壁边折上式结构，以长条石板一头嵌入塔内壁中，另一头形成悬空石梯，盘旋而上。塔外壁打磨得比较平整，但内壁石板较为粗糙。一层地宫被盗，只留下一个空洞。据记载，万寿塔附近原有一座万寿寺，但早已经不存，估计塔地宫里必定有舍利等佛教文物，如今被盗，实在可惜。

文化内涵：传说早年樟湖镇因闽江河道不通畅，经常出现水灾，人们生活艰难，于是纷纷逃离此地。后来有一名行脚僧人经过这里，发现樟湖地形如"木排"漂浮

在闽江之上，而且地势南高北低，南端被高山拴住，北面沿江飘忽不定，因此民众无法安居。于是僧人建议在镇区东北面山上建佛寺和塔，就可稳住"木排"，使当地繁荣，人们便集资建万寿寺和万寿塔。数年后，樟湖镇店铺林立，开始兴旺起来，而且这里成为南平、尤溪、古田和闽清四地区的中心要道，往来贸易发达，人民逐渐富裕，过上幸福生活。万寿塔原来建在山上，但由于修建水口水库，使得水面上升，石塔就变成濒临闽江之畔。如今万寿塔地处偏僻的荒岛上，乘船方可到达。万寿塔塔身灰白色透着土黄色，塔壁破坏比较严重，许多石板已经松动或脱落，急需修复。

3. 文明塔

位置与年代：文明塔位于延平区茫荡镇大洋村东面 300 米处的山上，建于清同治年间（1862—1874）。

建筑特征：文明塔为平面六角四层楼阁式空心石塔，高 2.7 米。六边形基座以粗糙条石垒成。塔身直接立于基座之上，以大块石板叠砌而成。每层收分较大，二层塔身正面开一门洞。层间以层石出短檐，檐角翘起。六角攒尖收顶，宝葫芦式塔刹。第一层塔身正面石碑阴刻："此塔因何而造也，缘清朝同治间恩科进士、

延平文明塔

特授邵武县学训导陈锡龄等立有文昌字纸会，名曰芳社，专收字焚纸灰装放大河，因运送不便，故立此塔，敬贮字灰以垂永久。"落款："民国壬戌十一年立。"左侧刻"芳社经理督造董事陈际商"，右侧刻"古田十七都打石匠林正科"。第三层塔身正面刻"文明塔"三字。

文化内涵：文明塔为惜字塔，据文献记载，清同治年间曾任邵武县学训导的大洋人恩科进士陈锡龄返乡兴建文昌阁时，聘请古田著名工匠林正科建造文明塔，教化乡人尊师重教，并成立文昌字纸会。每年七月十五日，举行仪式，把各家废字纸放入文明塔内一起焚烧，后又将纸灰送到建溪旁，倒入溪里，使其最终流向大海。

二、建阳市古塔

1. 普照塔

位置与年代：普照塔位于建阳市水吉镇郑墩村乌火山，由叶氏宗孙集资建于明天顺元年（1457年），1991年曾进行修缮，建阳区文物保护单位。

建筑特征：普照塔为平面六角七层楼阁式空心砖塔，高16.24米。六边形基座高0.44米，边长3米。塔身逐层收分，第一层塔身较高，高2.98米，底边长2.6米，从第二层开始收分逐渐增大，具有密檐式塔的特点。塔身每层辟两个券拱式佛龛，上下层位置相互错开，内写"南无阿弥陀佛"。其中第一层佛龛高1.29米，宽0.82米，进深0.43米，转角倚柱宽0.17米。

普照塔

层间仿木构六角飞檐，檐口呈弧形，角脊高翘。檐下方施一排椽条以承托塔檐，檐面铺设瓦垄、瓦片、瓦当和滴水等构件。塔檐下方绘有莲花，瓦当和滴水刻有花卉图案。六角攒尖顶，塔顶为一口大铁钟，钟上刻有覆莲瓣、铭文等，钟顶覆以八角攒尖石质塔刹，刹顶为宝珠造型。塔身通体白色，塔檐橘黄色，塔刹的铁钟深褐色。普照塔的建造聘请了福州三山玉田著名建筑师陈永发与陈景星。塔身白灰已开始剥落，部分塔体露出青砖。

文化内涵：普照塔是礼佛祈福之塔，其最奇特的地方是把一口铁钟端放塔顶之上，这在福建古塔中是独一无二的奇思妙想。钟在佛教中具有重要地位，是不可或缺的神圣法器，一般用于祈祷、感化、超度等事宜，佛寺里早晚都会敲钟，据说每敲一次钟，就能去除一种世俗烦恼。普照塔顶的铁钟虽然无法人为进行敲打，但在日常的风吹雨打中，也能发出深沉、绵长的钟声，使附近的民众都能听到，进而消除烦扰，增长智慧，这应该是建造者的初衷。其实福建还有一座塔的塔顶为钟形，就是仙游东山塔，但却是石钟，无法发出声响。普照塔下方的普照寺始建于明万历九年（1581年），由徐氏主静公派下子孙共同建造，占地面积1400平方米，保留有清道光七年（1827年）造的一座香炉。

2. 联升塔

联升塔

位置与年代：联升塔位于建阳市水吉镇郑墩村乌火山，距离普照塔仅数十米，建于明万历年间（1573—1620），1991年修缮，建阳区文物保护单位。

建筑特征：联升塔为平面六角三层楼阁式空心砖塔，高12.57米。六边形塔基高0.3米，边长3.5米，素面无装饰。第一层塔身高2.46米，底边长2.58米，正面开一券拱形门，高1.47米，宽0.84米，厚度1.22米。二、三层塔身每面当心间辟一券拱形佛龛或塔窗。塔檐动态极为优美，层间仿木构六角飞檐，檐口弧形较大，角脊高翘，檐下方施一排椽条，檐面铺设瓦垄、瓦片、瓦当和滴水等。仿木构六角攒尖顶，塔刹为宝葫芦式。塔心室为壁边折上式结构，以铁梯盘旋而上，一层塔心室内辟有佛龛。塔身全部为白色，塔檐橘黄色，塔刹深褐色。

文化内涵：联升塔有一个奇怪的现象，塔身逐层增高，第一层最矮，而第三层最高。为何当初会建这种违背造塔基本原则的塔呢？当笔者了解了联升塔造塔的本意后，恍然大悟。原来联升塔是徐氏族人为纪念本家族子弟科甲联登而建造的，三层蕴含三级联升之寓意，而一层比一层建得更高寓意一级升得比一级更高，也希望后世学人能超过前人。

普照塔与联升塔合称水吉双塔，乌火山又称双塔山，山上绿树郁郁葱葱，山脚下是清澈的南浦溪。联升塔就在普照塔的下方，一座山同时建两座样式不同的高塔，这在福建古塔中极为少见。

3. 多宝塔

位置与年代：多宝塔位于建阳市城关水南村南鲤鱼山山巅，建于明万历三十年（1602年），建阳市文物保护单位。

建筑特征：多宝塔为平面八角七层楼阁式空心砖塔，高26.8米。单层八边形石砌须弥座高1.25米，下枋高0.43米，每边长4.78米；束腰高0.65米，转角雕狮头柱，壶门宽4.19米；上枭与上枋高0.17米。须弥座设七级踏跺通往塔门，石阶两旁各有一幅狮子戏球浮雕。塔身全部由青砖砌成，每层均开一拱门，分别命名为"朝霭门""观澜门""夕佳门""望驷门"等，其余塔壁辟拱形券龛，龛内原有造像，但

多宝塔狮子戏球

多宝塔

几乎都已不存。这些塔门的命名具有一定的含义。"朝霭"指早晨的雾气;"观澜"源于《孟子·尽心上》中的"观水有术,必观其澜",表示尽心知命,追本溯源,了解根本的意思,体现君子志道的观念;"夕佳"出自陶渊明《饮酒》诗中"山气日夕佳,飞鸟相与还",表示观赏夕阳西下,暮霭四合佳景的好地方;"驷"指同驾一辆车的四匹马,或套着四匹马的车,代表显贵的意思。第一层底边长4.1米,拱门上方匾额刻楷书"多宝塔"三字。第三层拱门和券龛上刻有砖雕卦符,两旁各有一幅花卉砖雕。每层单层菱角牙子叠涩出檐,菱角之上还出跳一排木椽承托塔檐,檐口水平,檐角微微翘起,石质角脊前段雕成鸱吻状,两侧隐约刻有图案。八角攒尖收顶,多重宝珠式塔刹。塔心室为空筒式结构。

文化内涵:道光版《建阳县志》记载,多宝塔是"以补地舆所不足也"。据民间传说,建阳县城在古代经常遭到洪水的侵害,人们受害颇深。有位道士通过施法,看到崇阳溪里有一只鲤鱼在作怪,于是建议当地官民在城南的崇阳溪旁鲤鱼山造一座塔以镇之。由于多宝塔是由道士倡议修建的,因此在塔身第三层上出现八卦图案。

4. 书坊白塔

位置与年代:书坊白塔又称崇化白塔,位于建阳市书坊乡书坊村东覆船山上,建于清乾隆九年(1744年)。

建筑特征:书坊白塔为平面六角五层楼阁式空

书坊白塔

心砖塔，高 15 米。六边形石砌基座高 0.45 米，边长 3.68 米。塔身层层收分，第一层塔身高 2.21 米，底边长 2.62 米。每层塔身辟有券拱式门和券龛，上下层位置相互交错，其中第一层塔身正门高 1.5 米，宽 0.67 米，厚度 0.98 米，门上方有一高 0.3 米、宽 0.95 米的牌匾，但字迹漫灭。层间以一层菱角牙子加侧

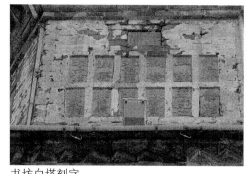

书坊白塔刻字

砖再加平砖叠涩出檐，出跳较短，檐口水平。三层塔身一面镶嵌两排共 12 块竖立式青砖，另一面由 4 块青砖拼成长方形碑，砖上雕刻捐献者名字或纪年："首缘""王达""余占黄""刘堂""朱色正""刘坚""王纯仁""陈一爱""余彪""郑日惶""皇清乾隆九年甲子六月"，字体犹如雕版印刷。六角攒尖顶，刹座为六角形覆钵，塔刹已毁。塔心室为壁边折上式结构，中间空筒式，原有木梯已被烧毁，目前以铁梯紧靠塔壁盘旋而上，室内辟有圭形券龛，光线明亮。塔身白色中透着米黄色，字体暗红色。

文化内涵：覆船山山脚下是书莒溪，山的外形如一艘覆船，民间认为是处妖穴，过往船舶在此易发生事故，于是就在山上修建一座宝塔，镇住妖孽，用以保护船只的安全。近年来，政府对塔进行重修，并安装"LED"夜景装置，每当夜幕降临时，书坊白塔光艳璀璨，更显雄姿。

三、邵武市古塔

1. 灵杰塔

位置与年代：灵杰塔又名石岐灵塔、泽塘宝塔，位于邵武市东北 3.5 公里的北岐山羊角峰，建于明万历三十八年到四十四年（1610—1616），《灵杰塔记》云："灵杰塔何以名？取地灵人杰之意也。"1987 年政府曾经重修灵杰塔，现为南平市文物保护单位。

建筑特征：灵杰塔为平面六角七层楼阁式空心砖塔，通高 21.4 米。六边形塔基由花岗岩条石砌成，高 0.93 米，每边长 3.45 米，设如意踏跺通往正门。塔身

灵杰塔

逐层收分，一至七层各开一券拱式塔门，其余塔壁当间辟券龛，门的位置相互交错，券龛内原有花卉、鸟、人物等砖雕，但基本已丢失，目前只有二、三、四等层的部分券龛内还保留几尊金刚、高僧等造像。第一层塔身底层采用条石砌成，底边宽 2.93 米，塔门上方匾额刻"灵杰塔"三字，券龛高 1.25 米，宽 0.66 米。第三层塔壁券龛上方刻 3 幅砖雕，中间为八卦，两旁花卉图案。四至七层券龛上方均为 3 幅花卉纹饰。层间以单层菱角牙子加单层混肚砖叠涩出檐，菱角牙子上方再施一层平砖、一排木条椽与一层木枋承托塔檐。塔檐采用麻石板，檐口平直，檐角微有起翘，原挂有铜风铃，石构角脊前段翘起。六角攒尖收顶，宝葫芦式塔刹。塔心室为壁边折上式结构，条石嵌入塔内壁，螺旋而上，每层之间为木楼板，楼板和桁条采用苦楝木。苦楝木主要生长在多雨水的地区，烘干后柔韧性较好，不易变形或开裂，所以塔心室采用这种木材有利于塔的坚固性。塔心室内还辟有佛龛。

文化内涵：灵杰塔南临富屯溪、鹰厦铁路与阳杉公路，南面为富屯溪大桥，为"续昭阳八景"之一。面临悬崖，地势险峻。明诗人米嘉穗诗云："灵杰雄标古郡东，峨峨仙掌插芙蓉。每怀捧日高何许？迫欲擎天近几重。绝顶下临千嶂小，琳宫时倩五云封。波光摇曳浮图影，笑指闽川有卧龙。"当年选择在这里建塔也是有原因的。①正好位于邵武市区东南向的出水口，符合风水塔关锁水口的作用。②在塔上就能眺望到邵武城区。富屯溪流过灵杰塔所在的山脚下后，就向左拐，如果建在拐弯处，视线就会被山峰遮挡。③过往富屯溪的船舶在江面上就能看见耸立的灵杰塔，并以之为航标。

2. 聚奎塔

位置与年代：聚奎塔又名奎光塔、聚光塔，位于邵武市和平镇和西村东南面 1.5 公里和田溪水口的山顶，建于明万历四十四年（1616 年）至崇祯初年，福建省文物保护单位。

建筑特征：聚奎塔为平面六角五层楼阁式空心砖石混合塔，通高 20 米。六边形单层须弥座以辉绿石砌成，高 0.8 米，每边宽 4.5 米，占地面积 122.7 平方米，束腰高 0.33 米，每边长 4.37 米，设三级台阶通向正门。塔身收分较小，高度逐层递减，第一层高 4.5 米，第二层高 4.2 米，第三层高 4 米，第四层

聚奎塔

高 3.70 米，第五层高 3.50 米。每一层开一拱形门，位置层层相互交错。第一层塔身底边宽 3.75 米，底下砌一层高 0.32 米的条石，北向开门，高 2.38 米，宽 1 米，门上方嵌黑曜石塔额一方，长 1.06 米，宽 0.46 米，刻"聚奎塔"三字阴文颜体行楷，上款题"天启元年秋月吉旦"，下款题"赐进士第知邵武县事袁崇焕立"。"聚奎塔"这方题刻为明朝大将袁崇焕留下唯一的墨迹与文物，极其宝贵。一层券拱形佛龛高 1.5 米，宽 0.66 米，下方砌一块高 0.15 米的条石。二层塔门上方匾额题"昼锦锁钥"，三层匾额题"二涧玄朝"，四层匾额题"雄峙中区"，五层匾额题"层峦耸翠"。层间以一层菱角牙子加一层混肚砖叠涩出檐，菱角牙子与混肚砖下还各有一层平砖，菱角上方施一排圆木椽条用以承托塔檐。塔檐呈水平直线。石构角脊前段翘起。檐上施平座，但栏杆均已经不存。塔心室为壁边折上式结构，以条石嵌入塔壁形成石阶，盘旋而上，第一层 15 级石阶，二至四层 14 级石阶，每层塔心室之间以木楼板分隔。塔心室内壁每边长度逐层递减，第一层为 1.85 米，第二层为 1.76 米，第三层为 1.72 米，第四层为 1.7 米，第五层为 1.65 米。六角攒尖收顶，宝葫芦式塔刹。

雕刻艺术：聚奎塔的砖雕艺术独有特色。第一层券龛内雕有四大金刚、高僧等造像，如东方持国天王，穿甲戴胄，右手持琵琶，左手叉腰间；南方增长天王，穿盔甲，右手按住剑柄，左手叉腰间；西方广目天王，身穿盔甲，右手掌紫金龙花狐貂，左手叉腰间；北方多闻天王，穿甲胄，左手执宝塔于胸前，右手执伞。这四尊金刚威风凛凛，代表风调雨顺。而高僧像双手交叉放于胸前，头部已丢失。二至七层券龛还雕有神将等造像。塔身每个券龛上方均有 3 幅方形镂空花纹砖雕。

东方持国天王

第一层塔心室佛龛中的佛像已经被盗，上方匾额刻"一柱擎天"。二层刻"慈悲普度"。三层佛龛内仅剩两尊残缺的佛菩萨像，上方匾额刻"三元昭应"。四层佛龛内有 3 尊圆雕，身后有背光，但头部已不存，应该是一佛二菩萨，其中佛祖坐在莲花座上，两旁是骑着狮子的文殊菩萨与骑着大象的普贤菩萨。佛龛上方匾额刻"文昌拱照"。五层塔心室佛龛还保存两尊较完整的佛菩萨像，特别珍贵，中间为阿弥陀佛，右边为大势至菩萨，而左边的观世音菩萨已丢失。阿弥陀佛与大势至菩萨均结跏趺坐在莲花座之上，莲盆下设单层须弥座，佛菩萨表情安详，体态圆润，其中，脸部五官和手指雕刻得特别细致。佛龛上方匾额刻"玉铉上映"。砖雕艺术是南平地区古建筑的一朵奇葩，聚奎塔上的砖雕体现了当地高超的砖雕技术水平。

文化内涵：聚奎塔的塔名包含一定的寓意。东汉文字学家许慎的《说文解字》："聚，会也。"《史记·天官书》："五星皆从而聚于一舍。""奎"字指的是奎宿，为天庭二十八宿之一，一说主文运；另一说主库兵，李贤注曰："奎主武库之兵也。"袁崇焕以"聚奎"二字命名此塔，说明他希望会聚天下之文武英才，具有救国救民的远大抱负。聚奎塔坐落于和平古镇的南面，这里是古镇和田溪的出水口，在此处建塔有保瑞避邪的作用。

3. 桂林石经幢

位置与年代：桂林石经幢位于邵武市桂林乡，共有3座，分别在3个村庄的村口，坐落于小土堆上，造型极其简单朴实，建筑年代待考。

桂林石经幢

建筑特征：第一座八角形塔身刻"南无观世音菩萨""大方广佛华严经""南无阿弥陀佛""南无无量寿佛""南无普贤菩萨"等，宝葫芦式塔刹。第二座风化较为严重，圆形塔身已倾斜，字迹漫灭，塔顶为四方形六层锥体，宝葫芦式塔刹。第三座六角形塔身刻"南无释迦牟尼佛""南无阿弥陀佛"等，塔刹为火焰形。

文化内涵：桂林乡位于群山之中，位置相当偏僻，这3座简易的石经幢应该是村庄用于辟邪的风水建筑。

桂林石经幢

四、武夷山市古塔

1. 岚峰塔

岚峰塔

位置与年代：岚峰塔位于武夷山市岚谷乡岚谷村的田野之上，由岚谷举人陈绍勋捐资建于清光绪二十五年（1899年），武夷山市文物保护单位。

建筑特征：岚峰塔为平面六角七层楼阁式空心砖塔，高13米，坐西朝东。石砌基座高0.2米，底边长1.58米，占地面积7平方米。塔身细长，犹如一支细长的毛笔。第一层塔身高3.12米，东面正门开券拱式塔门，高1.95米，宽0.71米，上方嵌石质门阁，高0.5米，宽约1米，刻"岚峰塔"，上款"大清光绪二十五年南吕月谷旦"，下款"候补都阃府武举人陈绍勋立"。二至七层三面当心间辟券拱式窗，另外三面素面无纹饰。层间以单层侧砖出檐，塔檐短促，檐口水平，塔檐铺设瓦垄、瓦片等，檐下侧砖还雕刻出下昂造型。可以看出，塔檐虽然简单，但具有木构斗拱的部分特征。塔身无平座。平砖六角攒尖收顶，塔刹为宝葫芦式造型。塔心室为空筒式结构，没有设楼梯，由于二层以上每层都开窗，因此室内光线明亮。岚峰塔通体雪白色，造型风格具有江南古塔俊秀的风格，有着纯净皎洁、清新超脱之风韵。岚峰塔屹立在空旷的田野上，建造者主要采用以下几个方法尽量减轻塔身遭受强风的袭击：①塔身细长，受风面积小。②二至七层每层都辟有3个窗户，而且塔心室为空筒式，利于通风。③塔檐短促，无平座。

文化内涵：岚峰塔旁边就是岚溪，位于村庄出水口，是标准的关锁水口、兴文运、辟邪祈福的风水塔。近年来，乡民在塔四周修建了宽大的花岗岩平台，以防止洪水的侵袭。

五、顺昌县古塔

1. 白龙泉古塔

位置与年代：白龙泉古塔位于顺昌县双溪街道余墩村白龙寺内，建于南宋。

建筑特征：白龙泉古塔为平面八角七层楼阁式实心石塔，高6米。八边形基座高 0.4 米，边长 0.82 米，素面无雕刻。双层八边形须弥座。第一层须弥座塔足雕如意形圭角，高 0.2 米，底边长 0.64 米；下枭高 0.2 米，底边长 0.65 米；束腰高 0.28 米，边长 0.58 米，每面浮雕狮子戏球，转角雕金刚力士像。第二层须弥座为新建，束腰高 0.41 米，边长 0.49 米，刻"白龙泉古塔""青山长青松，白龙喷白银，佛地佛光照，古塔古千秋"，以及重建古塔捐资者的姓名；上枭仰莲瓣，高 0.15 米，边长 0.6 米。塔身逐层收分，每面当心间辟拱券形佛龛，内浅浮雕结跏趺坐佛像。仿木构八角挑檐，檐口弯曲。八角攒尖收顶，宝葫芦式塔刹，刹顶安置避雷针。

白龙寺古塔

白龙泉古塔前有一石香炉，正面刻"亨龙精舍淳祐丙午……信女陶氏妙慧舍乞保平安募缘智遏题知事善祐化主苏成福州石匠陈"。说明此塔是信女陶氏为保家庭平安而出资建造的。

文化内涵：据说当初建白龙泉古塔是为了镇住玉屏山上的妖龙。白龙泉又名岭头船、亨龙岭，传说是西晋风水大师郭璞写《青囊奥语箴言》和《葬经》之处。白龙寺又名亨龙寺，建于南宋淳祐九年（1249 年），20 世纪 80 年代开始进行重建。

2. 如如居士塔

位置与年代：如如居士塔位于顺昌县洋口镇上凤村狮峰寺旁的如如居士墓室的上方，建于元代。

建筑特征：墓室前有两排石雕，第一排以 4 根竹节柱分成 3 部分，中间部分浅浮雕"卐"字图案，左右两旁为盘长，下方模仿古代木桌的如意脚。第二排同样以 4 根竹节柱分成 3 部分，中间为双狮戏球，左右两边为麋鹿驾云。

如如居士塔就位于墓室上方的正中间，为平面四角单层楼阁式实心石塔，高 1.5 米。单层六边形须弥座高 0.7 米，底层每边长 0.51 米，上方为圭角层，6角共雕 6 个蝙蝠形圭角，圭角间刻波浪形纹饰。束腰高 0.29 米，每边长 0.35 米，转角施三段式竹节柱。四

如如居士塔

方形塔身下设一块高 0.22 米、底边长 0.32 米的梯形石构件。塔身高 0.24 米，每边宽 0.25 米，每面刻梵文，但因风化严重，字迹模糊。塔顶立 6 朵类似山花蕉叶的石构件，底边宽 0.28 米，蕉叶中间为半圆形塔刹。有专家认为这 6 朵山花蕉叶犹如唐代僧帽，由此推断此墓为唐代某僧人。但根据《顺昌县志》记载，此墓主人是明代的如如居士。

文化内涵：狮峰寺在顺昌城南 3 公里上凤村后的狮峰山上，始建于宋嘉定元年（1208 年），历经多次盛衰，现存山门建于清嘉庆五年（1800 年），寺庙周围群山环抱，古木参天，遮天蔽日。

3. 青云寺僧人塔

位置与年代：青云寺僧人塔位于顺昌县岚下乡郭城村北面的郭岩山，建于明代。

建筑特征：青云寺僧人塔为平面四角单层异形空心石塔，高 2.9 米，占地面积 100 平方米。塔身由不规则花岗岩垒砌而成。正面面阔约 12.35 米，开有一长方形门。以青砖铺设塔顶，

青云寺僧人塔

饿脊前端翘起，宝葫芦式塔刹。这种造型的塔极为罕见，其实更像是一座硬山式建筑。

文化内涵：据《顺昌县志》记载，青云寺为道教古刹，始建于汉代，唐、明、清都曾重修过。唐太宗贞观四年（631 年），朝廷拨款重修，后改名妙应寺。

4. 龙山塔

位置与年代：龙山塔位于顺昌县双溪镇东龙山顶，坐南朝北，民国版《顺昌县志》记载始建于清康熙十一年（1672 年），由何纯子主持修建，次年建成，顺昌县文物保护单位。

建筑特征：龙山塔为平面八角七层楼阁式实心石塔，通高 16.26 米，以长条石板与方形石板错缝砌筑而成。塔基仿须弥座样式，下枋已被青砖埋没，地面部分高 0.64 米左右，直径 5.87 米，束腰与上枋为圆形，在福建大型楼阁式石塔中唯此一例。塔身

龙山塔

逐层收分呈棱锥形，第一层塔身高2.09米，每边长2.03米。层间只是采用单层混肚石叠涩出檐，但没有檐口。第七层塔身刻八字楷书"大方广佛华严尊经"，字体刚劲有力。八角攒尖收顶，宝葫芦式塔刹。龙山塔整体构造比较粗糙，造型简朴，对探究顺昌的古建筑与佛教历史具有重要的参考价值。《大方广佛华严经》是佛教中一部非常重要的经典，著名的华严宗就是依据此经修行的。

文化内涵：清代尚书龚鼎孳的《龙山塔记》记载："闽中溪山之胜，上游为最，宋世诸先贤多产其地……其风俗淳厚而朴，其人物秀美而文。"还写出造塔原因："顺昌距延平才百里……山束水环，气脉团聚，今冲为大河矣。且四面皆山，有双峰、五马之胜，独缺其东之隅。适当学宫之巽方，宜建窣堵其上，既以利合邑，实为学宫之文峰也。顺昌士民咸知之而莫能举。"看来龙山塔有弥补地形、兴文运之意。龙山塔作为顺昌的风水塔，坐落于顺昌县城东面、富屯溪东岸，溪流向东绕过县城后流过龙山脚下，正好锁住顺昌县城的出水口。

5. 启祥兴公和尚塔

位置与年代：启祥兴公和尚塔位于顺昌县洋口镇狮峰寺旁的启祥兴公和尚墓室的上方，就在如如居士塔旁边，建于清康熙年间（1662—1722）。

建筑特征：启祥兴公和尚塔为平面六角形单层亭阁式空心石塔，高2米。六边形须弥座，高0.33米，直径0.9米，座脚为蝙蝠形圭角，束腰每边长0.52米，转角施立柱，束腰向外凸出。塔身高0.73米，每边长0.43米，上方砌一层六角形石板，边长0.5米，前方刻"圆寂本师启祥和尚塔"。塔身是由六扇石板砌成，后面一扇石板开始错位，可以看到塔心室。塔顶为六

启祥兴公和尚塔

角形攒尖顶，檐口水平，檐角翘起，垂脊凸出，前端起翘，宝葫芦式塔刹。

启祥兴公和尚塔与如如居士塔所处的环境极其清幽，四周古木参天。原本周边还有一些墓塔，但基本都破损严重。

6. 虎山塔

位置与年代：虎山塔位于顺昌县建西镇谢屯村西南的虎山上，建于清光绪元年

虎山塔

（1875 年），顺昌县文物保护单位。

建筑特征：虎山塔为平面六角七层楼阁式实心砖塔，高 12.5 米，坐北朝南。基座直径 6 米，边长 4.4 米。塔身一层较高，往上逐层递减。层间双层平砖叠涩出檐，出跳短薄，檐口水平，檐角略有翘起，檐面铺设瓦片。有一层塔檐下方还隐约保留些许彩绘壁画。六角攒尖顶，宝葫芦式塔刹。塔身通体抹白色石灰粉，但由于年代久远，部分塔壁呈现乌黑色，塔檐底部透着暗红色。虎山塔周边森林茂密，人烟罕至，塔身已破损，需要修复。

文化内涵：虎山塔坐落于谢屯村的出水口，是当地的风水建筑。

7. 十方常住普同塔

位置与年代：十方常住普同塔位于顺昌县洋口镇上凤村狮峰山狮峰寺西南侧，建于清康熙二年（1663 年）。

建筑特征：十方常住普同塔为平面六角单层亭阁式空心石塔，高 2.3 米，坐南朝北。六边形基座，每面雕刻蛟龙图案。单层须弥座，边长约 0.63 米，每面浅雕开光图案，转角施三段式竹节

十方常住普同塔

柱。北面塔身设塔门，阴刻"大清康熙贰年癸卯秋菊月吉旦十方常住普同塔曹洞下三十五世主持智超募众立"。塔门两旁刻楹联"五叶一花谱，三皈四众家"，暗示禅宗"一花开五叶"的典故。仿木构六角攒尖顶，戗脊突起，前端起翘。塔顶正中安置圆盘，上方为覆钵石，顶为宝珠式塔刹。

文化内涵：十方常住普同塔是座僧人墓塔。

8. 西庵寺普同塔

西庵寺普同塔

位置与年代：西庵寺普同塔位于顺昌县元坑镇谟武村东北向，建于清代。

建筑特征：西庵寺普同塔为平面六角单层亭阁式空心石塔，高2.3米。六边形基座。塔身转角施方形柱，正面阴刻楷书"普同塔"，落款"本山主持心庆领众法眷协力同建"。六角攒尖顶，塔顶正中置两层覆钵石，宝珠式塔刹。塔后墓壁上立有一块石碑，碑首横刻"苍山塔碑"。

文化内涵：西庵寺普同塔是安葬僧人的墓塔。

六、浦城县古塔

金斗山塔

金斗山塔

位置与年代：金斗山塔位于浦城县观前村金斗山，建于明代。

建筑特征：金斗山塔现为六角四层楼阁式实心石塔，残高1.22米。每一层的塔檐和塔身均是采用同块岩石，4层塔身共用4块花岗岩石。基座四边形，边长0.41米。塔檐略呈弧线，檐角微微翘起。每层塔身刻有佛经的名称，字迹漫漶不清，只能辨认出"法宝积经"等字。塔檐与塔刹均已无存。

文化内涵：金斗山海拔只有418米，山上

有金斗观。金斗山塔就坐落于山坡上，面对宽阔的南浦溪，有镇水妖保平安之功用。

奎光塔

七、松溪县古塔

1. 奎光塔

位置与年代：奎光塔位于松溪县西南郊松溪河右侧的虎头岩上，始建于南宋咸淳年间（1265—1274），清道光五年（1825 年）重建，南平市文物保护单位。

建筑特征：奎光塔为平面六角七层楼阁式空心砖塔，通高 23 米，高大巍峨，清秀挺拔。塔基为宽大平台，并围以石栏杆。第一层塔身由条石砌成，高 2.8 米，底面边长 4.32 米，二至七层由青砖砌成。第一层南面开拱门，高 2.15 米，底边宽 0.95 米，到塔内木门的进深 1.93 米，其余塔壁均素面。二至七层均开一拱门，且逐层位置相互错开，其余塔壁辟一拱形券龛。层间以双层菱角牙子叠涩出檐，菱角下方均有一排三角形砖拱承托塔檐。檐口水平，檐角翘起。石质角脊翘起，做成飞檐状。檐上无平座。六角攒尖收顶，金属相轮式塔刹，从下往上分别为基座、覆钵、露盘、十三层相轮、宝盖、刹杆、宝珠，其中相轮为两头窄中间宽的菱形，刹顶与塔顶翘角以铁链连接。塔心室内设螺旋式石阶。奎光塔的券龛均涂成白色，与偏土黄色的砖形成鲜明的对比。

奎光塔塔刹

文化内涵：奎光塔所在的地方是松溪县城的出水口。松溪河流过松溪县城，形成一个"S"形，而奎光塔正好位于"S"形的尾巴上。根据民间传说，古代时虎头岩树木茂盛，有蟒蛇经常袭击当地村民。后来，村民黄奎先愤而击毙巨蟒。乡民为了纪念他的功德，于是集资修建奎光塔，以镇邪保平安。

2. 回龙塔

位置与年代：回龙塔位于松溪县溪东乡柯田村回龙社仓前的田野旁，建于清康熙年间（1736—1795），松溪县文物保护单位。

回龙塔

建筑特征：回龙塔为平面六角七层楼阁式实心石塔，高6.86米。塔没有基座，直接建在地面上。塔身逐层收分较大，第一层塔身高0.95米，底边长1.38米；第二层塔身高0.89米，底边长1.24米。层间以条石出短檐，檐口水平，檐角高翘，第一层塔檐厚度0.13米，两檐角相距1.5米，第五层檐角作凤首状。塔身第二层西北面辟有一个放香烛的券拱式佛龛。六角攒尖收顶，宝葫芦式塔刹。塔身素面无雕刻，通体乌黑色透着青色。

文化内涵：关于回龙塔有一个传说。以前这里有一个做杨梅干的能手，曾经送给一名正怀孕的妇女一些杨梅干。后来这名妇女所生的孩子当上了皇帝，自己成了皇太后，于是请做杨梅干的农民到京城做官。但农民不想为官，皇帝就同意他回乡，并在他脚掌盖了一些御印，还再三叮嘱他不能去洗脚。可是在回乡的路上，天气炎热，农民忍不住下河洗澡，结果不幸被淹死了。于是皇帝就做了两口分别装银子和遗体的木棺材，派人送回柯田村埋葬。之后有人去盗墓，突然有一条腾云驾雾的蛟龙从远处飞来，村民认为这里定是块风水宝地，就集资建了这座回龙塔压住飞龙，保佑当地民众永远幸福太平。

3. 华严寺舍利藏

华严寺舍利藏

位置与年代：华严寺舍利藏位于松溪县旧县乡李墩村华严寺后山上，建于清代。

建筑特征：华严寺舍利藏为平面六角单层亭阁式空心石塔，高2.3米。六边形基座。塔身高约1.65米，西北面刻楷书"舍利塔""募缘监造释子传明立"。转角施方形石柱，柱头置栌斗。塔顶为仿木构六角攒尖，上方安置覆钵石，宝珠式塔刹。

文化内涵：华严寺舍利藏是座僧人墓塔。

八、政和县古塔

1. 乾清坤宁宝塔

位置与年代：乾清坤宁宝塔位于政和县熊山镇官湖村西南向的佛子山上，由邑人明永乐进士、礼部侍郎吴廷用建于明正统四年（1439 年），1982 年因山脚建采石场，向西南向迁移约 200 米。

建筑特征：乾清坤宁宝塔为平面六角七层楼阁式实心石塔，高 8 米。双层基座，一层四边形，高 0.15 米，边长 1.63 米；二层六边形，高 0.21 米，边长 0.86 米。单层须弥座，如意形圭角高 0.24 米，底边长 0.81 米；下枋高 0.16 米，边长 0.72 米；下枭高 0.15 米，底边长 0.69 米；束腰高 0.31 米，边长 0.6 米，转角施三段式竹节柱；上枭高 0.1 米，上枋高 0.06 米，边长 0.7 米。塔身细长，逐层收分，第一层塔身立面呈正方形，高 0.43 米，边长 0.43 米，佛龛高 0.28 米，宽 0.23 米。每层塔身各面当心间辟一券拱式佛龛，内雕刻结跏趺坐佛像，全塔共有 42 尊，雕工细致。须弥座上方塔座刻"乾清坤宁宝塔""庆成关键风水""皇图巩固四海"等铭文，须弥座束腰刻"都主掾嘉议大夫礼部左侍郎吴廷用""本县儒学教谕辛珪""福安石匠徐宿琮""正统四年己未岁孟冬吉日立"等文字。六角攒尖收顶，串珠式塔刹。

文化内涵：吴廷用小时候十分聪明，平日里专心做学问，非常努力，终于在 34

乾清坤宁宝塔须弥座

乾清坤宁宝塔

岁时考中进士，担任户科给事中，后又任刑部右侍郎与礼部左侍郎。吴廷用为官清廉，为民众办了许多好事，父亲去世后就辞官回家乡，闭门钻研学术，著有《南庄诗存》。晚年为了根治当地的水患，镇水妖保安宁，就主持建造乾清坤宁宝塔。

2. 镇龟塔

位置与年代：镇龟塔位于政和县澄源乡澄源村西面，始建于明隆庆六年（1572年），政和县文物保护单位。

镇龟塔

建筑特征：镇龟塔为平面六角七层楼阁式实心石塔，高6.37米。单层四方形须弥座，下枭覆莲花瓣，高约0.3米，边长1.01米；束腰高0.55米，下底边长0.74米，上底边长0.62米，每面雕金刚力士造像，刻有铭文"大明隆庆六年壬申太岁十月初八日建造"；上枭仰莲花瓣，高0.24米，边长0.9米。塔身瘦长，收分明显，每层塔身立面呈梯形，其中第一层塔身高0.5米，下底边长0.28米，上底边长0.25米。每层塔身均以整块花岗岩石雕琢，三面有浮雕坐佛。佛像虽然只有寥寥数刀，但却刻画出佛祖悲天悯人之神情，另三面素面无纹饰。层间仿木构六角出檐，出跳较短，一层塔檐厚度为0.08米，两檐角相距0.31米。六角攒尖收顶，上方置方形短柱，宝珠式塔刹。

镇龟塔佛像雕刻

文化内涵：传说澄源村的河里原有一只乌龟精经常作乱，使民众不得安乐，因此人们就修建镇龟塔以镇住作乱的乌龟精。

第十四章　三明市古塔纵览

　　三明市处于武夷山与戴云山脉之间的闽西北山区，西北与江西交界，其独特的地理位置，使得三明成为中国历史上客家人由北向南大迁徙的中转站，被誉为"客家的摇篮"，有"八山一水一分田"之称，目前辖梅列区、三元区、永安市、沙县、尤溪县、清流县、宁化县、明溪县、将乐县、建宁县、大田县、泰宁县。

　　三明境内最早的县建制是三国吴永安三年（260年），析建安县东部地置将乐县，西部地置绥安县，属建安郡。晋义熙元年（405年），改绥安县为绥城县。隋开皇十三年（593年），绥城、将乐并入邵武县。唐武德四年（621年），恢复沙村县建制，改称沙县（属建州）。五代南唐中兴元年（958年），置归化县。北宋建隆元年（960年），置建宁县。明景泰三年（1452年），析沙县、尤溪县地置永安县。明嘉靖十四年（1535年），析尤溪、永安、漳平、德化县地置大田县（隶延平府）。可以发现，三明地区历史上从来都没有成立过统一的区域，均是分属于其他地区，现在的三明市是在1970年才成立的。因此，三明包含福建多个民系的文化特征。

　　三明佛教与沿海地区相比，发展较缓慢。著名的寺院有建宁报国寺、泰宁庆云寺，这两座寺院在对台佛教交流方面，具有积极的推动作用。

　　三明早期古塔已经不存，也很少有文字记载。目前留存的古塔均建于明代之后，其中年代最早的塔是建于明弘治十八年（1505年）的永安登云塔。三明古塔多为关锁水口的风水塔，如凌霄塔、青云塔和古佛堂塔等。建于民国的福星塔是福建古塔中壁画最丰富的塔。三明除了宝盖岩舍利塔外，其他古塔都较朴实，雕刻较少，造塔技术远不如沿海地区。

据统计，如今三明保存完好的古塔共 30 座，其中，楼阁式塔 11 座，窣堵婆式塔 1 座，亭阁式塔 18 座。其中三元区 1 座，永安市 4 座，建宁县 1 座，泰宁县 14 座，将乐县 6 座，沙县 2 座，清流县 1 座，尤溪县 1 座。从年代上看，明代 9 座，清代 20 座，民国 1 座。

一、三元区古塔

八鹭塔

位置与年代：八鹭塔位于三元区中村乡松阳村西南约 500 米处的山巅，由松阳庄氏祖先出资建于明天启元年（1621 年），三明市文物保护单位。

建筑特征：八鹭塔为平面六角七层楼阁式实心石塔，高 12.6 米。塔身以花岗岩条石相互交错垒砌而成，塔内部用碎石和沙土填实。每层收分较大，其中塔身第一层高约 2.98 米，底边长 24.8 米。层间单层混肚石出檐，塔檐较短，檐口水平，檐角略有翘起。六角攒尖收顶，宝葫芦式塔刹。整座石塔颜色黑里透着粉红色，显得敦实厚重。如今塔身已有部分条石开始出现错位。由于八鹭塔的条石较重，建造过程采用

八鹭塔

堆土法，便于石材的搬运。工匠们建一层塔就堆一层土，等到塔完全建好后，再将土堆去掉，于是露出整座石塔。

文化内涵：据松阳《庄氏族谱》记载，庄氏一族在唐末时候跟着王氏来到福建，先在福清定居，元初时为了避战乱，又迁往三明的松阳、碧口、徐坊、忠山等山区。其中松阳庄氏曾请风水师考察周边地形。风水师认为，松阳村四周均被山林环绕，形成一个倒葫芦形状的盆地，因此这里虽然土地肥沃，利于进行农业生产，但财富却会随着倒葫芦流走，为了防止财气外流，最好在溪流下游出口处的山上建造宝塔，用以堵住葫芦口。于是，庄氏族人就集资建造了这座石塔。传说八鹭塔建成之日，不知何处飞来八只白鹭绕塔飞行，因此取名八鹭塔。

二、永安市古塔

1.登云塔

位置与年代：登云塔又名南塔，位于永安市城区南溪东面的岭南山顶上，始建于明弘治十八年（1505年），曾经两次遭到雷火烧毁，仅存塔柱。明嘉靖、清康熙年

登云塔

登云塔塔门

间曾经修复过，1981年政府拨款再次重修，现为三明市文物保护单位。

建筑特征：登云塔为平面八角七层楼阁式空心砖塔，通高28米。塔身建在一个高大的台基之上，塔埕铺设青砖。塔基没有采用须弥座，而是以三层条石垒砌而成，高0.6米，每边长3.8米。第一层塔身正门采用闽北地区古宗祠大门的建筑样式，中间高两侧低的叠落式塔檐，施瓦垄、瓦当、滴水、清水脊等构件，檐脊两端高高翘起，正上方匾额刻楷书"登云塔"。正中拱门高2.17米，宽1.06米，距离里面铁门的进深1.78米。塔基设三级垂带踏跺通向塔门，踏跺高0.68米，石阶宽1.06米，垂带石长1.4米。二至七层塔身各开一券拱形塔门，其余各面辟火焰形券龛。层间以三层菱角牙子加四层平砖叠涩出檐，檐上方施平座，座上设铁栏杆。塔顶为八角攒尖

式，铺橘黄色琉璃瓦，绿色垂脊前端高翘。宝珠式塔刹，有 3 颗宝珠。塔心室为壁边折上式结构。登云塔每层收分较小，造型浑厚深沉。

文化内涵：据说建造登云塔是为了镇煞制火，因为八卦第三方位在南，而南为离卦，为火，需建塔镇之。另外，登云塔还有兴文运的作用。

2. 凌霄塔

位置与年代：凌霄塔又称北塔，位于永安市城区北郊燕江左岸的山顶，坐北朝南，明景泰三年（1452 年）建，三明市文物保护单位。

凌霄塔　　　　　　　　　　　　　　凌霄塔塔心室

建筑特征：凌霄塔为平面六角七层楼阁式空心砖石混合塔，通高 32 米。六角形石砌塔基高 0.85 米，每边宽 7.38 米，南面设七级垂带踏跺，宽 2.51 米，垂带宽 0.3 米。一层塔身向内收分 2.6 米，构成一个较宽阔的平台，塔基边角与塔身边角相距 3 米。南面开拱形塔门，高 2.1 米，宽 0.82 米，进深 1.96 米。每层转角立半圆形倚柱。第一层塔身每边长 4.2 米，两倚柱之间相距 3.88 米。层间以三层平砖叠涩出檐，檐上设平座，平座四周施石构寻杖栏杆，栏板中间空心。每层塔身几乎没有收分，上下齐一。塔顶为六角攒尖式，垂脊前端翘起，并雕成鳌鱼形，宝葫芦式塔刹。塔心室中空，中间立一根塔心柱，采用螺旋式阶梯，石板梯一端嵌入塔心柱，另一端嵌入塔内壁或悬空。凌霄塔通体白色，塔檐灰色。

凌霄塔建在三面临水的悬崖之上，很难架设脚手架。据说当年是在塔内砌砖的，再由其他人在外面认真观察，使塔身始终保持与塔基平面垂直，防止塔身出现倾斜，整体上有一种安稳优美的感觉。

文化内涵：凌霄塔所处地势十分险要。山脚下为九龙溪、后溪、南溪三条河流汇合之处，然后合并流向东北。古时候，经过永安的船舶很远就能望见凌霄塔。县志上称北塔"当三水之交，关锁镇重，为邑治屏障"。北塔和南塔均是永安开县塔，这两座塔具有独特的风水理念。永安地形"东南负山以为固，西北带水以为池"，城区东、西、北三面环水，而登云塔在东南处负山，正好又与城内文庙在一条直线上，有兴文运之意，而凌霄塔在西北处带水，把住永安象征财富的水口。

3. 安砂双塔

位置与年代：安砂双塔位于永安市安砂镇九龙溪两岸的山顶，一座名步云塔，另一座名仰山塔，建于明崇祯七年（1634年），乾隆七年（1742年）重修，永安市文物保护单位。

建筑特征：步云塔又名西塔，为平面八角七层楼阁式空心砖塔，高29.6米，底边长约2.95米，坐

安砂双塔

东朝西，基座六边形。层间以三层菱角牙子加平砖叠涩出檐，出挑较短，檐口平直。二至七层塔身每面辟两个拱形门，其余各面辟券龛。除一层塔身下半部分采用石砌外，其余全部以青砖建造。平砖八角攒尖收顶，塔刹已无存。塔心室采用壁边折上式结构。塔身通体青灰色，局部透土黄色。

仰山塔又名东塔，为平面八角七层楼阁式空心砖塔，高29.6米，底边长约2.95米，基座八边形。每一层塔身辟两个券拱形塔门和6个券龛。层间以三层菱角牙子加平砖叠涩出檐，出挑短薄，檐口水平。八角攒尖顶，塔刹已毁。塔心室为壁边折上式结构。塔身青灰色，部分呈现土黄色。

文化内涵：安砂双塔隔九龙溪相望，过往船只均以双塔为航标，而且据说双塔

为镇邪之塔，可永保安砂平安吉祥。清代汀州府教谕吴少玉的《双塔排云》曰："缥缈烟岚人望遥，寥天塔影识标高。直疑双管云间下，扫尽妖气现绛霄。"

三、尤溪县古塔

福星塔

位置与年代：福星塔位于尤溪县城东门外，始建于民国十五年（1926 年），时任国民革命军新编第一独立师师长兼闽北各属绥靖委员的卢兴邦倡建，历经 3 年建成，尤溪县文物保护单位。

建筑特征：福星塔为平面八角七层楼阁式空心钢筋水泥与砖混合塔，该塔为福建省最早的、也是我国辛亥革命后第一座钢筋混凝土结构的塔，通高25.3 米，占地 333.29 平方米。八角形塔基高 0.15 米，每边长 4.03 米。第一层塔身下方设一凸出的台座，高 0.77 米，宽 3.08 米。一层大门高 2.58 米，宽 1.26米，上方匾额书"福星塔"。单层出檐，檐上设栏杆。八角攒尖收顶，飞檐高高翘起。宝葫芦式塔刹。

福星塔

福星塔券龛与塔壁绘满各种人物壁画。

第一层塔身辟一门三券龛，龛内有佛像壁画，为三宝佛，即应身释迦牟尼佛、报身卢舍那佛与法身毗卢遮那佛。四面塔壁绘制"魔礼海""魔礼青""魔礼寿""魔礼红"等《封神演义》里的四大天王。其中魔礼红为多闻天王，持混元珠伞，职雨，住在北俱芦洲；魔礼青为增长天王，持青光宝剑，职风，住在南赡部洲；魔礼海为持国天王，持碧玉琵琶，职调，住在东胜神洲；魔礼寿为广目天王，持紫金花狐貂，职顺，住在西牛贺洲。其实真正的四大天王来源于佛教，是佛教的护法神，而《封神演义》里的四大天王已经被中国化了。民间认为四大天王有护国安民的作用，因此在塔上描绘他们的形象。

第二层券龛绘"三人和尚"与"一老一少二和尚"，描绘了一名阿罗汉向两名青年僧人说法和相互探讨佛学的情节。塔身外壁绘道教正神"赵云""马超""刘伯温""温疥"四大将军。其中温疥能征善战，曾随刘邦征战四方，创立汉朝，后来被

福星塔壁画

封作悍侯。

第三层券龛绘有"双喜星""紫微星""太岁星""三头六臂""炳灵公"等神仙。其中，紫微星是北极星，又称帝星，代表福禄、仁慈与吉祥，为管理事业的官贵之星。太岁星是木星，在风水里地位最高，是民间信奉的神，人们拜太岁以求消灾免祸，万事顺利。三头六臂原为佛教用语，指诸佛的法相，后表示为神通广大，北宋高僧释道原的《景德传灯录·普昭禅师》中说："三头六臂擎天地，愤怒哪吒扑帝钟。"塔身四壁绘"杨戬""金吒""木吒""哪吒"四大神将。其中，杨戬就是二郎神，为道教的神仙，掌管水利，能防水灾；金吒原是佛教中的军吒利明王菩萨，身体穿戴有蛇的装饰物，后来成为民间的神仙；木吒原是观世音菩萨的弟子，以吴钩双剑作兵器。

第四层券龛绘《封神演义》中的四大将军——"黄天化""黄天禄""黄天爵""黄天祥"，四人均是黄飞虎的儿子，个个武功都十分高强。塔身四壁绘有"慈航道人""玉鼎真人""三道士""文殊""广法""普贤真人"等佛道中人。慈航道人是道教十二金仙之一，为元始天尊门下弟子，发愿普度众生。玉鼎真人是昆仑十二仙之一，为元始天尊门下弟子，足智多谋。广法天尊是《封神演义》里的道教人物，为阐教十二仙之一，在五龙山云霄洞修道，后信奉佛教，演变为文殊菩萨，是智慧的象征。普贤真人是《封神演义》中人，助武王打败纣王，为阐教十二上仙之一，在九宫山白鹤洞修道，太极符印为其法宝，皈依佛教后演变为普贤菩萨。

第五层券龛绘有"马天君""大势至菩萨""观世音"等；塔身四壁绘制的是四大天王护送观音大士的场景。龛上壁画依次为准胝天人、地藏菩萨等。其中，马天君即马胜，又称马灵官、五显灵官，是道教的护法神，是道教正一雷法中的灵官，为雷部神将，形象特别威武。

第六层券龛绘有"准胝天人""菩提祖师""接引道人"。准胝天人即准胝菩萨，又称天人丈夫观音，为三世诸佛之母，十分慈悲，能满足众生的愿望。菩提祖师是《西游记》中的神仙，神通广大，法力无边，精通儒释道三教，代表三教合一。如果追寻原型，菩提祖师就是须菩提，为释迦牟尼佛十大弟子之一，号称"解空第一"。接引道人又称接引佛祖，原为接引佛教徒往生西方极乐世界的宝幢光王佛。在《封神演义》里是西方教主，为准胝道人的师兄。

第七层券龛绘有"地诜宗者""阿陀南宗者""陀罗尼宗者"，这三位神仙是佛教的护法神。第七层内置一龛，龛装塑手托玲珑宝塔的托塔李天王。李天王就是北方多闻天王，为保护佛教的天神，也是赐福之神，右手握三叉戟，左手托宝塔。壁画画面分别为一坐僧、一行脚僧和手持玉净瓶的观音，其内容为反映释迦牟尼修炼成佛的故事。

文化内涵：尤溪县政府于 1997 年请当地工匠对福星塔进行修葺，尽量按照原有的图案风格，重新修补壁画。福星塔具有儒、释、道三教文化内涵，说明佛塔已经相当世俗化，只要是对民众有帮助，能带给人民幸福安康、吉祥如意的神佛，都可以被请上宝塔。福星塔坐落于尤溪与青溪交汇处，关锁尤溪出水口。福星塔公园以"福寿文化"为主题，塔前方立一块刻满"福"字的景观石，观景平台地面浅浮雕松鹤、元宝等吉祥图案。每到夜幕降临，福星塔灯火通明，与尤溪两岸的彩灯构成一幅星光璀璨的迷人夜景。

四、泰宁县古塔

1.青云塔

位置与年代：青云塔位于泰宁县朱口镇朱口村水口的白云峰上，明崇祯五年（1632 年）建，由当地人士肖连芳、肖世美、李同汲等人向泰宁知县徐尚达请建，历经 8 年建成，福建省文物保护单位。

青云塔

青云塔塔心室

建筑特征：青云塔为平面八角七层楼阁式空心砖石混合塔，通高 30.5 米。八边形塔基外围采用花岗岩砌成，高 0.3 米，每边长 3.5 米，直径 10 米。塔身采用 0.36 米 ×0.18 米 ×0.12 米的青砖砌就。每层都开一个或两个拱形门，其余各面辟拱形佛龛，如加上塔心室内的佛龛，全塔共有 51 个龛，佛龛内原有各种佛菩萨造像，但基本已无存。层间以一层混肚砖加一层菱角牙子叠涩出檐，菱角上方再设一层抽屉檐，丁头砖向外凸出，上层承托塔檐。塔檐材料采用泰宁当地的赤石板，檐口及檐角平直，石砌角脊前端翘起。塔檐上没有施平座，因此只能在塔内观景。第一层塔身高 3.32 米，每边长 3.1 米，佛龛高 1.27 米，宽 0.65 米。一至七层塔身塔门或佛龛上方匾额刻有"青云塔""中天玉柱""云峰耸翠""朱溪吐奇""慈光普照""腾蛟""起凤"等，特别是明代兵部尚书泰宁人李春烨亲题"大行般若"石刻匾额颇为宝贵。每层塔身佛龛上方雕刻有 3 幅砖雕花卉图案。塔身外壁还有一些孔洞，应该是当年建塔搭脚手架时留下的。塔心室为壁边折上式结构，石阶一端插入内塔壁，另一端悬空，施简易木栏杆，盘旋而上至塔顶层。二至六层内开两扇对称穹形门，利于采光和空气流通，每层均铺设木楼板。八角攒尖式收顶，宝葫芦式塔刹。塔身青灰色，局部透着土黄色，极为稳重。青云塔形态健美，比例均衡。

文化内涵：青云塔坐落于朱口镇南面的白云峰上，蜿蜒曲折的双溪从山脚下流过。这里正好位于朱口镇南面的出水口，而且白云峰比较低矮，在风水上存在缺陷，因此，高耸的青云塔具有关锁水口、弥补地形之不足、振兴文运之功用。2008 年，政府修复青云塔，并安装霓虹灯。

宝盖岩舍利塔群

2. 宝盖岩舍利塔群

位置与年代：宝盖岩舍利塔群位于泰宁县朱口镇宝盖岩寺旁的洞穴里，建于清代。

建筑特征：宝盖岩舍利塔群共有 13 座塔，1 座窣堵婆式石塔，12 座亭阁式石塔，高度在 1.5—2.2 米之间，均为和尚骨灰塔，泰宁县文物保护单位。其中，11 座塔一字排开，坐落在一长方形的台阶式三层基座上。一层基座浮雕花卉、竹、博古、大象、老虎、猕猴、喜鹊、飞马、孔雀、仙鹤等，而图案旁刻有"示寂子同异公塔""比丘慈憨师塔""比丘德瑗师塔""比丘野耕师塔""比丘德慧师塔""戒僧德用塔位""僧太祥寿塔位"等亡者姓名、生卒年月与师传，上枋刻缠枝花卉。二层塔基雕刻各种花卉图案，上枭刻仰莲瓣。三层塔座浮雕麒麟、凤凰、仙鹤、麋鹿、大象、博古等，上枭为仰莲瓣。这 11 座塔除了中间一座为窣堵婆式塔，其余均为四方形亭阁式塔，包括单檐亭阁式塔、重檐亭阁式塔和三檐亭阁式塔，每座塔正面都开一方形龛，龛内刻有名字，如"主持耆旧宝塔——监院海亮重造""南音老和尚宝塔"等，但基本已漫漶不清。亭阁式塔造型基本相同，前面立两根石柱，柱础覆莲瓣，柱头仰莲瓣。塔檐弯曲，檐角翘起，檐下施仔角梁。塔刹有火焰式、宝珠式等。唯一的一座覆钵式塔正中开一方形龛，八角攒尖收顶，宝葫芦式塔刹。

这 11 座塔的正前方为一座四方形实心亭阁式石塔。单层须弥座，圭角层也是下枋，每面刻圆形图案，上方刻双层仰莲。正面塔身刻"普同宝塔"，两旁刻"皇清乾

宝盖岩舍利塔

隆二十年岁次乙亥五月十九日辰时重造""主持沙门行秀法徒福映监院海亮同立"。乾隆二十年是 1755 年，岁次乙亥是指乙亥年，为干支之一，点明了建塔时间为 1755 年农历五月十九日。塔身两侧有三行铭文，中间刻"傅曹洞正宗第三十二世重兴本严瑞莹琇翁老和尚三位和藏寿塔"，两旁刻"三十三世法嗣大戒行同山映公和尚""三十四世法孙僧会司绍宗乘公和尚"。说明此塔为三位高僧的墓塔，而且是曹洞宗的法系。另一侧为"宝盖瑞莹月山绍宗三代和尚和藏寿塔铭"，共有数百字，介绍三位高僧在宝盖岩寺大振曹洞宗风的事迹。这座塔的前面部分采用青砖砌成。正后方还有一座六边形亭阁式实心石塔，为三层六角形塔基，逐层收分。塔身正面刻"清寂师祖隆法公塔墓"，六角攒尖顶，塔刹有所破损。

这 13 座石塔均采用泰宁当地的赤石板建造，因此呈现粉红色，别具一格。

文化内涵：宝盖岩距泰宁县城 12.5 公里，形如巨钟覆盖，四周群山环绕，仅有沿壁间凿成的小径可以通行。宝盖岩寺始建于宋绍兴八年（1138 年），历史悠久。这些石塔均坐落于半山的洞穴之中，地势险要。

五、将乐县古塔

1. 古佛堂塔

位置与年代：古佛堂塔又称七层塔，位于将乐县古镛镇和平村的莒峡山上，建于明代，将乐县文物保护单位。

建筑特征：古佛堂塔为平面六角七层楼阁式空心砖塔，通高 20 米。第一层高 2 米，每边长 2 米，塔身立面基本为正方形。塔身第一层开一券拱形塔门，高 1.7 米，

古佛堂塔

宽 0.58 米。二至七层辟一券拱形窗，位置逐层相错。层间以一层混肚砖加一层菱角牙子和两层平砖叠涩出檐，塔檐平直，出檐较短，没有施平座。塔心室中间竖立一根粗大的圆柱，圆柱与塔内壁之间架木构螺旋式楼梯。六角攒尖式塔顶，并铺设瓦片，宝葫芦式塔刹。塔身通体白色，塔檐深灰色。

文化内涵：古佛堂塔坐落于古镛镇的出水口，下方为金溪，四周青山环绕。嘉靖《延平府志》称"山势盘绕而潜水渊深，不可以寻丈测，塔依山傍水而立，雄姿伟态，直逼霄汉。山中千古岩磴，昔为通往南平、福州之必经要道，因道旁石壁有古佛石像一尊，据传唐时在此建庵设亭，取名古佛堂。后又立塔于堂左边，故名"。

2. 证觉寺塔群

位置与年代：证觉寺塔群位于将乐县万全乡常口村太平山麓的证觉寺，建于清代。

建筑特征：证觉寺共有 5 座塔，均为平面六角单层亭阁式石塔，高约 2 米。高僧塔在寺中长廊一侧。双层六边形基座，第一层素面无纹饰，高 0.2 米，每边长 0.45 米；二层向内略有收分，高 0.23 米，边长 0.41

证觉寺高僧塔

证觉寺舍利塔

米，每面刻"卍"字、方胜等图案。六边形塔身高 0.58 米，边长 0.3 米，每面辟一高 0.51 米、宽 0.215 米的圭形佛龛，其中正面佛龛内刻"高僧墖"。六角攒尖收顶，塔檐高 0.07 米，边长 0.38 米。双层刹座，一层六边形，高 0.05 米，边长 0.16 米；二层圆形仰莲座，高 0.09 米，直径 0.28 米。宝葫芦式塔刹，高 0.39 米。

有两座石塔只剩部分构件，安放在寺庙右侧的"海会宝塔"大殿内，塔身浅浮雕暗八仙、花卉等图案。还有一座坐落于寺庙山门右侧的山坡上，四周全是杂草，只露出塔顶。最后一座在离寺庙约 1 公里外的田野之上，周边被芦苇覆盖。

文化内涵：证觉寺又名证果寺，始建于唐武德三年（620 年），比鼓山涌泉寺早了 288 年建成，据说涌泉寺是按照证觉寺的格局建造的。

六、建宁县古塔

联云塔

位置与年代：联云塔位于建宁县溪口镇高家岭北山，建于明天启四年（1624 年）。

建筑特征：联云塔为平面六角七层楼阁式实心砖石混合塔，高 20 米，占地面积 24 平方米。塔身逐层略有收分，第一层塔身底边长 1.3 米。一二层和三层下半部分采用花岗岩条石垒砌，第三层上半部分与四五六七层为砖砌，第一层塔身以高 0.34—0.39 米的条石层层砌垒，三至七层每面辟长方形佛龛。层间以条石或平砖直接出檐，出挑短促，檐口水平，其中一二三层角脊略有翘起。六角平砖攒尖顶，塔刹为宝葫芦式。联云塔塔身素面无雕刻，简洁朴素。塔身条石部分灰白色，青砖部分深灰色。联云塔为何只有两层半采用石材，其余却用砖材呢？

联云塔

笔者推断，因联云塔建在一处小山包上，塔四周空间较窄，不利于搭建高大的脚手架，当第三层建到一半时，沉重的花岗岩已很难通过脚手架运上来，所以只好改用青砖。塔身下半部分灰白色，上半部分青灰色。

文化内涵：联云塔原建有两座，具有镇龙脉的作用，其中，高家岭北山上的七层实心塔为公塔，还有一座位于金溪乡器村后山上的五层空心母塔，后在"文革"

时期被拆除。目前塔下建有宝塔禅寺，大殿正门两边对联"天下太平无一事，山中高卧有千秋"，山脚下泰宁溪缓缓流过。

七、沙县古塔

1. 前村舍利塔

位置与年代：前村舍利塔位于沙县大洛镇前村，建于明代。

建筑特征：前村舍利塔为平面六角亭阁式空心砖塔，高 2.5 米，坐西朝东。素面塔身无雕饰，转角施倚柱，六角攒尖收顶，垂脊前端翘起，宝葫芦式塔刹。塔下方有一石门，里面空心。

文化内涵：前村舍利塔内仍保存有僧人的舍利子。

前村舍利塔

2. 罗邦塔

位置与年代：罗邦塔位于沙县夏茂镇罗邦下池坑山顶，又名文笔峰塔，由夏茂人罗如铨等人募捐修建于清康熙三十四年（1695 年），乾隆十九年（1754 年）重修，沙县文物保护单位。

建筑特征：罗邦塔为平面六角七层楼阁式实心花岗岩塔，高 8.5 米。

罗邦塔

塔基以条石铺设，十分简朴，边长约 2.33 米。塔身逐层收分较大，第一层塔身高 2.08 米，底边长 2.1 米。因罗邦塔坐落于高山之巅，易于受到大风的侵袭，较大的收分利于塔身的稳固性。层间没有设塔檐，转角为仿檐角造型，如同一角脊向外伸出。第二层塔壁辟有一长方形龛，内嵌有乾隆十九年（1754 年）重修时的名录碑，记载修建时间及捐资者名字，部分字迹已模糊："清乾隆甲戌十九年二月五日午时重建。首事黄基太、洪瑄光、罗英、罗祖□、罗英钧、黄基上、罗英□、罗祖荣、罗肇镇、罗□。康熙乙亥前建。□诸公芳名四贤祠内。□□□匠人江魁先□。"六角攒尖顶，宝葫芦式塔刹。塔身条石雕琢得比较粗糙，少有人工痕迹，如第一层塔身6层条石的选择就比较随意，从下往上高度分别为0.29米、0.32米、0.27米、0.33米、0.31米、0.27米，形状大小不一。罗邦塔通体深褐色中透着土黄色，呈现出朴实、单纯、厚重、古拙的原始美。

文化内涵：罗邦塔雄居夏茂盆地东南水尾的山巅之上，巍峨壮观，外形犹如一支毛笔，是当地的文笔峰塔，有祈求文运昌盛的作用。

八、清流县古塔

海会塔

位置与年代：海会塔位于清流县温郊乡梧地村，建于清乾隆十一年（1746年），福建省文物保护单位。

建筑特征：海会塔为平面六角五层楼阁式空心石塔，高15米，坐西北朝东南，底边长4.4米。第一层东南面开一券拱门，高1.72米，底边宽1.3米，进深1.82米，二层开两个券拱门和一个券拱窗，三、四、五层开6个券拱窗。二层东南门上方嵌一石匾，刻三字楷书"海会塔"。一至四层以花岗岩条石垒砌，五层为青砖砌成。第一层无塔檐；第二层开始以条石直接出檐，塔檐较短，檐口略微弯曲，檐角翘起。木

海会塔

构六角攒尖收顶，垂脊高高翘起，檐下施一排四铺作斗拱，檐面铺设瓦片、瓦当等，塔刹为宝葫芦式。塔身一层两侧有14级石阶，通往二层拱门，可进入塔心室。塔心室为壁边折上式结构，用木梯搭在塔身内壁。第二层塔心室开一扇窗户和两扇门，窗户高1.43米，宽1.3米，进深1.66米，离地0.56米；门高1.84米，宽0.98米，进深1.63米。三层塔心室开3扇窗户，高1.65米，宽0.79米，进深1.45米，离地0.92米。四层塔心室开6扇窗户，高1.68

海会塔塔心室

米，宽 0.82 米，进深 1.3 米，离地 0.61 米。五层塔心室开 6 扇窗户，其中一扇大窗紧靠楼梯旁边，高 1.73 米，宽 0.62 米；5 扇小窗高 1.05 米，宽 0.62 米，进深 0.42 米，离地 0.93 米。整体看来，海会塔塔心室较为宽敞明亮。海会塔造型挺拔刚劲，结构严谨，稳重庄严。塔旁有一座木构廊桥——西湖桥，与塔同时建成。

文化内涵：当地传说清代时苏洋（今鲤鱼山）寺的一位僧人，曾挖到十多担金银财宝，但并未挪用，而是叮嘱好友李其羡在自己去世后，用这些财宝建一座佛塔消罪祈福。李其羡信守诺言，在僧人圆寂后，建了一座木塔。后来李其羡的儿子李昌贤把塔改建成一座石塔。但在建完第四层时，工匠去世了，第五层只好改用简便的青砖修建。

第十五章　龙岩市古塔纵览

　　龙岩市又称闽西，位于福建西南部山区，地处闽粤赣三省交界处，为客家人的祖地，现辖新罗区、永定区、武平县、上杭县、连城县和长汀县，还代管省辖的漳平市，是闽粤赣的交通要道与人流物流的集散中心。龙岩地处内陆，交通不便，开发较迟，但山川秀丽，物华天宝，文物古迹丰富。

　　龙岩在晋太康三年（282年），设置新罗县。唐开元二十二年（734年），正式设置汀州。五代时汀州属于闽国统治，由于王审知治闽有方，龙岩地区比较安定，经济与文化均有发展。王审知去世后，闽国动乱，南唐保大三年（945年），南唐和吴越灭闽国，同年九月，南唐占领汀州。两宋期间，因龙岩地处偏僻地区，政局基本较为安定。南宋时，大量客家人经过江西进入闽西，促进龙岩进一步发展。南宋景炎二年（1277年），元军占领汀州后，由于战乱和瘟疫等原因，生产力遭到摧残，人民生活艰难，人口严重下降。明清时期，汀州社会经济开始走向繁荣，成为闽西商品贸易的中心与集散地。

　　佛教于唐武德三年（620年）传入龙岩。唐开元年间（713—741）在汀城建造了第一座佛寺——开元寺。唐宋年间，龙岩佛教开始逐渐兴盛，僧尼达千余人，出现了被后人尊称为"佛"的惠宽和定光两位高僧。明清时期，龙岩佛教仍有发展。明政府设立"僧会司"管理寺院，此时汀州有"佛门八大寺"，如定光寺、报恩寺、同庆寺等著名寺院。清代龙岩各地佛寺有所增加。

　　龙岩由于位置比较偏僻，经济发展缓慢，塔的数量并不多。龙岩目前年代最早的塔是长汀双阴塔，建于唐开元年间。宋塔只保留两座，即文明塔和天台庵舍利塔，其他均建于明清时期，主要是一些振兴文运的文峰塔和文昌塔。清乾隆三年（1738年）《龙岩州志》里仅记载了几座塔，如崇文塔、挺秀塔和巽峰塔。龙岩古塔最有特色的是把许多文昌阁建成宝塔式建筑，如罗登塔、天后宫塔、罗灯塔、罗星塔等，这些建筑既是楼阁，又具有塔的特征，体量基本都很高大。

目前龙岩留存的古塔共25座，其中，楼阁式塔22座，亭阁式塔1座，异形塔2座。其中新罗区6座，漳平市4座，永定区3座，上杭县8座，武平县2座，长汀县2座。按照年代划分，唐代1座，宋代3座，明代11座，清代9座，民国1座。

一、新罗区古塔

1. 文明塔

位置与年代：文明塔又名长塔、白叶塔，位于新罗区适中镇仁和村西侧约5公里的崇山峻岭之巅，建于南宋绍兴年间（1131—1162），福建省文物保护单位。

建筑特征：文明塔为平面八角九层楼阁式空心土砖混合塔，高23.26米，占地面积50平方米。文明塔原有11层，但在明代和1958年时遭到雷击，目前剩下9层。一至七层为南宋原结构，采用土材，从第八层开始改用砖材，是明代重修时留下的，体现了明代砖塔的特征。塔身第一层底边长3.2米，正面辟一高1.9米、宽0.8米、进深1.65米的券拱式门，门上方嵌有牌匾，刻"文明塔"三

文明塔

字，据说是理学家朱熹所书，背面还有一个同样大小的拱门，今已被土封堵。塔身逐层收分，上下两层塔门位置相互错开。塔身每层都留有排列整齐的圆孔，应该是当年建塔时搭脚手架留下的。层间以菱角牙子叠涩出檐，但破损严重，塔檐已基本无存，并长满青草。塔心室原有的木楼梯均已毁坏，成为空筒式结构，目前在塔内壁上还能看到一些当年放置木桁条的孔洞。由于原有的塔顶盖已消失，塔顶端成为八角形空洞。塔心室犹如一个天井，站在塔内，抬头可望见天空。

文明塔采用与永定土楼相似的版筑建造技术，以当地的石灰、砂子和黄土为原材料，再加入糯米浆和红糖，而且还在黏土中加入些小石子，使土层更为坚固。经过800多年的风吹雨打，塔身表面没有出现明显的风化痕迹，仍然十分平整、光滑，用手拍打塔身，感觉相当结实，说明当年材料加工得很精细，具备高超的夯土技术。我国众多古塔中，采用生土夯成的土塔极其少见，文明塔被同济大学路秉杰教授称作中国第一土塔，编入《全国第三次文物普查重要新发现》一书中。文明塔外壁斑斑驳驳，土褐色中透着灰白色。由于塔坐落于山顶，周边荒无人烟，在草木的簇拥下，文明塔更显苍凉。

文明塔塔心室

文化内涵：根据当地村民介绍，适中镇形状犹如一艘大船，船头向着东海，为了拴住这艘船，保住文运与财运，人们就在适中溪附近山顶建文明塔以镇之。

2. 挺秀塔

位置与年代：挺秀塔又称水门塔，耸立于新罗区龙川东路右侧，在龙川、丰溪两条河流的汇合处，由龙岩知县曹元儒倡建于明万历九年（1581年），后来被毁，明崇祯年间（1628—1644），知县朱泰桢重建，知州金世麟在清乾隆四十年（1775年），又重新修复，并增加塔的高度，1984年进行过修缮，现为龙岩市文物保护单位。

建筑特征：挺秀塔为平面六角七层楼阁式空心砖塔，通高20米。花岗岩石砌基座位于江中，呈船形，高3米，东西宽6米，南北长25米。这种船形基座无疑是借鉴桥墩的造法，前后为尖形，正好对着上下游，

挺秀塔

利于排水，减少河水对基座的冲击，保证塔能安稳地立于江中。全塔以青砖垒砌，每层收分显著，整体呈尖锥状，造型清秀挺拔。挺秀塔塔身收分是福建楼阁式古塔中最大的，形状犹如毛笔的笔尖。挺秀塔周边江面宽阔，风力较大，这种尖锥形塔身有利于防风。每层塔身辟4个拱形门，位置逐层相互错开。塔檐下方施三层菱角牙子，檐口略有弯曲，角脊前端高翘，有向上腾飞之势。六角攒尖收顶，塔顶上立着一个体量较大的宝葫芦塔刹。塔心室为空筒式结构，内架有梯子可登塔，但空间

较为狭窄。塔的二三两层有历代文人的题刻，二层塔身 3 块碑刻分别刻"挺秀塔""鳌吐云峰"与"秀挺中央"；三层塔身的 3 块匾额刻"古志文峰""双流夹秀"与"今昔大观"。塔正中还有记载乾隆四十年（1775 年）重修经过的碑刻。其中，"鳌吐云峰"和"双流夹秀"旁刻有"乙未年"，乙未年就是六十甲子中的一个，又称为未羊年，经过推算，正好就是乾隆四十年，即 1775 年，说明这几块碑刻是当年重修时嵌的。整座塔以青砖色为主，塔檐涂白灰，塔刹为暗红色。挺秀塔有着一种纤细、飘逸、雅致的文人情调。

文化内涵：传说清雍正年间，新任龙岩的州官做了一个梦，一头奔跑的金牛，边跑边拉屎撒尿，而屎马上变成黄金，尿变为美酒。州官担心金牛消失，一把抓住牛的尾巴，但被牛给踢倒了。第二天州官立即登上附近的山顶观察龙岩城区的地形，发现城区形状原来像一头横卧的牛，于是在州衙门口右面挖了一口四眼井，用以套紧金牛的四条腿，同时在水门东向的龙川河中，建造一座挺秀塔以拴住牛鼻子。从塔身碑刻内容来看，挺秀塔还有振兴龙岩文运的作用。龙川从西向东横穿龙岩城区，挺秀塔正好坐落于老城区东面的龙川与丰溪交汇处，是三江汇合之地，把住龙岩的出水口。这里水流湍急，因此把塔基建成船形。

3. 龙门塔

位置与年代：龙门塔又名魁星阁、楼云阁，位于新罗区龙门镇湖洋村龙门潭龙门桥上，距龙岩市区约 6 公里，由明代巡察御史余乾贞建于明万历十四年（1586 年），1981 年被烧毁，1985 年重修。

建筑特征：龙门塔为平面八角七层楼阁式空心砖塔，高 10 米。第一层开 3 个券拱形塔门，二至三层分别辟有 4 个圆形窗。第一层塔身每边长 1.66—1.7 米，正门高 1.94 米，宽 0.72 米，门上匾额写"龙门塔"三字。塔檐为仿古建筑屋檐，檐下施一跳木斗拱，铺设琉璃瓦、滴水、瓦当等，角脊上为蛟龙雕刻。八角攒尖收顶，宝珠式塔刹。塔心室为壁边折上式结构，一层楼板开一小洞，需要架设梯子

龙门塔

方可以登塔。塔身涂以白灰，塔檐金黄色，新修的龙门塔已无当年古朴的风韵。

文化内涵：关于龙门塔有不少故事。传说这里原是一个大湖，有一天观世音菩

萨经过此地，便派了一只大鲤鱼在湖边冲开一个口，把水引向田地，以便利于人们的生产与生活。鲤鱼费了九牛二虎之力冲开了左右两个口，而在左边石壁上出现了"龙门"两个字。但是两口之间的一块岩石还未冲毁，鲤鱼却因疲劳过度而死亡，并变成了一块陆地留在原处，称为"鲤鱼坝"。多年之后，人们给两口之间的岩石命名为"石谷仓"，希望能保佑年年丰收。为了防止这块巨石被水冲毁，于是在岩石上建一座楼云阁，后改名为龙门阁，即如今的龙门塔。另外还有一个传说，这里因地形如一筲箕（民间用来淘米或盛米的扁形竹器），所以十分富有，但小池溪从东面经过龙门崆而去，为了防止财运被水冲走，当地村民就在龙门崆修桥，并在桥上建一座风水塔，即龙门塔，用以镇邪。龙门塔正好位于龙门桥中间的花岗岩桥墩之上，与莆田萩芦溪大桥塔一样，均为桥中塔。桥两边被两座大山相夹，怪石嶙峋，绿树茂密，地势险峻。

4.步云塔

步云塔

位置与年代：步云塔位于新罗区雁石镇大吉村东北向的象形山上，俗称大吉塔，又称象形塔，由大吉乡贤汤健始建于清康熙年间（1662—1722）。

建筑特征：步云塔为平面六角七层楼阁式空心砖塔，高15米，占地面积40平方米。塔身收分较大，无平座，第一层塔身高2.05米，底边长2.95米。每层塔身均开券拱式塔门或圆形、方形窗户，上下位置逐层交错，其中第一层塔门高1.75米，宽0.78米，门上方原有匾额，但文字已模糊不清，难以辨认。层间以三层平砖叠涩出檐，出檐较短促，檐口水平，角脊高翘。六角攒尖收顶，宝葫芦式塔刹。塔心室为螺旋式结构，以木楼梯盘旋而上，每层之间铺设木楼板，但现已严重损坏。地宫曾经被盗过，还留有一圆形盗洞，不知有何文物丢失。塔身呈灰白色，已有多处裂痕，塔刹为红色。塔四周树木茂密，站在塔旁，透过密林可远眺大吉村。

文化内涵：步云塔整体造型犹如一支毛笔的笔尖，可以看出，这是一座文笔塔，保佑当地文运发达，多出人才。如今，汤健的许多后人还生活在大吉村中，但是，他们对这座祖先建造的塔似乎已漠不关心。

5. 龙池塔

位置与年代：龙池塔位于新罗区小池镇汪洋村的龙池书院内，又名三层塔，文昌阁、奎阁，建于清嘉庆七年（1802年），龙岩市文物保护单位龙池书院的附属建筑。

建筑特征：龙池塔为平面六角三层楼阁式空心砖土木混合塔，坐西朝东，高10米。花岗岩基座高0.3米，边长5.26米。第一层塔身设有回廊，东面开门，门高2.2米，宽1.34米，门槛高0.2米。塔身每层辟有方形窗、圆形窗或八角形窗，其中二层圆窗上方写

龙池塔

有"龙吟""虎啸"四字。二、三层转角施方形倚柱，柱头斗拱以五铺作双抄承托塔檐，一层倚柱宽0.35米。层间为六角木构屋檐，铺设瓦片、瓦当与滴水等，角脊翘起。檐下施椽条与枋。六角飞檐攒尖顶，宝葫芦式塔刹。塔心室为壁边折上式结构，木梯紧靠后面塔壁，每层均有木楼板，室内空间较大。龙池塔塔身白色，倚柱、门窗与塔刹枣红色，塔檐深灰色，在周边绿树的映衬下显得清晰稳健。整座塔建在两块褐色岩石之上，背靠着山崖。

文化内涵：龙池书院沿山体建在半山腰之间，包括上书院、中书院和下书院三部分，中书院供奉孔子神像与乡贤灵位，龙池塔属于上书院。书院建筑排列巧妙，背倚绿树成荫的山坡，周边环境极为幽雅。1914年，这里成为龙池学校；1929年又

改为列宁学校；同年红四军入闽后，毛泽东主席与朱德总司令曾在此召开军事会议，并制定攻打龙岩的方案；1930年朱德在此召开小池乡第一次工农代表大会。

6. 擎天塔

位置与年代：擎天塔位于新罗区中山公园北侧，龙川的西面，建于民国十六年（1927年），1949年之后曾经进行过5次维修。

建筑特征：擎天塔为平面六角七层楼阁式空心砖塔，通高25米。第一层塔身没有塔基，直接立于地面，高1.92米，底边长1.53米。塔身一层没有开门，

擎天塔

完全封闭，二至七层每层辟 3 个券拱式门，其余塔壁嵌匾额，位置逐层相互交错，其中二层的 3 块题额均刻阴文"擎天塔"。层间以三层菱角牙子加平砖叠涩出檐，檐口微翘，檐角翘起。六角飞檐攒尖收顶，宝葫芦式塔刹，塔刹四周用铁圈和铁链固定。塔心室为塔心柱式结构，中间立一根圆形木柱，塔壁与木柱之间为木板，木板一端嵌入塔心柱，另一端插入塔内壁，形成螺旋式构造，保证塔的坚固性，也可作为登塔使用。由于一层塔身无门，如要登塔需要借用梯子登到二层塔门，进入塔心室后再通过螺旋式木梯登塔。塔身整体为青砖色，二层匾额底面黄色，字与塔刹均为红色，具有端庄肃穆之感。擎天塔虽然起了一个霸气的名字，但却显得轻巧而柔美，继承了清代文峰塔的建筑风格。如今，擎天塔四周建曲折形通道，并设镂空栏杆，均采用青砖，与塔材质相一致，旁边还种植樟树、棕榈树等。

文化内涵：擎天塔所在的梅亭山比较矮，又坐落于市区，因此有补地形、兴文运之意。中山公园与擎天塔同时建造。1929 年 6 月，红四军攻克龙岩时，毛泽东主席曾在中山公园宣布成立龙岩第一个红色政权。

二、漳平市古塔

1. 天台庵舍利塔

位置与年代：天台庵舍利塔位于漳平市赤水镇香寮村天台庵，建于南宋，是天台庵慧真法师的墓塔，漳平市文物保护单位。

建筑特征：天台庵舍利塔为平面七角六层楼阁式空心石塔，高 3.2 米，坐北朝南。一至三层塔身南面辟一券拱形塔门。层间以条石出短檐。六角挑檐收顶，垂脊高翘，宝葫芦式塔刹。舍利塔下三层较宽大，上三层收分显著，塔身侧面形成一条抛物线，整体造型稳重粗壮，具有密檐式塔的特征。因石塔坐落于密林之中，环境潮湿，塔上长满青苔，塔身颜色斑斑驳驳，饶有意趣。

天台庵舍利塔

文化内涵：慧真法师从小父母双亡，以放牛羊为生，后在天台庵听高僧讲《金刚经》，有所感悟，于是参拜临济宗黄檗寺宗杲法师，经过多年修行，终于得道，并常常救助百姓，圆寂后被民众奉作神。现今每年的六月初一为慧真法师迁化日，众多信徒会来到天台庵烧香许愿，缅怀法师。

2. 麟山塔

位置与年代：麟山塔位于漳平市双洋镇南面的麒麟山半山腰，又名圆觉塔、白塔，始建于明万历三十年（1602 年），清康熙十八年（1679 年）与光绪元年（1875 年）曾进行修缮，福建省文物保护单位。

麟山塔

建筑特征：麟山塔为平面八角七层楼阁式空心砖塔，坐东朝西，高 23 米，占地面积 300 平方米。八边形花岗岩基座高约 0.25 米，边长 4.2 米。塔身收分较小，其中塔身第一层底边长 3.22 米。二至七层塔身两面辟拱形窗，另六面辟券拱式佛龛，内原先供奉佛像，现已丢失。第一层正门上方塔檐采用闽西北地区宗祠大门的牌坊式建筑样式，正楼高，两旁次楼低。券拱式门高 2.23 米，宽 0.76 米，进深 2.05 米，门上方匾额书写"圆觉"两字，取自佛教《圆觉经》经名，代表佛的圆照清净觉相，两旁墨书楹联高 1.5 米，宽0.255 米。层间以四层菱角牙子加五层平砖叠涩出檐，檐口平直，檐面铺设瓦片、瓦当、滴水等构件。八角攒尖顶，垂脊高翘，有腾飞之势，宝葫芦式塔刹。塔身通体白色，体型饱满，具雍容华贵之感。塔心室为壁边折上式结构，内有木梯盘旋通往顶层，可纵览双洋镇美景。福州白塔（定光塔）高 45.35 米，麟山塔高 23 米，两座"白塔"一高一低，一瘦一胖，形成鲜明的对比。

麟山塔塔门

文化内涵：麟山塔坐落于双洋镇出水口，有保运势之意，目前四周已建成麟山公园，树木茂密。塔旁有祝圣寺、祖师殿、观音阁、戏台等古建筑。

3. 毓秀塔

毓秀塔

位置与年代：毓秀塔位于漳平市永福镇李庄溪与吕坊溪交汇处，始建于宋代，原先为木塔，但在明末被火焚毁，清乾隆四十三年（1778年），用三合土和砖重新建造，漳平市文物保护单位。

建筑特征：毓秀塔为平面八角七层楼阁式空心土砖混合塔，高22米，坐东朝西。高大的基座和塔身第一层用花岗岩垒成，塔基西面有石阶通往塔门，其余各面建石栏杆。塔身二至五层为三合土材料建成，六七两层采用砖材。塔身收分较大，无平座，第一层高3.15米，底边长2.28米，西面开长方形石门，高2米，宽1.25米，门上方有门当，门额刻淡红色行书"毓秀塔"三字，南北面券龛高0.75米，宽0.69米，进深0.31米。二至七层每层分别辟有圆形窗、券拱式门与八卦形窗。门窗样式多样，具有强烈的节奏美。门窗上方还嵌有圆形、长方形、扇形等匾额，内绘有人物、花鸟草虫等吉祥图案。塔身四层西北面嵌一八边形卷草砖雕，线条流畅大方。层间以一层菱角牙子加两层平砖出檐，檐口弯曲，檐角翘起，檐面向内凹，角脊雕刻鸱尾造型。仿木构八角挑檐收顶，宝葫芦式塔刹。塔身与塔刹均为浅红色，匾额底色为白色，红白相间，色彩明朗醒目。

文化内涵：毓秀塔是永福镇的风水塔，塔旁就是燕溪，水流湍急。塔名取自成语"钟灵毓秀"，有凝聚天地间灵气，孕育优秀人物之寓意，造塔者希望当地人才辈出，文风鼎盛。塔边有妈祖庙、燕溪桥等名胜古迹。每年的农历三月二十三日妈祖诞辰日，这里会举行大型祭典活动。

4. 北屏山塔

北屏山塔

位置与年代：北屏山塔位于漳平市永福镇李庄村的道路旁，建于清嘉庆年间（1796—1820）。

建筑特征：北屏山塔为平面六角三层楼阁式空心土砖混合塔，高13米。第一层塔身开一长方形石门，

二、三层塔身辟有方形窗或拱形窗。层间以一层菱角牙子加两层平砖出檐，外挑短促，檐口平直。仿木构六角重檐收顶，出檐较大，檐下施椽条，其中第一层塔檐下方以插拱支撑檐角，第二层塔檐垂脊前端高翘，檐面铺设瓦片。塔刹为宝葫芦式造型。塔心室为壁边折上式结构，原有木梯和楼板，但已基本损坏。塔顶的八边形藻井基本保存完好，转角采用六铺作三抄式斗拱承托顶盖，结构精巧美观。整座塔以三合土建造而成，塔身通体土黄色，局部墙体已出现裂痕，塔顶飞檐为褐色，总体感觉朴实浑厚。

文化内涵：北屏山塔坐落于李庄村入口，是一座风水塔，培植当地的文风，保佑着李庄村文运发达。

三、永定区古塔

1. 天后宫塔

位置与年代：天后宫塔位于永定区高陂镇西陂村天后宫，又称文塔，始建于明嘉靖二十一年（1542年），完成于清康熙元年（1662年），全国重点文物保护单位天后宫的主体建筑。

建筑特征：天后宫由大门、戏台、大宝殿、登云馆和天后宫塔组成，坐南朝北，建筑面积1600平方米，占地6435平方米，规模宏大。天后宫塔为楼阁式空心砖木塔，通高40米，一至三层平面四角，四至七层平面八角。基座以天然条石垒砌而成，基面土墙厚1.1米。塔身一层为高6.5米、宽12米、长14.4米的三开间主殿，正中间立4根圆形

天后宫塔

天后宫

木柱，用以支撑塔的重心。塔身二至七层辟有方形或圆形窗户，其中二三层每面三

开间，四周设走廊。一至三层木构四角飞檐，四至七层木构八角飞檐，檐口向上弯曲，角脊高高翘起，角脊前端装饰卷草纹，檐面铺设瓦片、瓦当等构件。塔顶为八角攒尖顶，配有数十个铜铃，塔刹以景德镇特制的圆缸垒成宝葫芦造型，再用 8 毫米的粗铁链拴紧。塔心室为壁边折上式结构，木楼梯隐藏在神龛后面，还设一个小门。一层走廊分别挂有一口钟和一面鼓，象征钟鼓楼。第一层供奉妈祖，神龛上高悬"神昭海表"；二层供奉关帝，塔门牌匾书"忠义参天"；三层供奉文昌帝君，牌匾书"文昌阁"；四层为魁星，牌匾书"魁星阁"；五层是仓颉；六七两层采用纯木结构，轴心为大圆杉木，四周为向八方辐射成年轮状的数十根方木条，类似泉州开元寺东西塔塔心室构造，施工技术高超。天后宫塔塔身白色，塔柱深红色，塔檐深灰色，塔刹为红、黄、蓝、白、青等诸色，色彩缤纷，与四周的青山绿水构成一幅绝美的画面。天后宫塔是福建体量最大的塔，浑厚庄重，雄伟壮观，气势磅礴，同时也是我国现存唯一一座明代宫殿式七层文塔。

塔四周建有 36 间护塔房，塔前为大厅堂和约 300 平方米的天井，厅堂上方木横梁雕刻有狮子、蛟龙、花卉等图案，天井两边建有两层回廊；塔后登云馆是当年的学堂，馆前有个小天井，种有柏树和桂花两棵古树。天后宫大门气势恢宏，雕梁画栋，溢彩鎏金，装饰有浮雕、壁画、书法等。入口处有一个戏台，台顶"雷公棚"呈半圆穹窿形，镶嵌一斗三升等立体图案，具有良好的集音效果。

文化内涵：西陂天后宫是莆田湄洲妈祖庙的分灵。西陂村村民基本上都姓"林"，是闽林始祖亦即海神天后（妈祖）的后裔，历史上许多村民出海谋生，因此建天后宫祈求妈祖娘娘保佑，体现涉海民众崇拜海神妈祖的愿望。另外还有一种传说，因永定河每年几乎都会暴发洪水，林氏家族就在村尾的河边建了座庞大的天后宫，希望得到妈祖娘娘的庇护，关龙锁脉，镇风压水。天后宫塔及四周建筑文化底蕴极为丰富，有 30 多对楹联，其中 13 对木刻长联、17 块牌匾，其中最具价值的是正殿大门乾隆御赐的楹联："忠信涉波涛，周历玉洲瑶岛；神明昭日月，指挥水伯天吴。"天后宫塔四周景色优美，右侧有多棵参天的百年古榕树，前方有一口"仙水塘"，一到夏季，满池开遍荷花。

2. 镇江塔

位置与年代：镇江塔位于永定区大溪乡联和村联和溪畔，建于清康熙五十六年（1717 年）。

建筑特征：镇江塔为平面六角三层楼阁式空心土木混合塔，高 18 米，占地面积约 200 平方米。基座以条石垒砌，设石阶通往塔门。塔身一层底边长 4.05 米，正面开一石门，高 1.96 米，宽 1.29 米，门槛高 0.2 米，门上匾额书"镇江塔"三字楷书，两边对联"镇土保民赫，五通昭万古；江清海晏巍，显德播千秋"。石门上方浮雕双狮戏球，对联四周为几何形纹饰，上方塔

镇江塔

壁嵌入两只蝙蝠图案。六角木构塔檐，出挑深远，角脊前端雕龙、鱼等吉祥神兽，檐面铺设瓦片、瓦当、滴水，围脊上装饰几何图案，檐下施椽条、枋等，垂花底部雕莲花造型。一至三层均有外廊；二、三层走廊围以密封木栏板，还辟有方形与圆形窗。六角塔檐收顶，出檐深远，宝葫芦式塔刹。塔心室为壁边折上式结构，有木楼梯可登上三层。整座塔为抬梁式木构架，外墙用泥土夯筑。塔身白色，木柱和塔刹深红色，木栏杆有红色、黄色、蓝色，塔檐深灰色。

文化内涵：镇江塔建于联和溪中的一块岩石之上，构思巧妙，是村庄镇水妖、兴文运的风水塔。

3. 鲤鱼浮塔

位置与年代：鲤鱼浮塔位于永定区抚市镇东安村东华山寺后山，建于清嘉庆四年（1799 年），永定区文物保护单位。

建筑特征：鲤鱼浮塔为平面六角四层楼阁式空心砖木塔，高 15 米。每层设有方形或拱形的门和窗，并建有木构走廊。塔身一层高约 2.95 米；塔身二层底边长 2.3 米，塔门高 2.1 米，宽 1.19 米，平座走廊宽 0.58 米，栏杆高 1.06 米；三层底边长 1.97 米，塔门高 2.13 米，宽 0.99 米，走廊宽 0.7 米，栏杆高 1.06 米。从二层通往三层的木楼梯宽 0.63 米，只能容一人通行。六角木构出檐，檐下方施椽

鲤鱼浮塔

条，角脊前端高翘，檐面铺设瓦片、瓦当、滴水等。六角攒尖收顶，宝葫芦式塔刹，刹顶雕刻一只飞翔的凤凰。

文化内涵：鲤鱼浮塔坐落在东华山寺后的半山腰上，背倚树木茂盛的山崖，地势险峻，传说是用来镇压作乱的鲤鱼。建于清乾隆四年（1739 年）的东华山寺，依山势而建，颇为奇特。

四、上杭县古塔

1. 罗登塔

位置与年代：罗登塔位于上杭县临城镇上登村，俗称回龙阁，始建于明洪武年间（1368—1398），清代重修，福建省文物保护单位。

建筑特征：罗登塔为五层楼阁式空心砖木混合塔，坐东朝西，高16 米，其中一至二层平面为四角形，三至五层平面为八角形。塔身第一、二层面阔三间，其中一层

罗登塔

面阔 15 米，进深 16 米，正门上方横额写"回龙阁"；三、四层面阔一间。每层设有方形、圆形或格子窗。悬山式塔檐，出挑较远，檐下方施椽条，角脊高高翘起，檐面铺设瓦垄、瓦当、滴水等构件。三、四、五层设平座走廊，围以木栏杆，转角倚柱上方施五铺作斗拱承托檐角。八角攒尖收顶，宝葫芦式塔刹。一至四层塔心室为壁边折上式结构，木楼梯沿着塔壁盘旋而上。罗登塔建造技术考究，整体构造严谨，颇有气势。塔身原抹白灰，现部分墙面脱落，露出土黄色和红砖，塔檐深灰色，木构件灰色，塔刹红色，色调极为古朴。

文化内涵：罗登塔内供奉着地藏王菩萨、妈祖、三位仙师、财神、魁星等神像，乡民祈求诸神保佑家庭永远幸福安康，生活美满。每年的农历正月十二日和六月初六日，罗登塔都会举办庙会，村民们在此欢聚一堂，非常热闹。

2. 罗灯塔

位置与年代：罗灯塔位于上杭县临城镇上登村，俗称回澜阁，建于明万历元年（1573年），据《上杭县志》和《蓝氏家谱》记载，此塔为蓝田开基始祖三十一郎公次子满郎公倡建的，清道光十五年（1835年），举人蓝利田集资进行维修，上杭县文物保护单位。

罗灯塔

建筑特征：罗灯塔为三层楼阁式空心砖木混合塔，坐东北朝西南，高16米，其中一二层四角形，三层八角形，建筑面积400多平方米，占地2000平方米。第一层分上下两厅堂，上厅供奉"三位仙师"，下厅两边为南北厅，正中间是庭院。第二层供奉"妈祖娘娘"。第三层八面开窗，西南采用圆形窗，其他为长方形窗。悬山式塔檐，出挑深远，檐下方施椽条，角脊高翘，檐面铺设瓦片、瓦当与滴水等，檐上没有设走廊。八角攒尖收顶，宝葫芦式塔刹。塔心室为壁边折上式结构。

文化内涵：罗灯塔周边河流源于武平县象洞迳口，民间称为"腰带水"，名"回澜显祖形"，因此取名回澜阁。

罗登塔与罗灯塔作为上登村的风水塔，被村民寄予厚望，人们希望双塔能镇邪驱魔，保佑民众吉祥平安，文运昌盛，体现了客家人崇文重教、辟邪趋利的思想。

3. 周公塔

位置与年代：周公塔位于上杭县中都镇上都村三元岭山巅之上，又名三元塔，由汀州巡道朱大典出资建于明天启七年（1627年），福建省文物保护单位。

建筑特征：周公塔为平面八角七层楼阁式空心砖塔，高26米。基座高3.16米，以条石垒砌，十分坚固。塔身每层均辟有券拱形门窗，每层上下位

周公塔

置相互交错。塔身二层北面嵌有长方形匾额，刻楷书"周公塔"，字体浑厚有力。层间以两层菱角牙子加两层平砖出檐，出挑较短，檐口水平，角脊略有翘起。八角攒尖收顶，宝葫芦式塔刹。塔心室为空筒式结构，设有木构楼梯盘旋而上。部分塔檐、塔门以及门窗已破损，急需修缮。由于全部采用青砖砌筑，塔身通体深灰色。

文化内涵：朱大典原在三元岭下的古驿道旁建有两座镇蜈蚣精的风水塔，用以祈求当地文运发达，人才辈出。其中，在蜈蚣头顶建大塔，在蜈蚣尾巴建小塔，如今只剩下大塔。还有一个传说，因此地有帝王之气，皇帝担心这里会出天子，于是命人在龙脉穴位上建塔以镇之。

4. 罗星塔

位置与年代：罗星塔位于上杭县中都镇田背村，原名水口宫，又名云霄阁，始建于明嘉靖年间（1522—1566），福建省文物保护单位。

建筑特征：罗星塔原本为两层楼阁式建筑，清乾隆时期改建为 7 层，高 20 米，占地面积 800 平方米。基座以花岗岩条石砌筑，塔身以生土垒砌，一二层为四角形，三至七层为八角形，转角施插拱以承托檐角。层间木构挑檐，出檐深远，檐口弯曲，角脊前端翘得特别高，雕龙鱼造型，铺设瓦片、瓦当、滴水等构件。木构八角攒尖

罗星塔

顶，宝葫芦式塔刹。塔身略微向北倾斜，据说是当年设计师考虑到风向而有意为之。塔心室为壁边折上式结构，设有木梯可登塔，天花板彩绘各种花卉图案。

第一层主殿分为夫人堂与仙师殿，夫人堂门前对联"黄鹤归来带得松花香丈室，白云飞去放开明月照禅心"。仙师殿供奉仙师菩萨，门前对联"佛地有尘风自扫，禅寺无锁月常关"，殿堂外壁书写楷书"南无阿弥陀佛"；塔身二层是观音殿，供奉观世音菩萨，门前对联"紫金山清源山不如此处神灵救灾更快，禅林寺义合寺总是共个菩萨求福在诚"；三层是玄天帝殿；四层是北帝祖师殿；五层是天后圣母殿；六层是魁星点斗殿；七层是钟鼓楼。

文化内涵：罗星塔是上杭县境内年代最久远、保存最好的古建筑，是当地锁水口、保安康的风水塔，具有儒、释、道三教文化内涵。据说中都镇在历史上先后建有6座罗星塔，历经风雨摧残，如今只剩下一座。传说当年有师徒二人一起在两个村庄同时建塔，并同时完工。师傅所建的塔笔直高耸，而徒弟为了显示其高超的技艺，有意把塔建得有些倾斜，但却斜而不倒。20世纪80年代，人们发现塔内用马皮做的鼓居然长出了长毛，后来被中央电视台《走近科学》栏目的《"鼓"惑人心》专门报道过，成为一大奇闻。

5. 香林塔

位置与年代：香林塔位于上杭县西普陀山的密林中，建于明崇祯五年（1632年），福建省文物保护单位金玉顶石屋附属建筑。

建筑特征：香林塔为平面六角亭阁式石塔，高3.6米，坐东北向西南。单层须弥座，塔足刻如意形圭角，底边长1.66米。塔身正面开一长方形门，内嵌石碑，刻"临济派开山比丘香林大师和尚宝塔莲座"。六角攒尖收顶，檐口平直，檐角微微翘起。刹座为覆钵形，宝珠式塔刹。这

上杭香林塔

种造型的亭阁式塔在我国其他地方也出现过，如湖北黄梅县建于宋代的黄梅众生塔也是如此建筑样式。

文化内涵：金玉顶石屋建于宋代，明代重新修复，仿木构硬山式建筑，是僧人闭关、坐禅与静修的地方。

6. 凌霄塔

位置与年代：凌霄塔位于上杭县太拔镇院田村水口，又称凌霄阁、八角楼，由李锡贡募建于清康熙年间（1662—1722），2007年又进行修缮，现为上杭县文物保护单位。

建筑特征：凌霄塔为平面八角七层楼阁式空心土木塔，抬梁式构架。第一、二层塔身较高，三层开始收分突然增大，具有密檐式塔的特征。每层均开有拱形或方形门窗，一层券拱式塔门上方牌匾写"云屏晓碧"，两边对联"高步层楼期造极，俯

凌霄塔

凌霄塔塔檐

临曲涧想逢源"；二层塔门上方牌匾写"凌霄阁"，两边对联"眼孔放开迎紫气，胸襟宽阔拥青峰"。第二层以上设塔檐，出檐深远，檐口向上弯曲，角脊前端高翘，仿龙首状，檐面铺设瓦片、瓦当与滴水等构件，檐下方施椽条。二层设有平座，外以木板栏杆围合。塔身转角上方施插拱以承托檐角。八角攒尖收顶，宝葫芦式塔刹。塔心室为壁边折上式结构，内部木结构精巧，从四层开始都以正中间一根木头固定，再向外相互穿插而成，这是典型的客家建筑特色。凌霄塔外墙白色透着土黄色，塔檐为深褐色，二层木板栏杆为暗红色。如今塔四周修建了一个开阔的观景平台。

文化内涵：凌霄塔原本是当地人读书的地方，外墙有清代文人留下的许多诗词，如姑苏沈德新有诗曰："澄明月印波心镜，淡荡云飞槛外烟。"凌霄塔地处儒溪河畔，具有锁水口、兴文运的功能，周边群山环抱，树木郁郁葱葱。

7. 文昌塔

位置与年代：文昌塔位于上杭县蛟洋乡，俗称文昌阁，始建于清乾隆六年（1741年），乾隆十九年（1754年）完成，全国重点文物保护单位。

建筑特征：文昌塔为楼阁式空心砖木混合塔，外观六层，实际内部四层，一至

四层为四角形，五六两层为八角形，通高 26.9 米，占地面积 1500 平方米。塔身开有方形或圆形窗户，立面丰富。采用悬山式结构，层层飞檐翘角，出檐较为深远，角脊高翘，檐面铺设瓦片、瓦当与滴水等构件，角脊饰凤尾反翘，以木插拱承托塔檐。整体框架为穿斗式木构架，具备较强的抗震能力，经历过多次地震而安然无恙。八角攒尖收顶，宝葫芦式塔刹。文昌塔有两道门，第一道门采用闽西民居牌坊式大门的样式，进入大门后是一个铺满石子的长方形天井，两边各有一个厢房，然后再进入第二道门，就来到一层塔心室。塔心室为壁边折上式结构，其中第一层为庑殿式厅堂，

文昌塔

文昌塔塔檐

供奉孔子；二层为方形神殿，四周设有走廊，供奉文昌帝君；三层供奉文魁星；四层八面均开窗。文昌塔一层四周设有狭窄的走廊，右边第一间是毛泽东主席故居。文昌塔集塔、厅、堂、殿、阁为一身，规模宏大，整体建筑没有使用铁钉和其他铁质构架物。文昌塔一、二、五、六层塔身白色，三、四层为灰色，塔檐与木框架为深红色。

文化内涵：文昌塔原先是供奉文昌帝君的地方，用以招纳"文运"，每年农历三月初三，古代文人都会在此聚会，"会试""文会"和"祭祀"都在此举行。1929 年 7 月 20 日至 29 日，这里召开中国共产党闽西第一次代表大会，毛泽东、谭震林、江华、蔡协民、贺子珍等人代表红四军出席会议，大会通过了《中共闽西第一次代表大会之政治决议案》，制定了闽西土地革命总路线。1929 年 6 月，红四军党的"七大"以后，毛泽东曾经住在文昌塔。目前文昌塔已成为革命纪念馆。

8. 耸魁塔

位置与年代：耸魁塔位于上杭县下都乡砂睦村的山顶，始建于清嘉庆四年（1799 年）。

耸魁塔

建筑特征：耸魁塔为平面八角五层楼阁式空心土砖混合塔，高 17 米。基座以花岗岩垒砌，高 3.5 米，十分结实。塔身为三合土建造，第一层西面开券拱式门，门额上牌匾刻行书"耸魁塔"，上款"大清嘉庆十五年庚午菊月立"，下款"径口王瑗公裔建"。二至七层塔身均辟券拱形窗，上下位置相互交错。层间单层菱角牙子加两层平砖出檐，出挑较短，檐口水平，檐上无平座。八角攒尖收顶，宝珠式塔刹。塔心室为壁边折上式结构，设有木梯通往塔顶层，每层之间铺木楼板。由于前几年耸魁塔曾修缮过，塔身被抹成灰白色。

文化内涵：耸魁塔建于山巅，高耸入云，如天上掉下的一把长铜。下都乡与广东梅州市梅县区松源镇交界，是闽粤分界线，有一条古道穿过此地，曾经商客云集，耸魁塔 200 多年来保护着过往的行人，具有镇邪之功能。不过据当地村民介绍，耸魁塔所在位置目前是属于广东梅州地界。

五、武平县古塔

1. 十方文峰塔

位置与年代：十方文峰塔位于武平县十方镇鲜南村园丁自然村的狮形山上，建于明成化年间（1465—1487）。根据《鹅山林氏族谱》所记载，明代成化年间，鲜水村的林渊源在建造鹅山祠时，在祠堂对面鲜南村的狮形山上建了一座文峰塔。

建筑特征：十方文峰塔为平面六角七层楼阁式

十方文峰塔

空心土塔，高 15 米，坐西朝东。一层塔身东面开一塔门。塔身以三合土夯砌，斑斑驳驳，有些地方还有搭脚手架时留下的小孔，塔檐与塔刹已无存。塔心室为空筒式结构，仅存数根木柱。塔前原有的石碑、石像和石狮子均已被盗。塔身呈现土灰色。

文化内涵：十方文峰塔是一座祈求文运之塔。

2. 相公塔

位置与年代：相公塔位于武平县中山镇新城村相公寨山巅，俗称溃尾塔，建于明嘉靖三十年（1551年），武平县文物保护单位。

建筑特征：相公塔为平面八角七层楼阁式空心砖塔，高 17.4 米，底边长 2.26 米，基座已被埋入地下。第一层塔身辟两个券拱式门，高 1.87 米，宽 0.58 米，进深 1.5 米，二至五层每层面辟一券窗，每层 4 个，共 16 个窗户，上下层位置相互错开。一至五层塔身为空心，六七层为实心。层间以一层菱角牙子加平砖叠涩出檐，出挑短促，檐口水平，檐面平整，角脊略微突起。八角攒尖收顶，宝葫芦式塔刹。塔心室为空筒式结构，如同一个天井，底边

相公塔

长 0.97 米，底径约 2.35 米，由于窗户较多，室内较为明亮，站在塔底向上望，还能看见第六层所铺设的石板。塔身青色中透着土黄色，每块砖高度约 0.1 米，有些地方已长出植物，如不及时处理，会损坏塔体。

文化内涵：相公塔是一座祈福、镇邪、振兴文运之塔。相传原本相公塔附近还有 6 座塔，因这里地势犹如下山猛虎，所以村民建造七座塔形成"七鞭打虎"，以镇住危害群众的老虎，但如今只剩下相公塔孤独地挺立在荒山之上。据说某年春天当地文人墨客们一起到这里登山踏春，在游览途中，大家兴致勃勃地赋诗作对，后来有人提议编印成册，大家却发现所登之山没有名字，于是为其命名为相公寨。相公有文人雅士之意，而山上的这座塔就被称作相公塔。传说因为得益于唐朝诗人崔护《题都城南庄》的"桃花依旧笑春风"的诗句，当年相公寨上种满桃花，有诗曰："相公寨上相公塔，相公塔前吟桃花。"

相公塔塔心室

六、长汀县古塔

双阴塔

位置与年代：双阴塔共有两座，其实更像是两口水井，其中一座为八卦龙井，建于唐开元年间（713—741）；另一座为府学阴塔，建于北宋咸平二年（999年），

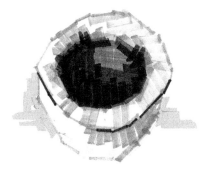

阴塔

两座阴塔相距 100 多米，长汀县文物保护单位。

建筑特征：八卦龙井位于长汀县公安局内，平面八角空心石塔，深 16 米。塔身上宽下窄，上部口径 1.72 米，采用条石垒砌，越往下越收缩，犹如一座倒插入地层的空心石塔。这里原是属于开元寺，此塔又称开元井。据说井水与汀江水相通。

府学阴塔位于长汀县政府内，平面八角空心砖塔，深 13.5 米。塔身上宽下窄，上部口径 1 米，以砖层层垒砌而成，里面终年清泉盈盈。塔旁东墙嵌有石碑，刻"府学阴塔""清嘉庆庚年四月八邑公立"。

文化内涵：关于这两座阴塔有一个传说，古代时有一名在朝廷为官的汀州人得罪了一位在汀州做官的外省人，于是这名外省人心怀不满，就在汀州城的东西山头建两座相对的塔，如两把长剑镇住汀州。后来汀州人就在城内与这两座塔相对的地方，建造两座地下阴塔，以柔克刚，保佑汀州人文昌盛。

第十六章　福州市古塔概况

　　福州别称"榕城""三山""左海"等，是福建省省会，自公元前202年，无诸被汉高祖封为闽越王开始，距今已有2200多年的建城史。福州辖鼓楼区、台江区、仓山区、马尾区、晋安区、长乐区、福清市、闽侯县、连江县、罗源县、闽清县、永泰县和平潭县，为国家历史文化名城以及海上丝绸之路的门户，是福建历史与文明的代表。

　　福州地处福建东部沿海，闽江下游两岸，四面环山，气候宜人，文化底蕴深厚，其独有的自然地理条件，曲折的历史进程，造就了福州特有的地域文化和民风民俗。从晋代八姓入闽，到唐末王氏家族的治理，福州受到中原汉文化的深刻影响。唐开元十三年（725年），开始使用"福州"之名。隋唐时期，福州逐渐成为福建的政治经济中心。五代时期，福州是闽国的都城，经济与文化较为繁荣。两宋时期，福州社会更加繁荣，文化教育达到高峰。南宋灭亡前夕，福州一度成为南宋行都。元代福州海外贸易港口的地位不如泉州。从明代开始，福州一直是福建首府，虽然受到倭寇的影响，生产发展有所缓慢，但自从郑和下西洋开始，海外贸易逐渐复苏，成为重要的海港城市，移民东南亚的民众增多。明代末年，曾为南明政权的都城。清代时期，福州城得到较大发展，海外贸易对象主要是日本和琉球。清代末期，福州成为中国船政文化的发祥地，是东南沿海文化教育的中心之一。

　　佛教在三国时期传入福州，唐代之前，福州就建有50多座佛寺。五代时，王潮、王审知兄弟在统治福州的45年间，大力发展佛教，共建寺院517座。宋代，福州佛

崇妙保圣坚牢塔（又称乌塔）

报恩定光多宝塔

文光宝塔

武威塔

圣寿宝塔

莲峰石塔

瑞云塔

紫云宝塔

教达到最盛期，建有 1625 座佛寺。明清时期，福州佛教仍有所发展，如明成化时就已拥有 1100 座寺院，真可谓盛况空前。可以看出，由于特殊的历史文化背景与地理位置，福州佛教十分兴盛，曾是福建寺院数量最多的地区，留下大量与佛教有关的遗址，塔就是其中重要的建筑。

因为佛教的兴盛，所以福州自古以来古塔众多，从南北朝起就开始造塔，如始建于南朝天嘉元年（560 年）的林阳寺隐山禅师藏骨塔。五代时期，闽王王审知父子在城区建 7 座宝塔：坚牢塔（乌塔）、定光塔（白塔）、定慧塔、报恩塔、崇庆塔、开元塔和阿育王塔，以至于北宋景德元年（1004 年），福州知州谢泌赋诗曰："城里三山千簇寺，夜间七塔万枝灯。"生动地描述了当年福州城区佛寺与古塔的美丽景观，表现了福州浓郁的佛教气氛。宋代是福州建塔高峰期，保存至今的塔有 30 多座，如文光宝塔、武威塔、尚宾石塔、龙山祝圣塔、三峰寺塔、莲峰石塔、青圃石塔、陶江石塔和千佛陶塔等。元代福州罕有建塔，目前保留有普光塔等。明清时期，福州风水思想开始流行，建了许多风水塔，如石步双塔、瑞云塔、迎潮塔、万安祝圣塔和紫云宝塔等。

据统计，福州如今保存较完整的古塔共有 128 座，数量仅次于泉州，其中，楼阁式塔 51 座，窣堵婆式塔 46 座，亭阁式塔 9 座，宝箧印经式塔 8 座，五轮塔 3 座，经幢式塔 8 座，灯塔 2 座，喇嘛塔 1 座。其中鼓楼区、仓山区、马尾区、晋安区共 47 座，长乐区 5 座，福清市 22 座，连江县 15 座，闽侯县 22 座，永泰县 2 座，闽清县 3 座，罗源县 12 座。从年代上看，南朝 1 座，唐代 2 座，五代 5 座，宋代 36 座，元代 2 座，明代 28 座，清代 34 座，民国 9 座，还有 11 座待考。古塔主要集中在福州佛教最发达的两宋和风水思想较为流行的明清时期。从分布情况来看，大部分塔位于经济文化较为发达的沿海县市，而内陆地区较少，真实体现了古代福州的经济状况和佛教发展历程。

第十七章 泉州市古塔概况

　　泉州是一座景色秀丽的山水城市，又称鲤城、刺桐城、温陵，古迹众多，文化底蕴极为丰富，1982年被国务院评为中国首批24个历史文化名城之一，辖鲤城区、丰泽区、洛江区、泉港区、石狮市、晋江市、南安市、惠安县、安溪县、永春县、德化县和金门县。

　　泉州地处福建东南沿海，东临台湾海峡，丘陵较多，山地面积占了4/5，气候条件优越。早在新石器时代，闽越族人率先在泉州生活与开发。秦代时泉州属于闽中郡。东汉末年至南北朝时期，中原人大量南迁，带来许多先进的生产技术，泉州的经济文化得到快速发展，政治地位日趋重要。唐代时期，泉州逐渐繁荣。五代时经济发展良好。宋元时期，泉州十分兴盛，号称"东方第一大港"，成为当时世界上最大港口，在《马可·波罗游记》中，被认为比亚历山大港更加宏伟。明清时期，由于实行海禁和福建市舶司迁往福州等原因，泉州发展逐渐缓慢，海外贸易开始衰落。泉州是一个移民城市，主要以中原文化为主体，并兼容当地土著文化与海外文化，形成一个复合多元文化的体系。

　　泉州历史上宗教发达，其中佛教最为兴盛，素有"闽南佛国"之称。大理学家朱熹曾描述说"此地古称佛国，满街都是圣人"。据乾隆《泉州府志·坛庙寺观》记载，早在晋太康年间（280—289），南安九日山就建有延福寺。唐代泉州的经济、文化逐渐崛起，佛教也得到较大发展。五代时期，由于闽王王审知崇佛，大造佛寺与佛塔，泉州佛教进一步兴盛。根据《十国春秋》记载，闽王氏掌权的33年间，共在

开元寺东塔

开元寺西塔斗拱

应庚塔

桃源宫经幢须弥座

瑞光塔

姑嫂塔

江上塔

佛力塔

闽地建造佛寺 267 座，仅泉州就有 54 座。宋代泉州的社会经济繁荣，特别是泉州的海外贸易繁盛，佛教寺院积聚了巨大的财富，僧人和善信兴起了闽南历史上最大规模的修寺、建塔和造桥工程。元代泉州寺庙规模大。明清时期，泉州佛教开始衰落，佛寺经济衰微，较少建寺庙与塔。

泉州自唐代以来，每个朝代或多或少都有建塔，由于早期主要的塔几乎都是木塔，皆已不存。泉州保存最早的古塔是开元寺石经幢，建于唐大中八年（854 年）。《泉州府志·方外》记载，五代时王审知在梁贞明二年（916 年）"以木植浮海至泉（州）建塔，号无量寿塔"，这就是最早的开元寺东西塔。宋代泉州因佛教发达，建有大量佛塔，目前保留宋塔近 70 座，是福建省宋塔最多的地区，如东西塔、应庚塔、洛阳桥石塔、桃源宫经幢、通天宫经幢、瑞光塔、姑嫂塔和诗山石塔等著名古塔。元代泉州佛教虽然仍较兴盛，但建造的塔较少，有六胜塔、镇海塔、平山寺塔等。明代泉州佛教发展较慢，虽留存有 20 多座塔，但多是些风水塔，体量较小，如圭峰塔、定心塔、江上塔、雁塔等。清代泉州古塔的建造已进入尾声，数量少且没有出现大型塔，如鹏都塔、驷高塔、佛力塔和榕树塔等都是一些小型风水塔。泉州是福建省古塔数量最多、样式最丰富的地区，而且技术娴熟，工艺精湛，代表了福建古塔的最高水平。

据统计，如今泉州保存完好的古塔共 143 座，其中，楼阁式塔 45 座，窣堵婆式塔 13 座，亭阁式塔 2 座，宝箧印经塔 13 座，五轮塔 51 座，经幢式塔 17 座，台堡式塔 1 座，文笔塔 1 座。其中鲤城区、丰泽区、洛江区、泉港区共 63 座，晋江市 22 座，石狮市 12 座，南安市 18 座，惠安县 10 座，安溪县 7 座，永春县 8 座，德化县 3 座。从年代上看，唐代 1 座，五代 1 座，宋代 62 座，元代 11 座，明代 24 座，清代 16 座，民国 1 座，还有 27 座待考。很明显，宋代古塔数量最多，体现了宋代泉州社会经济与佛教的高度发展。

附录一　福建各县市古塔一览表

福州市鼓楼区、仓山区、马尾区、晋安区古塔一览表

序　号	塔　名	所在地	建造年代	建造型制	高　度	文物等级	备　注
1	隐山禅师藏骨塔	晋安区林阳寺	始建于南朝天嘉二年（561年），明代重建	窣堵婆式石塔	1.75米	晋安区文物保护单位	
2	七星井塔	鼓楼区井大路七星井临水宫	唐开元年间（713—741）	平面圆形经幢式石塔	2.1米	福州市文物保护单位七星井的附属建筑物	
3	慧稜禅师墓塔	鼓楼区西禅寺	始建于五代后唐长兴三年（932年），清代重建	窣堵婆式石塔	3.6米	福州市文物保护单位	
4	崇妙保圣坚牢塔	鼓楼区乌石山	五代闽国永隆三年（941年）	平面八角七层楼阁式空心石塔	35.2米	全国文物保护单位	又名乌塔
5	释迦如来灵牙舍利宝塔	晋安区鼓山涌泉寺藏经阁	五代（待考）	宝箧印经式铁塔	5.8米		
6 7	千佛陶塔	晋安区鼓山涌泉寺	北宋元丰五年（1082年）	平面八角九层楼阁式实心陶塔	7.6米	福建省文物保护单位	2座
8	鼓山海会塔	晋安区鼓山舍利窟	始建于北宋大观三年（1109年），清同治十二年（1873年）重修	平面六角亭阁式石塔	2.5米	晋安区文物保护单位	
9	文光宝塔	鼓楼区于山戚公祠	北宋	平面八角七层楼阁式实心石塔	8米	鼓楼区文物保护单位	
10	武威塔	鼓楼区于山戚公祠	北宋	平面八角六层楼阁式实心石塔	7米	鼓楼区文物保护单位	又名螺州石塔

11	开元寺石塔	鼓楼区尚宾路尚宾花园	北宋	平面八角七层楼阁式实心石塔	7 米		
12	金山寺塔	仓山区建新镇金山寺	南宋绍兴间（1131—1162）	平面八角七层楼阁式空心石塔	11.5 米	仓山区文物保护单位	
13	林浦石塔	仓山区城门镇绍岐村	南宋绍熙四年（1193年）	平面八角七层楼阁式实心石塔	7.5 米	仓山区文物保护单位	又名明光宝塔
14	云庵海会塔	晋安区林阳寺	南宋庆元三年（1197年）	窣堵婆式石塔	2.05 米	晋安区文物保护单位	
15	碧天宗和尚塔	晋安区鼓山积翠庵	宋（待考）	窣堵婆式石塔	2.6 米		
16	报恩定光多宝塔	鼓楼区于山白塔寺	明嘉靖二十七年（1548年）	平面八角七层楼阁式空心砖塔	45.35 米	福建省文物保护单位	
17	壁头石塔	仓山区城门镇壁头村农民公园	明嘉靖年间（1522—1566）	平面八角三层楼阁式实心石塔	2.6 米		
18 19	圣泉寺双塔	鼓楼区于山九仙观碧霞宫	明万历十一年（1583年）	平面六角七层楼阁式实心石塔	5.05 米	鼓楼区文物保护单位	2 座
20	罗星塔	马尾区罗星塔公园	明天启年间（1621—1627）	平面八角七层楼阁式空心石塔	31.58 米	福建省文物保护单位	
21	神晏国师墓塔	晋安区鼓山涌泉寺	明天启七年（1627年）	平面四角宝箧印经石塔	5.8 米	晋安区文物保护单位	
22	无异来和尚塔	晋安区鼓山五贤祠	明	五轮式石塔	1.32 米		
23	鼓山报亲塔	晋安区鼓山报亲庵	明	五轮式石塔	2.2 米		
24—26	最胜幢三塔	晋安区鼓山涌泉寺	清顺治十七年（1660年）	窣堵婆式石塔	2.5 米 2.1 米		3 座：当山历代祖师塔、尊宿塔、历代列祖塔
27	七佛经幢塔	晋安区鼓山舍利窟	清初	平面八角经幢式石塔	1.87 米	晋安区文物保护单位	

28	乐说禅师塔	鼓楼区西禅寺	清康熙三十四年（1695年）	窣堵婆式石塔	1.32 米	鼓楼区文物保护单位	
29	为霖禅师塔	晋安区鼓山梅里景区	清康熙四十四年（1705年）	平面六角亭阁式石塔	4.2 米		
30	清富石塔	仓山区城门镇富安村	清康熙年间（1662—1722）	平面四角七层楼阁式实心石塔	7.2 米	仓山区文物保护单位	
31	般若庵海会塔	晋安区鼓山般若庵	清雍正八年（1730年）	平面六角亭阁式石塔	3.7 米		为园山、恒涛、象先三大高僧塔
32	微妙禅师塔	鼓楼区西禅寺	清光绪年间（1875—1908）	窣堵婆式石塔	2.3 米	福州市文物保护单位	
33	奇量彻繁禅师塔	晋安区鼓山梅里景区	清光绪二十年（1894年）	窣堵婆式石塔	2.8 米		
34 35	石步双塔	仓山区城门镇石步村	清	1座平面六角七层楼阁式实心石塔；1座平面四角七层楼阁式实心石塔	4.8 米 2.7 米	仓山区文物保护单位	2座又名石步塔仔塔、石步水塔
36	崇福寺报亲塔	晋安区崇福寺	清光绪三十四年（1908年）	窣堵婆式石塔	2.87 米	晋安区文物保护单位	
37	罗汉台塔	晋安区鼓山小罗汉台	清	平面四角亭阁式石塔	1.03 米	晋安区文物保护单位	
38	万寿塔	晋安区鼓山更衣亭	清	宝箧印经式石塔	3.65 米	晋安区文物保护单位	
39	寄尘墓塔	鼓楼区西禅寺	清	窣堵婆式石塔	2.2 米	福州市文物保护单位	
40	净空禅师塔	晋安区鼓山涌泉寺	清	窣堵婆式石塔	1.8 米		

41	净行塔	晋安区鼓山涌泉寺	清	窣堵婆式石塔	2.3 米		
42 43 44	崇福寺三塔	晋安区崇福寺	民国八年（1919年）、民国十六年（1927年）、民国二十三年（1934年）	窣堵婆式石塔			3座，古月禅师塔、光照禅师塔与净善禅师塔
45	古月禅师灵骨塔	晋安区林阳寺	民国八年（1919年）	窣堵婆式石塔	1.8 米	晋安区文物保护单位	
46	鼓山古月和尚塔	鼓山十八景	民国八年（1919年）	窣堵婆式石塔	2.6 米		
47	国魂塔	鼓楼区于山	民国（待考）	平面八角六层楼阁式实心石塔	1.8 米		

长乐区古塔一览表

序 号	塔 名	所在地	建造年代	建造型制	高 度	文物等级	备 注
1	圣寿宝塔	城区塔坪山顶	北宋绍圣三年（1096年）至政和七年（1117年）	平面八角七层楼阁式空心石塔	27.4 米	全国文物保护单位	又名三峰寺塔、雁塔
2	普塔	鹤上镇湖尾村	宋	平面四角七层楼阁式实心石塔	7.49 米	长乐市文物保护单位	又名湖尾石塔
3	坑田石塔	玉田镇坑田村	明嘉靖年间（1522—1566）	平面圆形七层楼阁式实心石塔	4.15 米	长乐市文物保护单位	
4	礁石塔	梅花镇梅城塔礁公园	明	五轮式石塔	4.15 米		
5	龙田焚纸塔	长乐市古槐镇龙田村	清	平面四角二层楼阁式石塔	3.8 米		

福清市古塔一览表

序 号	塔 名	所在地	建造年代	建造型制	高 度	文物等级	备 注
1	五龙桥塔	城东镇五龙村	北宋治平四年（1067年）	平面八角七层楼阁式实心石塔	6.7米	福清市文物保护单位	
2 3	龙江桥双塔	海口镇龙江桥头	北宋政和三年（1113年）	平面六角七层楼阁式实心石塔	5.05米	福建省文物保护单位	2座
4	龙山祝圣塔	城区音西镇水南村	北宋宣和年间（1119—1125）	平面八角七层楼阁式空心石塔	22米	福清市文物保护单位	又名水南塔
5	灵宝飞仙塔	石竹山仙桥畔	北宋宣和三年（1121年）	平面八角七层楼阁式实心石塔	3米		
6	瑞岩寺石塔	海口镇瑞岩山	元	喇嘛式石塔	4.5米	福清市文物保护单位	又名葫芦顶
7	迎潮塔	三山镇泽岐村	明嘉靖二年（1523年）	平面八角七层楼阁式实心石塔	18米	福清市文物保护单位	又名斜塔、泽岐塔
8	天峰石塔	福清市海口镇南门村	明万历元年（1573年）	平面六角七层楼阁式实心石塔	7.5米		
9	万安祝圣塔	东瀚镇万安村	明万历二十七年（1599年）	平面八角七层楼阁式空心石塔	18米	福清市文物保护单位	
10	鳌江宝塔	上迳镇迳江畔鳌峰顶	明万历三十一年（1603年）	平面八角七层楼阁式空心石塔	25.3米	福清市文物保护单位	
11	瑞云塔	福清城区龙江北岸	明万历三十四年（1606年）	平面八角七层楼阁式空心石塔	34.6米	福建省文物保护单位	
12	紫云宝塔	东张镇东张水库鲤尾山	明	平面八角七层楼阁式空心石塔	24米	福清市文物保护单位	又名鲤鱼塔
13 14 15	万福寺舍利塔	渔溪镇黄檗山万福寺	明	1座窣堵婆式石塔；1座亭阁式石塔；1座经幢式石塔；	约1.15米、2.7米、2.2米		曾有37座，如今剩3座
16 17 18	万福寺三塔墓	渔溪镇黄檗山万福寺	明	窣堵婆式石塔			3座
19	幻生文禅师塔	东张镇灵石国家森林公园	清	平面八角经幢式石塔	2.4米		
20 21 22	灵石寺三塔墓	东张镇灵石山灵石寺	清	窣堵婆式石塔	2.8米	福清市文物保护单位	3座

连江县古塔一览表

序 号	塔 名	所在地	建造年代	建造型制	高 度	文物等级	备 注
1	钱弘傲铜塔	福建省博物馆（连江出土）	五代	宝箧印经式铜塔	0.3米	福建省文物保护单位	

2	宝林寺舍利塔	丹阳镇东坪村宝林寺	北宋庆历四年（1044年）	窣堵婆式石塔	3米	连江县文物保护单位	
3 4 5	尊宿普同报亲三塔	丹阳镇东坪村宝林寺	北宋庆历四年（1044年）	窣堵婆式石塔	1.8米		3座，清代重修
6	护国天王寺塔	凤城镇仙塔街	北宋	平面八角二层楼阁式空心石塔	10米	福建省文物保护单位	又名仙塔
7	光化寺舍利塔	长龙镇光化村光化寺	宋	窣堵婆式石塔	3米		
8	宝华晴岚塔	凤城镇宝华山中岩寺	宋	平面八角二层楼阁式石塔	残2.9米	连江县文物保护单位	
9	普光塔	东岱镇云居山云居寺	元至正十年（1350年）	平面八角二层楼阁式空心石塔	12米	福建省文物保护单位	
10	含光塔	鳌江镇斗门村斗门山	明万历十六年（1588年）	平面八角七层楼阁式空心砖塔	26.67米	福建省文物保护单位	
11	最愚旺禅师海会塔	东岱镇云居山云居寺	明	平面六角二层楼阁式实心石塔	1.3米		
12	妙真净明塔	东岱镇云居山云居寺	明	平面四角亭阁式石塔	2.7米		
13	东莒灯塔	马祖东莒岛	清同治十一年（1872年）	平面圆形英式空心石塔	19.5米	台湾二级文物	
14	东引灯塔	马祖东引岛	清光绪二十八年（1902年）	平面圆形英式空心石塔	14.2米	台湾三级文物	
15	定海焚纸塔	连江县定海村古城堡	民国	平面六角三层楼阁式空心砖塔	5.1米		
16	林森藏骨塔	连江县琯头镇青芝山	民国十五年（1926年）	平面四角亭阁式石塔	7.43米	福建省文物保护单位	

闽侯县古塔一览表

序　号	塔　名	所在地	建造年代	建造型制	高度	文物等级	备　注
1	义存祖师塔	大湖乡雪峰寺	唐天祐四年（907年）	窣堵婆式石塔	4.1米	福建省文物保护单位	

2	镇国宝塔	上街镇侯官村	五代	平面四角七层楼阁式实心石塔	6.8米	福建省文物保护单位	
3	枕峰桥塔	祥谦镇枕峰村	南宋绍兴年间（1131—1162）	平面四角四层楼阁式实心石塔	4.8米		
4	石松寺舍利塔	南屿镇中溪村石松寺	南宋绍兴年间（1131—1162）	窣堵婆式石塔	0.85米	闽侯县文物保护单位	
5	陶江石塔	尚干镇塔林山	南宋	平面八角七层楼阁式实心石塔	10米	福建省文物保护单位	又名庵塔
6	莲峰石塔	青口镇莲峰村	宋	平面八角七层楼阁式实心石塔	15米	福建省文物保护单位	
7	青圃石塔	青口镇青圃村塔寺	宋	平面八角九层楼阁式实心石塔	8米	福建省文物保护单位	
8—10	超山寺塔	上街镇榕桥村超山自然村	宋	1座五轮式石塔；2座窣堵婆式石塔	残约2.2米	闽侯县文物保护单位	3座
11	龙泉寺海会塔	鸿尾乡龙泉寺	宋	窣堵婆式石塔	1.75米		
12—20	雪峰寺塔林	大湖乡雪峰寺	宋、元、明	4座窣堵婆式石塔；3座宝箧印经塔；2座平面四角亭阁式石塔	4米 2.07米 2.07米 2.3米 2.5米 2.4米 2米 2.3米 2.7米	闽侯县文物保护单位	9座
21	仙踪寺舍利塔	南屿镇玉田村仙踪寺	宋	窣堵婆式石塔	4.1米	闽侯县文物保护单位	
22	达本祖师塔	大湖乡雪峰寺	民国	窣堵婆式石塔	1.95米		

永泰县古塔一览表

序号	塔名	所在地	建造年代	建造型制	高度	文物等级	备注
1	麟瑞塔	大洋镇麟阳村	明万历年间（1595年前后）	平面六角五层楼阁式空心木塔	27米	永泰县文物保护单位	
2	联奎塔	永泰城区南溪畔	清道光十一年（1831年）	平面八角七层楼阁式空心石塔	21米	福建省文物保护单位	

闽清县古塔一览表

序 号	塔 名	所在地	建造年代	建造型制	高 度	文物等级	备 注
1	台山石塔	闽清城区台山公园	明嘉靖二十五年（1546年）	平面八角七层楼阁式空心石塔	10 米	闽清县文物保护单位	
2	白岩寺海会塔	三溪乡前坪村白岩山	清光绪十五年（1889年）	窣堵婆式石塔	2.47		
3	前光敬字塔	闽清县三溪乡前光村	清	平面四角二层楼阁式石塔	2 米		

罗源县古塔一览表

序 号	塔 名	所在地	建造年代	建造型制	高 度	文物等级	备 注
1—4	圣水寺海会塔	城区圣水寺	北宋元符二年（1099年）	2座窣堵婆式石塔；1座平面六角四层楼阁式石塔；1座平面圆形经幢式石塔	约1.3—5.6 米	罗源县文物保护单位	4座
5	瑞云寺海会塔	松山镇外洋村瑞云寺	宋	窣堵婆式石塔	2.6 米		
6	巽峰塔	罗源城郊莲花山顶	明万历三十三年（1605年）	平面八角七层楼阁式实心石塔	19.34 米	罗源县文物保护单位	
7	万寿塔	城区崇德桥	始建唐代，清乾隆五十一年（1786年）重建	平面八角十三层楼阁式实心石塔	13 米	罗源县文物保护单位	
8	护国塔	起步镇护国村	清咸丰五年（1855年）	平面八角七层楼阁式实心石塔	4.8 米	罗源县文物保护单位	
9	月公大师塔	起步镇紫峰寺	清	平面八角经幢式石塔	2.5 米		
10	慈公大师塔	起步镇紫峰寺	清	平面六角经幢式石塔	0.85 米		
11	金粟寺经幢	凤山镇方厝村	清	平面八角经幢式石塔	1.35 米		
12	惜字纸塔	松山镇大获村	清	平面四角三层楼阁式空心石塔	2 米		

泉州市鲤城区、丰泽区、洛江区、泉港区古塔一览表

序 号	塔 名	所在地	建造年代	建造型制	高 度	文物等级	备 注
1 2	开元寺双经幢	鲤城区开元寺	唐大中八年（854年）南唐保大四年（946年）	平面六角经幢式石塔	约5米	泉州市文物保护单位	2座
3	应庚塔	鲤城区崇福寺	北宋熙宁元年（1068年）	平面八角七层楼阁式实心石塔	11.2米	福建省文物保护单位	
4	承天寺东经幢	鲤城区承天寺	北宋淳化二年（991年）	平面八角经幢式石塔	6米	泉州市文物保护单位	
5	承天寺西经幢	鲤城区承天寺弥勒殿	北宋天圣三年（1025年）	平面八角经幢式石塔	6米	泉州市文物保护单位	
6	水陆寺经幢	鲤城区开元寺	北宋大中祥符元年（1008年）	平面八角经幢式石塔	约4.3米	泉州市文物保护单位	
7—13	洛阳桥石塔	洛江区洛阳桥	北宋嘉祐四年（1059年）	2座宝箧印经式石塔；3座楼阁式实心石塔；1座五轮式石塔；1座经幢式石塔	5.3米3.5米	全国文物保护单位洛阳桥附属建筑	7座
14	通天宫经幢	鲤城区承天寺文殊殿前	北宋崇宁年间（1102—1106年）	平面八角经幢式石塔	7米	福建省文物保护单位	
15 16	东西阿育王塔	鲤城区开元寺拜庭	南宋绍兴十五年（1145年）	平面四角宝箧印经式石塔	5米	福建省文物保护单位	2座
17	仁寿塔	鲤城区开元寺	南宋绍兴元年至嘉熙元年（1228—1237）	平面八角五层楼阁式空心石塔	45.06米	全国文物保护单位	又名西塔
18	镇国塔	鲤城区开元寺	南宋嘉熙二年至淳祐十年（1238—1250）	平面八角五层楼阁式空心石塔	48.27米	全国文物保护单位	又名东塔
19—25	承天寺七塔	鲤城区承天寺	宋	五轮式石塔	5.9米	泉州市文物保护单位	7座
26	文兴古渡塔	丰泽区丰海路	宋	宝箧印经式石塔	2.5米		
27—29	仙境塔	泉港区南塘乡仙境村	宋	窣堵婆式石塔	4.5米	泉港区文物保护单位	3座
30	盘光桥塔	丰泽区城东镇金屿村	宋	平面四角三层楼阁式实心石塔	13米		
31—41	开元寺舍利塔	鲤城区开元寺拜庭	宋、明	10座五轮式石塔；1座亭阁式石塔	3—4米	福建省文物保护单位	11座
42—44	开元寺祖师塔	丰泽区北峰街道	元圣元年间（1264—1294）	五轮式石塔	1米	福建省文物保护单位	3座

45 46	清源山石塔	清源山 弥陀岩	元	五轮式石塔	3.2米		2座
47	释大圭 舍利塔	丰泽区北峰 镇招丰村	元至正二十二 年（1362年）	窣堵婆式石塔			
48	定心塔	鲤城区西街 井亭巷	明万历元年 （1573年）	平面八角五层 楼阁式实心 砖塔	4.5米	泉州市文物 保护单位	又名 城心塔
49	圭峰塔	泉港区后龙 镇峰尾村	明代中期 清嘉庆三年 （1798年） 重修	平面四角二层 楼阁式空心 石塔	6米	泉港区文物 保护单位	
50—62	承天寺 五轮塔	鲤城区 承天寺	明—清	五轮式石塔			13座
63	接官亭石塔	鲤城区浮桥 接官亭	清	五轮式石塔	2.6米		

晋江市古塔一览表

序号	塔　名	所在地	建造年代	建造型制	高　度	文物等级	备注
1	潘湖塔	池店镇 潘湖村	北宋大观四年 （1110）	宝箧印经式 石塔	6.5米	晋江市文物 保护单位	
2	陈埭石经幢	陈埭镇 四境村	北宋	平面八角经幢 式石塔	9.2米	晋江市文物 保护单位	
3	瑞光塔	安海镇 安平桥	南宋绍兴年间 （1131—1162）	平面六角五层 楼阁式空心 砖塔	22.55米	福建省文物 保护单位	又名 白塔
4—6	安平桥石塔	安海镇 安平桥	南宋绍兴年间 （1131—1162）	2座平面四角 二层楼阁式实 心石塔； 1座五轮式 石塔	5米	全国文物保 护单位安平 桥附属建筑	3座
7	池店石经幢	池店镇 池店村	南宋	平面八角经幢 式石塔	9.6米	晋江市文物 保护单位	
8	杨林石经幢	龙湖镇 埔头村	宋	平面八角经幢 式石塔	残4米	晋江市文物 保护单位	
9	新店石经幢	池店镇 新店村	宋	平面八角经幢 式石塔	8.2米	晋江市文物 保护单位	
10	后榕塔	东石镇 后湖村	明弘治十二年 （1499年）	平面四角亭阁 式石塔	5米	晋江市文物 保护单位	
11	刘庵塔	磁灶镇 吴厝村 奎碧山	明万历三十四 年（1606年）	平面四角三层 楼阁式实心 石塔	残3.84 米	晋江市文物 保护单位	
12	江上塔	池店镇 溜石村	明万历四十六 年（1618年）	平面八角三层 楼阁式实心 石塔	20米	晋江市文物 保护单位	又名 溜石塔
13	无尾塔	金井镇 福全村	明万历年间 （1573—1620）	宝箧印经式 石塔	8.6米	晋江市文物 保护单位	又名 牛尾塔

14	星塔	安海镇安东村	明崇祯二年（1629年）	平面四角五层楼阁式实心砖塔	16.6米	晋江市文物保护单位	
15—16	晋井双塔	金井镇晋井自然村	明	五轮式石塔	5.8米	晋江市文物保护单位	2座
17	塘下塔	永和镇塘下村	明	五轮式石塔	1.8米		
18	五房崎石刻塔	安海镇兴胜社区	明	七层楼阁式实心石塔	1.15米		
19	佛永安宝塔	安海镇兴胜社区	清	五层楼阁式实心石塔	3.15米		
20	石龟镇风塔	龙湖镇石龟村云峰中学	清	平面八角五层楼阁式实心石塔			
21	杆柄风水塔	龙湖镇杆柄村	清	平面八角五层楼阁式实心石塔			
22	龙湖风水塔	龙湖镇	清	平面六角五层楼阁式实心石塔			
23	西岑村风水塔	龙湖镇	清	平面六角五层楼阁式实心石塔			

石狮市古塔一览表

序号	塔名	所在地	建造年代	建造型制	高度	文物等级	备注
1	水尾塔	蚶江镇石湖村	北宋政和年间（1111—1117）	平面八角三层楼阁式实心石塔	3.5米	石狮市文物保护单位	
2	姑嫂塔	宝盖镇宝盖山	南宋绍兴年间（1131—1162）	平面八角外五层内四层楼阁式空心石塔	21.65米	福建省文物保护单位	又名水关锁塔
3	塘园塔	灵秀镇塘园村	宋	宝箧印经式石塔	3.8米	石狮市文物保护单位	
4	石径塔	宝盖镇宝盖山	宋	平面八角五层楼阁式实心石塔	5.2米		
5	蚶江石经幢	蚶江镇蚶江村	宋	平面八角经幢式石塔	5.2米	石狮市文物保护单位	
6	六胜塔	蚶江镇石湖村	元至元二年（1336年）	平面八角五层楼阁式空心石塔	36.06米	全国文物保护单位	又名石湖塔
7	镇海塔	鸿山镇伍堡村	元	窣堵婆式石塔	8.8米	石狮市文物保护单位	
8	前山塔	鸿山镇东埔村	元	窣堵婆式石塔			

9 10	布金院石塔	宝盖镇仑后村法静寺	明宣德五年（1430年）	窣堵婆式石塔	2.6米	石狮市文物保护单位	2座
11	后庵烟楼塔	蚶江镇后庵村	明代	平面五角三层楼阁式实心石塔	2.16米		
12	祈风塔	永宁镇红塔湾		平面四角四层楼阁式空心石塔	7米		

南安市古塔一览表

序　号	塔　名	所在地	建造年代	建造型制	高　度	文物等级	备　注
1	桃源宫经幢	丰州镇桃源宫	北宋天圣三年（1025年）	平面八角经幢式石塔	7.8米	全国文物保护单位	
2	五伯僧墓塔	向阳乡	北宋淳熙八年（1181年）	窣堵婆式石塔	2.3米		
3	牛尾塔	英都镇英林村	南宋宝庆年间（1225—1227年）	宝箧印经式石塔	8.31米	南安市文物保护单位	
4	诗山石塔	诗山镇山二村	南宋宝祐四年（1256年）	宝箧印经式石塔	6.5米	福建省文物保护单位	
5—9	五塔岩石塔	官桥镇竹口乡	南宋	五轮式石塔	6米	全国文物保护单位	5座
10	云从室师姑塔	英都镇龙山村	宋	平面四角二层楼阁式实心石塔	1.5米	南安市文物保护单位	
11	云从室和尚墓塔	英都镇良山村	宋	平面四角二层楼阁式实心石塔	2.8米	南安市文物保护单位	
12	一片寺石塔	官桥镇山林村五峰山一片寺	宋	平面八角五层楼阁式实心石塔	约7.8米		
13	朱相公墓塔	向阳乡	宋	窣堵婆式石塔	2.2米		
14	永济宝塔	罗东镇罗溪村	明天启五年（1625年）	平面八角五层楼阁式实心石塔	7米	南安市文物保护单位	
15	佛岩塔	丰州镇九日山西台无等岩顶	明	平面圆形经幢式石塔	3.5米		
16	凤聚塔	向阳乡杏田村	清乾隆五十一年（1786年）	平面六角五层楼阁式实心石塔	7米	南安市文物保护单位	
17	榕树塔	霞美镇张坑村	清	窣堵婆式石塔	4米	南安市文物保护单位	
18	灵应寺真身塔	洪梅镇六都村灵应寺	民国二十二年（1933年）	平面六角经幢式石塔	4.2米		

惠安县古塔一览表

序号	塔名	所在地	建造年代	建造型制	高度	文物等级	备注
1 2	埔塘石经幢	张坂镇下宫村浦塘白云岩博济宫	北宋熙宁四年(1071年)	平面八角经幢式石塔	6.77米	惠安县文物保护单位	2座
3	吉贝东塔	洛阳镇上浦村吉贝自然村	南宋咸亨至德祐年间(1265—1276)	窣堵婆式石塔	7米	惠安县文物保护单位	
4	平山寺塔	城区北郊小坪山平山寺	元元统三年(1335年)	平面八角六层楼阁式实心石塔	7.2米	惠安县文物保护单位	
5	阿弥陀佛塔	城区北郊小坪山平山寺	元(待考)	五轮式石塔	1.25米		
6	文峰塔	涂寨镇文峰村	明洪武年间(1368—1398)	平面圆形文笔式空心石塔	8米		
7—8	坑内外石塔	东园镇长新村坑内外村	明	宝篋印经式石塔	2.86米	惠安县文物保护单位	2座
9	水视字纸塔	螺阳镇锦水村锦水宫	明	平面六角二层楼阁式空心石塔			
10	林前惜字塔	涂寨镇文峰村林前自然村九峰寺	明	一层平面六角二层平面四角二层楼阁式空心石塔	3.2米		

安溪县古塔一览表

序号	塔名	所在地	建造年代	建造型制	高度	文物等级	备注
1	真空宝塔	蓬莱镇蓬莱山清水岩	北宋	五轮式石塔	2.3米		
2	杨道塔	蓬莱镇蓬莱山清水岩	北宋	五轮式石塔	3米		
3	雁塔	安溪城区西溪畔	明万历二十五年(1597年)	平面六角五层楼阁式实心石塔	17米	安溪县文物保护单位	
4	普同塔	蓬莱镇蓬莱山清水岩	明	五轮式石塔			
5—6	进宝双塔	龙涓乡举溪村口水尾	清乾隆五十一年(1786年)	平面四角七层楼阁式实心石塔	7米	安溪县文物保护单位	2座
7	智慧僧塔	蓬莱镇蓬莱山清水岩	清宣统元年(1909年)	五轮式石塔			

永春县古塔一览表

序 号	塔 名	所在地	建造年代	建造型制	高度	文物等级	备注
1	高垄石塔	五里街镇高垄村	南宋	台堡式石塔	4.6 米		
2	井头塔	达埔镇新琼村	宋	宝箧印经式石塔	2.86 米	永春县文物保护单位	
3	魁星岩墓塔	魁星岩风景区魁星岩寺	明嘉靖十五年（1536 年）	窣堵婆式石塔			
4—5	蓬莱双塔	湖洋镇蓬莱村	明	平面八角五层楼阁式实心石塔	8 米	永春县文物保护单位	2 座
6	留安塔	城郊桃城镇留安村	清乾隆四十七年（1782 年）重建；1984 年重建	平面八角七层楼阁式空心钢筋水泥塔	25 米	永春县文物保护单位	
7	佛力塔	湖洋镇桃美村	清道光二年（1822 年）	平面八角七层楼阁式实心石塔	10 米		
8	盈美塔	达埔镇新琼村	清道光九年（1829 年）	平面四角五层楼阁式实心石塔	5 米		

德化县古塔一览表

序 号	塔 名	所在地	建造年代	建造型制	高 度	文物等级	备 注
1	文峰塔	盖德乡凤山村	元至正十五年（1355 年）	平面四角三层楼阁式实心石塔	5.5 米	德化县文物保护单位	
2	驷高石塔	浔中镇浔北路	清嘉庆十五年（1810 年）	平面六角五层楼阁式实心石塔	14 米	德化县文物保护单位	
3	鹏都塔	浔中镇浔南路	清嘉庆十五年（1810 年）	平面六角五层楼阁式实心石塔	15 米	德化县文物保护单位	

莆田古塔一览表

序 号	塔 名	所在地	建造年代	建造型制	高 度	文物等级	备 注
1	无尘塔	仙游县西苑乡九座寺	唐咸通六年（865 年）	平面八角三层楼阁式空心石塔	14.22 米	全国文物保护单位	
2	望夫塔	仙游县榜头镇	始建于唐	平面八角五层楼阁式空心石塔	15.6 米	仙游县文物保护单位	
3	白莲塔	仙游县钟山镇龙纪寺	唐	五轮式石塔	5 米	仙游县文物保护单位	
4	九座寺舍利塔	仙游县凤山乡凤山村	唐	窣堵婆式石塔	6 米		

5	天中万寿塔	仙游县枫亭镇	五代	宝箧印经式石塔	7.4米	全国文物保护单位	
6 7	兜率宫经幢	城厢区广化寺	北宋治平二年（1065年）	平面八角经幢式石塔	7.6米	莆田市文物保护单位	2座
8	东岩山塔	城厢区东岩寺	北宋绍圣年间（1094—1097）	平面八角三层楼阁式空心石塔	20米	福建省文物保护单位	
9 10	龙华双塔	仙游县龙华镇龙华寺	北宋大观年间（1107—1110）	平面八角五层楼阁式空心石塔	44.8米	全国文物保护单位	2座，又名东西塔
11 12	九座寺双石塔	仙游县西苑乡九座寺	北宋	平面六角五层楼阁式实心石塔	6米	福建省文物保护单位	2座
13	塔桥石塔	涵江区白塘湖	北宋	平面四角亭阁式石塔	1.85米	涵江区文物保护单位	
14	释迦文佛塔	城厢区广化寺	南宋乾道元年（1165年）前	平面八角五层楼阁式空心石塔	30.6米	全国文物保护单位	又名广化寺塔
15	菜溪岩镇邪塔	仙游县象溪乡菜溪岩	宋	圆形三层台堡式石塔	7.3米		
16	聘君塔	仙游县象溪乡菜溪岩	宋	平面四角窣堵婆式石塔	2.23米		
17	永兴岩海会塔	涵江区大洋乡院埔村	元至顺年间（1330—1333）	窣堵婆式石塔	1.2米	福建省文物保护单位永兴岩石窟附属建筑	
18	石室岩塔	城厢区石室岩寺	明永乐年间（1403—1424）	平面四角七层楼阁式空心砖塔	30米	莆田市文物保护单位	又名报恩寺塔
19	出米岩塔	仙游县榜头镇	明嘉靖年间（1522—1566）	平面八角七层楼阁式实心石塔	6.6米	仙游县文物保护单位	
20	雁塔	仙游县鲤城街道	明万历年间（1573—1620）	平面六角七层楼阁式实心石塔	12.6米	仙游县文物保护单位	
21	塔仔塔	荔城区北高镇汀江村	明万历十三年（1585年）	平面四角五层楼阁式实心石塔	15米	荔城区文物保护单位	
22	东吴塔	秀屿区东埔镇东吴村	明万历四十六年（1618年）	平面八角七层楼阁式空心石塔	30米	福建省文物保护单位	
23	槐塔	仙游县榜头镇	明崇祯四年（1631年）	平面六角三层楼阁式空心石塔	20米	仙游县文物保护单位	
24	东山塔	仙游县赖店镇玉塔村	明	平面八角七层楼阁式实心石塔	12米	仙游县文物保护单位	
25	拱笔塔	仙游县龙华镇貂峰村	明	五轮式石塔			

26	瑶台阿育王塔	荔城区黄石镇瑶台村	明	宝箧印经式石塔	5.18米		
27	越浦大师塔	涵江区白塘镇镇前村吉祥寺	清雍正十一年（1733年）	窣堵婆式石塔	3.63米		
28—31	萩芦溪大桥塔	涵江区萩芦镇	民国二十三年（1934年）	密檐式水泥塔	5米		4座
32	龙纪寺海会塔	仙游县钟山镇龙纪寺	民国	五轮式石塔	1.55米		
33—36	龙华寺舍利塔	仙游县龙华镇龙华寺	近年重修	3座五轮式石塔；1座经幢式石塔	3.8米		4座

宁德市古塔一览表

序 号	塔 名	所在地	建造年代	建造型制	高 度	文物等级	备 注
1	昭明寺塔	福鼎市桐山镇柯岭村	始建于梁大通元年（527年）明代重建	平面六角七层楼阁式空心砖塔	25.6米	福建省文物保护单位	
2	楞伽宝塔	福鼎市泰屿镇太姥山国兴寺	唐乾符六年（879年）宋代重建	平面八角七层楼阁式实心石塔	8.5米	福鼎市文物保护单位	
3	同圣寺塔	蕉城区七都镇马坂村	始建于五代晋天福七年（942年）	平面八角九层楼阁式实心石塔	7.55米	宁德市文物保护单位	
4	吉祥寺塔	古田县城南松台山顶	北宋太平兴国四年（979年）	平面八角九层楼阁式实心石塔	25米	福建省文物保护单位	
5	倪下塔	福安市甘棠镇倪下村	北宋神宗熙宁六年（1073年）	平面八角九层楼阁式实心石塔	6.85米	宁德市文物保护单位	
6	幽岩寺塔	古田县鹤塘镇幽岩寺	北宋元丰三年（1080年）	平面八角九层楼阁式实心石塔	13.5米	福建省文物保护单位	
7	东坑佛塔	福安市潭头镇东坑村	北宋	平面四角三层楼阁式实心石塔	2.23米	福安市文物保护单位	
8	兴云寺舍利塔	福安市溪柄镇榕头村兴云寺	南宋淳熙五年（1178年）	窣堵婆式石塔	1.95米	福安市文物保护单位	
9	泗洲宝塔	福安市坂中乡松潭居委会	南宋绍熙三年（1192年）	平面四角七层楼阁式实心石塔	残2.3米	福安市文物保护单位	

序号	塔名	所在地	建造年代	建造型制	高度	文物等级	备注
10 11	报恩寺双塔	蕉城区报恩寺	宋	1座平面八角六层楼阁式实心石塔；1座平面八角三层楼阁式实心石塔	2.8米 1.53米	宁德市文物保护单位	2座
12	赤岸多宝佛塔	霞浦县松城街道赤岸村	宋	平面六角经幢式石塔	2.3米		又名赤岸石经幢
13	泗洲佛石塔	柘荣县东源乡水浒桥	元	亭阁式石塔		全国文物保护单位水浒桥附属建筑	
14—17	支提寺舍利塔群	蕉城区霍童镇支提寺	元、明	窣堵婆式石塔	2米		4座
18 19	三福寺双塔	福鼎市白琳镇柘里村	明永乐年间（1403—1424）	平面六角七层楼阁式实心砖塔	8米	福鼎市文物保护单位	2座
20 21	清溪寺双塔	福鼎市店下镇三佛塔村	明景泰四年（1453年）	平面六角七层楼阁式实心石塔	4.32米	福鼎市文物保护单位	2座
22	灵霄塔	福安市坂中乡江家渡村	明崇祯二年（1629年）	平面八角七层楼阁式空心石塔	22米	福安市文物保护单位	
23	云峰石塔	霞浦县下浒镇	明	平面八角七层楼阁式实心石塔	7米	霞浦县文物保护单位	
24	沧海珠禅师塔	蕉城区上金贝村	明	窣堵婆式石塔	2.3米	蕉城区文物保护单位	
25	虎镇塔	霞浦城区龙首山荫峰寺	清康熙十五年（1676年）	平面八角七层楼阁式实心石塔	12米	霞浦县文物保护单位	
26	洋屿灯塔	霞浦县海岛乡洋屿岛	清光绪初年	平面圆形英式铁塔	12米	霞浦县文物保护单位	
27	瑞光塔	屏南县双溪镇钟岭山顶	清光绪年间（1892—1897）	平面八角七层楼阁式空心石塔	14.3米	屏南县文物保护单位	
28	仙翁塔	福鼎市桐城街道江边村	清	平面六角七层台堡式实心石塔	6米	福鼎市文物保护单位	
29	三佛塔	蕉城区天王禅寺	民国时期（1920年左右）	平面八角七层楼阁式实心砖石塔		蕉城区文物保护单位	

厦门市古塔一览表

序号	塔名	所在地	建造年代	建造型制	高度	文物等级	备注
1	东桥石经幢	同安区孔庙	北宋建隆四年（963年）	平面八角经幢式石塔	4米		

2	梵天寺西安桥塔	同安区梵天寺	北宋元祐年间（1086—1094）	宝箧印经式石塔	4.68米	福建省文物保护单位	原址在西安桥北侧
3	梅山寺西安桥塔	同安区梅山寺	北宋元祐年间（1086—1094）	宝箧印经式石塔	4.7米	福建省文物保护单位	原址在西安桥北侧
4	安乐村塔	同安区莲花镇澳溪村	始建于南宋	平面四角四层楼阁式实心石塔	6米	同安区文物保护单位	
5—6	古石佛双塔	同安区梵天寺	宋	平面八角经幢式石塔	3.6米		2座
7	东村石佛塔	翔安区新店镇新店社区东村	宋	三层楼阁式实心石塔	1.42米		
8	姑井砖塔	同安区新圩镇庄安村姑井自然村	元代	平面八角五层密檐式实心砖塔	5.2米		原有3座，剩下1座
9	禾山石佛塔	同安区新民镇禾山村	明永乐十一年（1413年）	五轮式石塔	7.1米	同安区文物保护单位	
10	凤山石塔	同安区大同镇凤山	明万历二十八年（1600年）	平面六角五层楼阁式实心石塔	14.25米	同安区文物保护单位	又名魁星塔、文笔塔
11	东界石塔	翔安区新店镇东界村	明万历四十年（1612年）	平面六角五层楼阁式实心石塔	8.56米	同安区文物保护单位	
12	石笔塔	翔安区新店镇蔡厝社区	明万历年间（1573—1620年）	窣堵婆式石塔	12米		
13	下土楼塔	同安区新民镇禾山村下土楼自然村	明	宝箧印经式石塔	8.3米		
14	董水石佛塔	翔安区新店镇吕塘社区观音堂	明	平面四角三层楼阁式实心石塔	2.8米		
15	莲花石塔	同安区莲花云埔	明	平面四角四层台堡式实心石塔	5米		又名牛尾塔
16	埭头石塔	城区湖明路东侧	明	平面四角六层楼阁式实心石塔	7米		又名凤屿石塔
17	挡风三角塔	翔安区新店镇蔡厝社区	清近年重建	平面三角文笔式石塔	10米		
18	水尾宫塔	翔安区新店镇蔡厝社区	清	五轮式石塔	3米		

漳州市古塔一览表

序号	塔名	所在地	建造年代	建造型制	高度	文物等级	备注
1	咸通经幢	漳州市博物馆	唐咸通四年（863年）	平面八角经幢式石塔			
2	四面佛塔	平和县文峰镇前埔村曹岩寺	唐	宝箧印经式石塔			
3—6	南山寺多宝塔	漳州市区丹霞山麓南山寺	南唐保大十一年（953年）	五轮式石塔	4米		4座
7	蓬莱寺经幢	龙海市程溪镇南乡村蓬莱寺	北宋咸平四年（1001年）	平面八角经幢式石塔	1.23米		
8	塔口庵经幢	漳州市区大同路塔口庵	北宋绍圣四年（1097年）	平面八角经幢式石塔	7米		
9	韩厝石塔	龙海市榜山镇颜厝村	南宋建炎三年（1129年）之后	宝箧印经式石塔	4米		又名尚书塔
10	山重水尾塔	长泰县陈巷镇山重村	南宋末	平面圆形七层台堡式实心石塔	8.45米	长泰县文物保护单位	又名文昌塔
11	正峰寺阿育王塔	南靖县靖城镇部前村正峰寺	宋	宝箧印经式石塔	残0.56米		
12	文峰塔	东山县铜陵东门外海塔屿	明嘉靖五年（1526年）	平面八角五层楼阁式实心石塔	12米	东山县文物保护单位	
13	晏海楼	龙海市海澄镇月港	明万历十年（1582年）	平面八角三层楼阁式空心砖石塔	22.4米	漳州市文物保护单位	又名八卦楼
14 15	九峰双塔	平和县九峰镇塔仔山	明万历二十四年（1596年）	平面八角七层楼阁式空心石塔			2座
16	文昌塔	南靖县靖城镇湖林村	明万历四十七年（1619年）	平面八角七层楼阁式空心砖石塔	21.9米	南靖县文物保护单位	
17	聚佛宝塔	漳浦县湖西乡赵家堡	明万历年间（1573—1620）	平面四角六层楼阁式实心石塔	9.9米		
18	坂上塔	漳浦县旧镇霞屿村塔山	明天启四年（1624年）	平面六角三层楼阁式实心石塔	9.2米		
19	水美塔	南靖县金山镇水美村	明	平面八角七层楼阁式实心砖石塔	8.8米		又名金山砖塔
20 21	城垵双塔	东山县康美镇城垵村	明	1座平面圆形文笔式石塔；1座楼阁式实心石塔	残3.2米 7.7米		2座

22	真应岩石塔	长泰县岩前村真应寺	明	亭阁式石塔	2.8米	长泰县文物保护单位	
23	石矾塔	云霄县漳江入海处石矾礁石岛	始建于清康熙九年（1670年）	平面八角七层楼阁式空心石塔	24.81米	福建省文物保护单位	
24	金环宝塔	诏安县霞葛镇	清乾隆三十三年（1768年）	平面八角楼阁式空心石塔	14米		
25	金马台塔	诏安县秀篆镇河美村	清乾隆四十八年（1783年）	平面四角五层楼阁式空心砖塔	16米		
26	祥麟塔	诏安县梅岭乡	清嘉庆三年至四年（1798—1799）	平面八角七层楼阁式空心石塔	24.5米		
27	大尖山惜字塔	平和县九峰镇大尖山	清	平面六角三层楼阁式空心砖塔	5.5米		
28 29	龙径庵双塔	华安县丰山镇龙径村	清	五轮式石塔	4.4米		2座

南平市古塔一览表

序号	塔名	所在地	建造年代	建造型制	高度	文物等级	备注
1	奎光塔	松溪县城西虎头山	始建于南宋咸淳年间（1265—1274）清道光五年（1825年）重建	平面六角七层楼阁式空心砖塔	23米	南平市文物保护单位	
2	白龙寺石塔	顺昌县双溪街道余墩村白龙寺	南宋	平面八角七层楼阁式实心石塔	6米		又名余墩亨龙塔
3	如如居士墓塔	顺昌县洋口镇上凤村狮峰寺	元	平面四角楼阁式实心石塔	约1.8米		
4	乾清坤宁宝塔	政和县熊山街道官湖村	明正统四年（1439年）	平面六角七层楼阁式实心石塔	8米		
5	普照塔	建阳市水吉镇郑墩村	明天顺年间（1457—1464）	平面六角七层楼阁式空心砖塔	19米	建阳市文物保护单位	
6	镇龟塔	政和县澄源乡澄源村	明隆庆六年（1572年）	平面六角七层楼阁式实心石塔	6.37米	政和县文物保护单位	
7	联升塔	建阳市水吉镇郑墩村	明万历年间（1573—1620）	平面六角三层楼阁式空心砖塔	11米	建阳市文物保护单位	
8	多宝塔	建阳市城关水南村南鲤鱼山	明万历三十年（1602年）	平面八角七层楼阁式空心砖塔	26.8米	建阳市文物保护单位	

9 10	南平 东西塔	南平市区东北 鲤鱼山； 南平市区东南 九龙岩	明万历三十三 年至三十五 年（1605—1607）	平面八角七层 楼阁式实心 石塔	27.27米 21.21米	南平市文物 保护单位	2座
11	灵杰塔	邵武市北石岐 山羊角峰	明万历三十八 年至四十四年 （1610—1616）	平面六角七层 楼阁式空心 砖塔	21.4米	南平市文物 保护单位	又名石岐 灵塔
12	聚奎塔	邵武市和平镇 天符山	明万历四十四 年（1616年）	平面六角五层 楼阁式空心 砖石塔	20米	福建省文物 保护单位	又名 奎光塔、 聚光塔
13	万寿塔	延平区樟湖镇 下坂村	明	平面八角七层 楼阁式空心 石塔	16.3米		
14	青云寺 僧人塔	顺昌县岚下乡 郭城村	明	平面四角亭阁 式空心石塔	2.9米		
15	金斗山塔	浦城县观前村 金斗山	明	平面六角四层 楼阁式实心 石塔	1.22米		
16	龙山塔	顺昌县双溪镇 东龙山顶	清康熙十一年 （1672年）	平面八角七层 楼阁式实心 石塔	16.26米	顺昌县文物 保护单位	
17	启祥兴公 和尚塔	顺昌县城关 洋口镇上凤村 狮峰寺	清康熙年间 （1662—1722）	亭阁式石塔	约2米		
18	回龙塔	松溪县溪东乡 柯田村回龙 社仓	清乾隆年间 （1736—1796）	平面六角七层 楼阁式实心 石塔	6.86米	松溪县文物 保护单位	
19	书坊白塔	建阳市书坊村	清乾隆九年 （1744年）	平面六角五层 楼阁式空心 砖塔	15米		
20	文明塔	延平区茫荡镇 大洋村	清同治年间 （1862—1874）	平面六角四层 楼阁式空心 石塔	4.5米		
21	虎山塔	顺昌县建西镇 谢屯村	清光绪元年 （1875年）	平面六角七层 楼阁式实心 石塔	12.5米	顺昌县文物 保护单位	
22	岚峰塔	武夷山市岚谷 乡岚谷村	清光绪二十五 年（1899年）	平面六角七层 楼阁式空心 砖塔	13米		
23	十方常住 普同塔	顺昌县洋口镇 上凤村	清	平面六角亭阁 式空心石塔	2.3米		
24	华严寺 舍利藏	松溪县旧县乡 李墩村	清	平面六角亭阁 式空心石塔	2.3米		
25—27	桂林乡 经幢	邵武市桂林乡	清	经幢式石塔	约2米		3座
28	西庵寺 普同塔	顺昌县元坑镇 谟武村	清	平面六角亭阁 式空心石塔	2.3米		

三明市古塔一览表

序　号	塔　名	所在地	建造年代	建造型制	高　度	文物等级	备　注
1	凌霄塔	永安市城区北郊	明景泰三年（1452年）	平面六角七层楼阁式空心砖石塔	32米	三明市文物保护单位	又名北塔
2	登云塔	永安市城区岭南山	明弘治十八年（1505年）	平面八角七层楼阁式空心砖塔	28米	三明市文物保护单位	又名南塔
3	八鹭塔	三元区中村乡松阳村	明天启元年（1621年）	平面六角七层楼阁式实心石塔	12.6米	三明市文物保护单位	
4	联云塔	建宁县溪口镇	明天启四年（1624年）	平面六角七层楼阁式实心砖石塔			
5	青云塔	泰宁县朱口镇	明崇祯五年（1632年）	平面八角七层楼阁式空心砖塔	30.5米	泰宁县文物保护单位	
6 7	安砂双塔	永安市安砂镇	明崇祯七年（1634年）	平面八角七层楼阁式空心砖木塔	29.6米		又名仰山塔（东）与步云塔（西）
8	古佛堂塔	将乐县古镛镇和平村	明	平面六角七层楼阁式空心砖塔	20米		
9	前村舍利塔	沙县大洛镇前村村	明	平面六角亭阁式空心石塔	2.5米		
10—22	宝盖岩舍利塔群	泰宁县朱口镇宝盖岩寺	清康熙年间（1662—1722）	12座平面四角亭阁式石塔；1座窣堵婆式石塔	1.5米—2.2米	泰宁县文物保护单位	13座
23	海会塔	清流县温郊乡梧地村	清乾隆十一年（1746年）	平面六角五层楼阁式空心石塔	15米	清流县文物保护单位	
24—28	证觉寺塔群	将乐县万全乡正觉寺	清	平面六角亭阁式石塔	约3米		5座
29	罗邦塔	沙县夏茂镇罗邦下池坑山顶	清	平面六角七层楼阁式实心石塔	8.5米	沙县文物保护单位	
30	福星塔	尤溪县城关	民国十五至十七年（1926—1928）	平面八角七层楼阁式空心钢筋水泥砖塔	25.3米	尤溪县文物保护单位	

龙岩市古塔一览表

序 号	塔 名	所在地	建造年代	建造型制	高 度	文物等级	备 注
1 2	双阴塔	长汀县公安局内；长汀县政府机关内	唐开元年间（713—741）宋咸平二年（999年）	1座平面八角空心石塔；1座圆锥形空心石塔	深16米深13.5米	长汀县文物保护单位	2座，又名八卦龙泉塔、学府阴塔
3	文明塔	新罗区适中镇仁和村	南宋明代重修	平面八角九层楼阁式空心砖土塔	23.26米	福建省文物保护单位	
4	天台庵舍利塔	漳平市赤水镇香寮村	南宋	平面七角六层楼阁式空心石塔	3.2米	漳平市文物保护单位	
5	罗登塔	上杭县临城镇上登村	明洪武年间（1368—1398）	一至二层平面四角、三至五层平面八角，楼阁式空心砖木塔	16米	福建省文物保护单位	又名回龙阁
6	十方文峰塔	武平县十方镇鲜南村	明成化年间（1465—1487）	平面六角七层楼阁式空心土塔	15米	武平县文物保护单位	
7	罗星塔	上杭县中都乡田背村	始建于明嘉靖年间（1522—1566），清乾隆十五年（1760年）改建	一至二层平面四角、三至七层平面八角，楼阁式空心土木塔	25米	福建省文物保护单位	
8	天后宫塔	永定区高陂镇西陂村	始建于明嘉靖二十一年（1542年），清康熙元年（1662年）落成	一至三层平面四角、四至七层平面八角，楼阁式空心砖木塔	40米	永定区文物保护单位	
9	相公塔	武平县中山镇新城村	明嘉靖三十年（1551年）	平面八角七层楼阁式空心砖塔	14.7米	武平县文物保护单位	又名溃尾塔
10	罗登塔	上杭县临城镇上登村	明万历元年（1573年）	一至二层平面四角、三层平面八角，楼阁式空心砖木塔	16米	上杭县文物保护单位	又名回澜阁
11	挺秀塔	龙岩沿河东路龙津河畔	明万历九年（1581年）	平面六角七层楼阁式空心砖塔	20米	龙岩市文物保护单位	
12	龙门塔	龙岩城区龙门镇湖洋村	明万历十四年（1586年）	平面六角七层楼阁式空心砖塔	10米		又名魁星塔
13	麟山塔	漳平市双洋镇麒麟山	明万历三十年（1602年）	平面八角七层楼阁式空心砖塔	23米		又名圆觉塔、白塔
14	周公塔	上杭县中都镇上都村三元岭	明天启七年（1627年）	平面八角七层楼阁式空心砖塔	23米	福建省文物保护单位	又名三元塔

15	香林塔	上杭县西普陀山	明崇祯五年（1632年）	平面六角亭阁式石塔	3.6米		
16	镇江塔	永定区大溪乡联和村	清康熙五十六年（1717年）	平面六角三层楼阁式空心土木塔	18米		
17	步云塔	新罗区雁石镇大吉村	清康熙年间（1662—1722）	平面八角七层楼阁式空心砖塔	15米		
18	灵霄塔	上杭县太拔镇院田村	清康熙年间（1661—1722）	平面八角七层楼阁式空心砖土塔		上杭县文物保护单位	又名八角楼
19	文昌塔	上杭县蛟洋乡	清乾隆六年（1741年）	一至四层四角、五六两层八角，楼阁式空心砖木塔	26.9米	全国文物保护单位	
20	毓秀塔	漳平市永福镇蓝田村	清乾隆四十三年（1778年）	平面八角七层楼阁式空心三合土塔	20米	漳平市文物保护单位	
21	鲤鱼浮塔	永定区抚市镇东安村	清嘉庆四年（1799年）	平面六角四层楼阁式空心砖木塔	15米	永定区文物保护单位	又名东华山塔
22	龙池塔	新罗区小池镇汪洋村龙池书院	清嘉庆七年（1802年）	平面六角三层楼阁式砖木塔	10米	龙岩市文物保护单位	
23	北屏山塔	漳平市永福镇李庄村	清嘉庆年间（1796—1820）	平面八角三层楼阁式空心砖土塔	13米		
24	峯魁塔	上杭县下都乡砂睦村	始建于清嘉庆十五年（1810年）	平面八角五层楼阁式空心砖土塔	17米		
25	擎天塔	龙岩市区中山公园	民国十六年（1927年）	平面六角七层楼阁式空心砖塔	25米		

附录二　参考文献

一、学术著作

[1] 包泉万:《古塔的故事》,济南:山东画报出版社,2004 年。

[2] 曾江:《福建古塔》,福州:福建美术出版社,2015 年。

[3] 曾江:《闽侯史迹要览》,福州:福建美术出版社,2011 年。

[4] 曾江:《闽侯文物》,福州:福建美术出版社,2002 年。

[5] 谌壮丽等:《古塔纠倾加固技术》,北京:中国铁道出版社,2011 年。

[6] 丁福保:《佛学大辞典》,上海:上海书店出版社,1991 年。

[7] 甘肃省文物局:《甘肃古塔研究》,北京:科学出版社,2014 年。

[8] 郭义山,张龙泉:《闽西掌故》,福州:福建人民出版社,2002 年。

[9] 何锦山:《闽台佛教亲缘》,福建人民出版社,2010 年。

[10] 湖北省古建筑保护中心:《湖北古塔》,北京:中国建筑工业出版社,2011 年。

[11] 李豫闽:《闽台民间美术》,福州:福建人民出版社,2009 年。

[12] 李浈:《中国传统建筑形制与工艺》,上海:同济大学出版社,2010 年。

[13] 林蔚文:《福建石雕艺术》,北京:荣宝斋出版社,2006 年。

[14] 林祥瑞,刘祖陛:《福建简史》,厦门:国际华文出版社,2004 年。

[15] 刘淑芬:《灭罪与度亡——佛顶尊胜陀罗尼经幢之研究》,上海:上海古籍出版社,2008 年。

[16] 楼庆西:《中国小品建筑十讲》,北京:生活·读书·新知三联书店,2004 年。

[17] 罗哲文,王振复:《中国建筑文化大观》,北京:北京大学出版社,2001 年。

[18] 汪建民,侯伟:《北京的古塔》,北京:学苑出版社,2008 年。

[19] 王寒枫:《泉州东西塔》,福州:福建人民出版社,1992 年。

[20] 王小兰：《建筑文化解读丛书——塔》，北京，中国人民大学出版社，2007 年。

[21] 魏健：《大鼓山涌泉寺》，福州：海风出版社，2011 年。

[22] 翁惠文：《文明的足迹——宁德市文物保护单位揽胜》，宁德：宁德市文化与出版局，2005 年。

[23] 萧默：《萧默建筑艺术论集》，北京：机械工业出版社，2003 年。

[24] 星云大师，慈怡法师：《佛光大辞典》，台湾：佛光山出版社，2005 年。

[25] 徐华铛：《中国古塔造型》，北京：中国林业出版社，2007 年。

[26] 张驭寰：《十里楼台——古塔实录》，武汉：华中科技大学出版社，2011 年。

[27] 张驭寰：《中国佛塔史》，北京：科学出版社，2006 年。

[28] 赵克礼：《陕西古塔研究》，北京：科学出版社，2007 年。

[29] 重庆文化遗产保护中心：《重庆古塔》，北京：科学出版社，2013 年。

二、期刊论文

[30] 安忠义：《简论北凉石塔》，《丝绸之路》2001 年第 1 期。

[31] 白文：《北周天和年间四面造像塔》，《文物世界》2006 年第 2 期。

[32] 卞建宁：《韩城市周边遗存风水塔的地域特征及其文化价值研究》，《三门峡职业技术学院学报》2006 年第 4 期。

[33] 蔡辉腾，郑师春，李云珠，黄莉菁：《泉州镇国塔抗震能力探讨》，《建筑结构学报》2007 年，第 S1 期。

[34] 曹春平：《福建仙游无尘塔》，《建筑史》2008 年第 23 辑。

[35] 曹春平：《福州鼓山涌泉寺北宋二陶塔》，《建筑史》2003 年第 1 期。

[36] 曹顺利：《浅谈佛教在中国发展的四个历史阶段》，《湖南省社会主义学院学报》2000 年第 4 期。

[37] 曹汛：《修定寺建筑考古又三题》，《建筑师》2005 年第 6 期。

[38] 陈诚：《安庆振风塔内部空间研究》，《科技创业月刊》2010 年第 6 期。

[39] 陈东佐，康玉庆：《中国古塔的维修与保护》，《太原大学学报》2006 年第 7 期。

[40] 陈名实：《泉州古城建筑与风水》，《泉州师范学院学报》2005 年第 5 期。

[41] 陈平：《八万四千阿育王塔——吴越阿育王塔赏介（上）（下）》，《荣宝斋》2011 年第 1、3 期。

[42] 陈平：《钱（弘）俶造八万四千《宝箧印陀罗尼经》（上）（下）》，《荣宝斋》2012 年第 1、2 期。

[43] 陈清：《泉州传统建筑装饰与中原文化的血缘关系》，《郑州轻工业学院学报》2010 年第 11 期。

[44] 陈文忠：《莆田广化寺释迦文佛石塔》，《法音》2004 年第 8 期。

[45] 陈晓露：《从八面体佛塔看犍陀罗艺术之东传》，《西域研究》2006 年第 4 期。

[46] 陈泽泓:《漫话广东的风水塔》,《岭南文史》1993 年第 2 期。

[47] 范鸿武:《云冈石窟佛塔的汉化在中国文化史上的意义》,《苏州大学学报》2010 年第 5 期。

[48] 高履泰:《北京市内佛塔考察》,《古建园林技术》2000 年第 4 期。

[49] 郭露妍:《修定寺塔"七政宝"砖雕图案探源》,《装饰》2006 年第 3 期。

[50] 何锦山:《再谈福建佛教的特点》,《宗教学研究》1999 年第 1 期。

[51] 何志榕:《结合现代技术建筑传统石塔》,《福建建筑》2007 年第 10 期。

[52] 贺云翱:《六朝都城佛寺和佛塔的初步研究》,《东南文化》2010 年第 3 期。

[53] 黄定福:《宁波天宁寺塔唐代特征初探》,《古建园林技术》2010 年第 2 期。

[54] 黄云:《浅论宋代福建佛教的鼎盛》,《福州师专学报》2001 年第 1 期。

[55] 惠金义:《太原双塔的由来及其保护》,《寻根》2011 年第 2 期。

[56] 蒋剑云:《福建沿海部分石塔》,《古建园林技术》2989 年第 3 期。

[57] 金申:《吴越国王造阿育王塔》,《东南文化》2002 年第 4 期。

[58] 黎晓铃:《密宗在闽传播及其与福建宗教和民间信仰的关系》,《福建宗教》2005 年第 5 期。

[59] 李桂红:《中国汉传佛教佛塔与佛教传播探析》,《五台山研究》2000 年第 4 期。

[60] 李隽,李有成:《试论五台山〈佛顶尊胜陀罗尼经〉石经幢》,《五台山》2007 年第 9 期。

[61] 李艳蓉,杜平:《古代砖石塔建筑的美学探讨》,《文物世界》2005 年第 5 期。

[62] 李燕:《西安大小雁塔建筑形式之比较》,《中国建筑装饰装修》2010 年第 2 期。

[63] 李玉昆:《泉州佛顶尊胜陀罗尼经幢及其史料价值》,《佛学研究》2000 年。

[64] 廖苾雅:《长清灵岩寺塔北宋阿育王浮雕图像考释》,《故宫博物院院刊》2006 年第 5 期。

[65] 林辉:《五轮塔与无缝塔》,《石材》2004 年第 1 期。

[66] 林通雁:《关于中国古塔造型源流的描述》,《美术之友》1999 年第 6 期。

[67] 林钊:《泉州开元寺石塔》,《文物参考资料》1958 年第 1 期。

[68] 林宗鸿:《泉州开元寺发现五代石经幢等重要文物》,《泉州文史》1986 年第 9 期。

[69] 刘宝兰:《从中国古塔在寺庙中位置的变迁看其佛性意蕴的世俗化》,《五台山研究》1999 年第 3 期。

[70] 刘杰:《中国古塔的儒释道文化意蕴钩沉》,《上海交通大学学报》2000 年第 2 期。

[71] 刘立冬:《风水塔的地理审美意义初探》,《安徽农业大学学报》2011 年第 2 期。

[72] 刘立冬:《环巢湖古塔历史文化探究》,《安徽史学》2011 年第 5 期。

[73] 刘木忠:《泉州古塔抗震性能的探讨》,《华侨大学学报》1982 年第 1 期。

[74] 刘新慧:《泉州古塔的人文价值》,《泉州师范学院学报》2007 年第 1 期。

[75] 路秉杰,王晓帆:《福建泉、厦石造宝箧印塔的类型及演变》,《同济大学学报》2005 年第 3 期。

[76] 路秉杰:《雷峰塔的历经》,《同济大学学报》2000 年第 4 期。

[77] 罗时雷等:《影响莆田佛教建筑型制特征的因素》,《福建工程学院学报》2009 年第 6 期。

[78] 罗微,乔云飞:《浅谈中国佛寺的营造文化与艺术》,《考古与文物》2003 年第 1 期。

[79] 潘春利，侯霞：《呼和浩特金刚座舍利宝塔的建筑与装饰特色》，《内蒙古艺术》2008 年第 2 期。

[80] 潘洌：《浅探中国古塔文化及其应用》，《重庆建筑》2005 年第 5 期。

[81] 任大根：《飞英塔佛像艺术特征初析》，《湖州师范学院学报》2001 年第 1 期。

[82] 申平：《佛塔形态演变的文化学意义》，《洛阳工学院学报》2001 年第 2 期。

[83] 宋树恢：《中国现存古塔的分布及鉴赏利用》，《合肥工业大学学报》2001 年第 1 期。

[84] 孙群，高鹏：《宁德古田吉祥寺塔建筑艺术特征及其渊源研究》，《西安建筑科技大学学报》2015 年第 3 期。

[85] 孙群：《从泉州东西塔和福清瑞云塔雕刻的差异窥见古塔的世俗化表现》，《装饰》2013 年第 6 期。

[86] 孙群：《从艺术到文化：泉州宝箧印经石塔与吴越国金涂塔雕刻艺术的比较研究》，《福建师范大学学报》2014 年第 2 期。

[87] 孙群：《福建传统石雕艺术》，《装饰》2005 年第 8 期。

[88] 孙群：《福建古塔的建筑特色与人文价值》，《长春理工大学学报》2012 年第 1 期。

[89] 孙群：《福建楼阁式砖塔的建筑艺术及其地理位置特征》，《华侨大学学报》2015 年第 5 期。

[90] 孙群：《福清古塔建筑与文化价值探究》，《福建工程学院学报》2012 年第 1 期。

[91] 孙群：《福清瑞云塔的建筑艺术特征与文化内涵探究》，《西安建筑科技大学学报》2014 年第 6 期。

[92] 孙群：《福州古塔的建筑类型与造型特征探析》，《福建工程学院学报》2015 年第 3 期。

[93] 孙群：《福州古塔的建筑艺术与文化内涵探究》，《福建工程学院学报》2012 年第 3 期。

[94] 孙群：《福州鼓山涌泉寺千佛陶塔的传承与演变》，《古建园林技术》2015 年第 2 期。

[95] 孙群：《福州连江护国天王寺塔建造年代考证》，《华中建筑》2015 年第 9 期。

[96] 孙群：《福州楼阁式古塔的建筑艺术特色》，《建筑与文化》2014 年第 2 期。

[97] 孙群：《福州闽侯陶江石塔建造年代之探究》，《装饰》2014 年第 1 期。

[98] 孙群：《莆田古塔的建筑特征与文化内涵》，《莆田学院学报》2012 年第 6 期。

[99] 孙群：《泉州宝箧印经石塔的建筑特色与文化内涵》，《艺术探索》2013 年第 3 期。

[100] 孙群：《泉州风水塔的地域特征与文化内涵》，《建筑与文化》2014 年第 3 期。

[101] 孙群：《泉州佛塔雕刻艺术的世俗化特征》，《艺术探索》2014 年第 6 期。

[102] 孙群：《泉州古塔的类型与建筑特色研究》，《福建工程学院学报》2013 年第 4 期。

[103] 孙群：《泉州洛阳桥石塔的建筑特征与文化底蕴》，《艺术与设计》2013 年第 7 期。

[104] 孙群：《泉州南安桃源宫陀罗尼经幢的建筑特征及其宗教作用》，《建筑与文化》2013 年第 11 期。

[105] 孙群：《析福清瑞云塔装饰雕刻艺术的特征与文化内涵》，《雕塑》2013 年第 4 期。

[106] 孙群：《析福州崇妙保圣坚牢塔的建筑特色与文化内涵》，《艺术与设计》2011 年第 12 期。

[107] 孙群：《析泉州石狮六胜塔的建筑艺术特征与传承》，《建筑与文化》2013 年第 10 期。

[108] 孙群:《仙游天中万寿塔的设计特征与文化价值探析》,《西安建筑科技大学学报》2013 年第 3 期。

[109] 索南才让:《佛塔的起源及其演变》,《西藏艺术研究》2005 年第 1 期。

[110] 汤毓贤:《海峡两岸云霄塔》,《闽台文化研究》2009 年第 4 期。

[111] 童焱:《浅谈闽南佛教建筑装饰艺术的性格特征及其成因》,《福建师范大学学报》2010 年第 5 期。

[112] 王春波:《山西安泽县郎寨唐代砖塔》,《文物》2011 年第 4 期。

[113] 王梦林,杨卫波:《浅析天宁寺三圣塔的建筑特色及人文价值》,《科教文汇》2009 年第 1 期。

[114] 王新生:《钟祥文风塔建造艺术》,《华中建筑》2006 年第 9 期。

[115] 王亚荣:《略论中国汉地佛塔的价值与定义》,《佛学研究》2008 年第 17 期。

[116] 王莹,赵龙珠:《浅谈中国古塔的发展历史研究》,《黑龙江科技信息》2010 年第 7 期。

[117] 王正明:《中国塔建筑的源流与价值研究》,《河北建筑科技学院学报》2003 年第 2 期。

[118] 吴卉:《浅述长乐三峰寺塔的官式做法和福建地域特色之融合》,《福建建筑》2006 年第 6 期。

[119] 吴洁:《杭州六和塔八棱平面设计手法探究》,《艺术教育》2013 年第 10 期。

[120] 吴庆洲,吴锦江:《佛教文化与中国名胜园林景观》,《中国园林》2007 年第 10 期。

[121] 吴庆洲:《佛塔的源流及中国塔刹形制研究》,《华中建筑》1999 年第 4 期。

[122] 吴庆洲:《佛塔的源流及中国塔刹形制研究(续)》,《华中建筑》2000 年第 1 期。

[123] 吴庆洲:《云南塔顶的金翅鸟》,《广东建筑装饰》1999 年第 2 期。

[124] 吴天鹤:《福建莆田广化寺释迦文佛石塔》,《文物》1997 年第 8 期。

[125] 吴正旺:《泉州几个石建筑补间铺作的调查》,《华中建筑》2002 年第 1 期。

[126] 谢鸿权:《福建唐宋石塔与欧洲中世纪石塔楼之比较》,《华侨大学学报》2006 年第 2 期。

[127] 徐景达:《古塔明珠——应县木塔》,《城市开发》2004 年第 12 期。

[128] 徐晓望:《福建佛教与民间信仰》,《法音》2000 年第 1 期。

[129] 闫爱宾,路秉杰:《雷峰塔地宫出土金涂塔考证》,《同济大学学报》2002 年第 2 期。

[130] 闫爱宾:《密教传播与宋元泉州石造多宝塔》,《中国文物科学研究》2012 年第 3 期。

[131] 闫爱宾:《钱弘俶、汉传密教与宝箧印塔流布》,《兰州理工大学学报》2011 年第 37 卷。

[132] 闫爱宾:《宋元泉州石建筑技术发展脉络》,《海交史研究》2009 年第 1 期。

[133] 严灵灵,凌继尧:《从佛塔起源及艺术角度试析现代化的"雷峰塔"》,《东南大学学报》2006 年第 S2 期。

[134] 杨大禹,吴庆洲:《从"柱"崇拜到"塔"崇拜的文化嬗变》,《建筑师》2009 年第 6 期。

[135] 杨建学,侯伟生:《千年古塔基础加固变形特性分析》,《福建建筑》2006 年第 1 期。

[136] 叶挺铸:《浙江瑞安垟坑石塔的构造和建筑特征》,《东方博物》2006 年第 1 期。

[137] 殷光明:《北凉石塔述论》,《敦煌学辑刊》1998 年第 1 期。

[138] 尹晶:《浅谈佛塔与中原文化发展和变迁》,《鸡西大学学报》2010 年第 5 期。

[139] 余国珍，舒松伟：《莆田石雕艺术风格探析》，《雕塑》2009 年第 2 期。

[140] 院芳，柳萧：《湖南明清楼阁式古塔的建筑特点研究》，《中外建筑》2009 年第 4 期。

[141] 湛如，丁薇：《印度早期佛教的佛塔信仰形态》，《世界宗教研究》2003 年第 4 期。

[142] 张剑喜，林秀珍，张志忠：《河北临城普利寺塔的保护对策》，《文物春秋》2004 年第 5 期。

[143] 张炜，徐磊：《陕西省古塔现状调查及研究》，《文博》2012 年第 2 期。

[144] 张鹰：《天光中端坐莲台的孩童——浅析西津渡昭关石塔的造型特色》，《大舞台》2008 年第 4 期。

[145] 张驭寰：《中国古代高层建筑——塔——古代建材与建筑的杰作》，《房材与应用》2003 年第 6 期。

[146] 张振：《中国建筑文化之根基——儒、道、佛（释）与中国建筑文化》，《华中建筑》2003 年第 2 期。

[147] 张峥嵘：《西津渡过街石塔的设计与中国传统文化》，《南通职业大学学报》2011 年第 2 期。

[148] 赵兵兵，陈伯超：《青峰塔的构造特点与营造技术》，《华中建筑》2011 年第 4 期。

[149] 赵兵兵，王肖宇：《辽代砖塔形制特征研究》，《辽宁工业大学学报》2012 年第 4 期。

[150] 赵克礼：《陕西古塔的类型特征与发展历程（上）(下)》，《文博》2007 年第 1、3 期。

[151] 赵克礼：《陕西现存宋代古塔考》，《文博》2005 年第 5 期。

[152] 郑宏：《晋江江滨公园意向设计及其古塔景区规划构想》，《福建建筑》2005 年第 Z1 期。

[153] 郑力鹏：《中国古塔平面演变的数理分析与启示》，《华中建筑》1991 年第 2 期。

[154] 郑立君：《试析南京栖霞寺舍利塔的设计艺术特点》，《艺术百家》2003 年第 2 期。

[155] 郑立君：《试析南京栖霞寺舍利塔天王、力士造像的特点与风格》，《东南大学学报》2002 年第 5 期。

[156] 郑立君：《试析南京栖霞寺舍利塔装饰设计的特点与风格》，《东南大学学报》2006 年第 1 期。

[157] 郑琦：《上海古塔建筑特色探析》，《南方建筑》2009 年第 5 期。

[158] 郑琦：《台州古塔的建筑特色与人文价值》，《华中建筑》2003 年第 1 期。

[159] 钟健：《从云冈石窟看佛教造像的本土化》，《南京艺术学院学报》2005 年第 2 期。

[160] 马海燕：《明末清初"鼓山禅"的几个基本问题》，《东南学术》2011 年第 2 期。

[161] 唐宏杰：《泉州崇福寺应庚塔出土北宋厌胜钱》，《中国钱币》2003 年第 3 期。

[162] 王亚青：《全国最大的陶塔——鼓山涌泉寺千佛陶塔》，《炎黄纵横》2013 年第 5 期。

[163] 闫爱宾：《中国宝箧印塔的研究历史及现状》，《第四届中国建筑史学国际研讨会论文集》2012 年。

三、学位论文

[164] 白占微:《福建古塔文化研究》,硕士学位论文,福建师范大学,2011。

[165] 陈诚:《安庆振风塔内部空间与造像艺术之关系研究》,硕士学位论文,南京艺术学院,2010。

[166] 戴孝军:《中国古塔及其审美文化特征》,博士学位论文,山东大学,2014。

[167] 蓝滢:《开封繁塔研究》,硕士学位论文,河南大学,2006。

[168] 李俊:《碧云寺金刚宝座塔探析》,硕士学位论文,首都师范大学,2009。

[169] 马海霞:《河南古塔景观价值的开发利用研究》,硕士学位论文,福建农林大学,2014。

[170] 王东涛:《河南宋代楼阁式砖石塔研究》,硕士学位论文,河南大学,2004。

[171] 王妍:《上海古塔历史文化信息初探》,硕士学位论文,华东师范大学,2004。

[172] 王中旭:《河南安阳灵泉寺灰身塔研究》,硕士学位论文,中央美术学院,2006。

[173] 闫爱宾:《11—14世纪泉州石构建筑研究——传播学视野下的区系石建筑发展史》,博士学位论文,同济大学,2008。

[174] 杨瑞:《河北辽塔设计艺术研究》,硕士学位论文,苏州大学,2007。

[175] 杨卫波:《解读中国古塔建筑文化元素》,硕士学位论文,湖北工业大学,2009。

[176] 张科:《浙江古塔景观艺术研究》,硕士学位论文,浙江农林大学,2014。

[177] 张墨青:《巴蜀古塔建筑特色研究》,硕士学位论文,重庆大学,2009。

[178] 张晓东:《辽代砖塔建筑形制初步研究》,博士学位论文,吉林大学,2011。

[179] 赵琨:《正定佛塔建筑研究》,硕士学位论文,西安建筑科技大学,2008。

四、其他文献

[180] 郭芳娜:《福鼎三福寺双塔及出土的宋代文物》,福鼎生活网。

[181] 黄道钦:《藏书家余良弼与清代龙山塔》,佛教网。

[182] 康永福:《荻芦溪大桥》,莆田文化网。

[183] 柯建瑞:《泉州佛教概述》,中国佛教协会官网。

[184] 连江县博物馆:《连江文物志》,2006年。

[185] 穆睦:《水西林的博客》http://fzlq1971.blog.163.com.

[186] 清元法师:《鼓山涌泉寺的禅宗传承略述》,白云祖庭网站。

[187] 邱承忠:《闽南石经幢》。

[188] 泉州市文管局:《泉州文物手册》,2000年。

[189]《嗜塔者的博客》http://blog.sina.com.cn/armstrong2009.

[190] 王福成:《中华古塔通览·福建卷》andonglaowang.blog.163.com.

[191] 翁怀灿:《虎镇塔》。

[192] 仙游阿郎:《仙游榜头槐塔》。

[193] 林军:《荻芦溪大桥·深固大桥》,莆田网。

[194]百度百科: [EB/OL].http://baike.baidu.com.

[195]互动百科: [EB/OL].http://www.baike.com.

[196]泉州历史网。

[197]搜狗百科: http://baike.sogou.com/Home.v.

注: 著作中还有部分内容参考了一些地方文献、博客文章以及报纸杂志。由于涉及面较广, 许多作者姓名不详, 很难一一罗列, 在此特别表示感谢。书中所有的古塔照片均为笔者亲自拍摄, 所有手绘图片也为笔者所绘, 部分手绘参考了一些资料图片。

后　记

　　我在大学学的是美术专业，毕业后分配到了建筑系，为建筑学、城市规划、风景园林、环境设计等专业的学生上建筑美术课。由于课程的需要，我开始画古建筑。每年都要带领学生到各地考察和写生。记得第一次带学生写生的地点是泉州开元寺，当时就被雄伟高大的东西塔所震撼。十多年间，我用钢笔画了大量古建筑，出版了多本钢笔画技法的书籍。在长期作画的过程中，对塔这一神秘的宗教建筑产生了浓厚的兴趣，萌发了对古塔进行研究的想法。2011年，有幸申请到福建省教育厅项目《福建传统石塔造型及装饰艺术研究》，促使我正式开始研究福建古塔。2012年到2016年间，又主持了福建省社会科学规划项目《泉州古塔的建筑艺术与人文价值研究》和《福建古塔的建筑特征与文化内涵研究》，加深了对福建古塔的探究工作。2016年，接着又主持了福建省社会科学规划社科研究基地重大项目《福建遗存古塔建筑形制与审美文化研究》，促使我在前期工作的基础上，对福建古塔进行全面、深入的研究。这些年来，已完成多篇有关古塔的学术论文，而撰写本书，则是对我多年研究古塔的总结。

　　这些年来，我经常顶着烈日、冒着严寒，四处奔波看塔，有时也会带着家人或朋友一起去观塔，足迹踏遍八闽大地。考察古塔的历程极为艰辛，常常要在荒郊野外找寻各种塔。如去考察位于南平樟湖镇闽江边一座小岛上的万寿塔时，先乘船来到这个荒无人烟的岛上，踏过一片沼泽地，又穿过一大片两三米高的芦苇荡后，才来到塔前，等离开岛上岸后，发现岸边有一座蛇王庙，原来这里是蛇群经常出没的地区，顿时吓出一身冷汗；去看南安英都镇牛尾塔时，我从县城雇了辆摩的前往，到了英林村后，因山路很难走，只好和摩的司机一起下车爬山，由于太过偏僻，司机一再要求看我的身份证，原来他怕我是不法之徒，把他骗到山里抢劫，后来当我们俩疲惫地回到县城时，这名司机语重心长地告诉我，如此一个人去看塔实在危险；当找寻古田鹤塘镇幽岩寺塔时，由于附近有许多采石场，从镇上到寺庙有一段破损十分严重的道路，我只好雇了辆当地的小巴，一路颠簸，冒险穿行在运石头的大车之间，胆战心惊地来到幽岩寺；有一次去看连江的宝华晴岚塔，因塔建在一块巨大的岩石上，四周是悬崖，无路可走，最后借了一把简易的木梯爬上去，当时正好下过一场大雨，岩石上非常滑，随时都会跌落山崖；去看罗源巽峰塔时，正好是中午，赶上40℃高温，我在山脚下雇了一名村民带路，结果走了一段山路后，已经迷失在草丛里，只好又原路返回，差点中暑，最后只能找到附近一栋高楼，从楼顶拍摄巽峰塔。类似的经历在多年的田野调查中时常都会遇到，看塔之旅虽然辛苦与艰险，但心灵却得到了充实与洗涤。

近年来，由于人为和自然的原因，福建部分古塔已经倾圮和湮灭了。在我考察古塔的过程中，每当遇见古塔被盗或已毁坏的情况，都会深感痛惜。如考察晋江刘庵塔时，却被村民告知石塔已经被破坏，只留下一些石构件散落在草丛中；找寻以雕刻精美著称的宁德同圣寺塔时，发现已被盗去六层，只剩下三层孤零零地立在田间；当翻山越岭来到连江长龙镇光化寺时，庙里的人告诉说光化寺舍利塔已经被盗。

福建古塔分布地域辽阔，所涉及的知识面广，内容庞杂，幸亏有前辈专家的研究成果，为笔者的探究提供了许多方便。这里必须提到两位研究福建古塔的学者。第一位是王寒枫。王寒枫先生从1983年开始，收集有关泉州开元寺东西双塔的资料，对东西塔进行实地踏勘，经过8年呕心沥血的辛勤劳作，1992年出版了专著《泉州东西塔》，从科学与人文的角度对东西塔的建筑结构、浮雕艺术和佛教义理进行描述与考证，并且附录了历代有关泉州东西塔的史料，并配有200多幅图片，资料翔实、内容丰富、条理清晰、论证科学、文字严谨而富有文采，在许多方面均超过了前人对东西塔的研究，开创了福建古塔研究的先河。后来王寒枫先生还想继续对石狮六胜塔进行考察，可惜于2004年仙逝了，终年77岁。虽然我和王寒枫先生从未谋面，深表遗憾，但《泉州东西塔》一书对我帮助较大。另一位是曾江。曾江先生原为闽侯县博物馆馆长，我是在2012年6月10日"中国文化遗产日"，闽侯昙石山博物馆举办的《福建古塔摄影展》开幕式上与他结识的。曾馆长研究福建古塔十多年，几乎寻遍福建所有的古塔。我曾到闽侯博物馆拜访过曾馆长多次，还和他一起去泉州、晋江、石狮等地考察过古塔，向他讨教福建古塔的许多问题。曾馆长于2015年出版了《福建古塔》一书，该书是第一本系统介绍和研究福建古塔的专著，图文并茂，内容丰富，对我的研究工作起了很大的帮助，在此表示衷心的感谢。

有人问我：为什么不待在画室里作画，而要长途跋涉地去考察古塔，去研究这些冰冷的建筑？这个问题我也在思考，我觉得这些古塔有一种神秘的力量在吸引着我。一座古塔，一座破败的古塔，一座几乎已被世人遗忘的古塔，默默地耸立在荒郊野外，虽然它们已没有往日的辉煌，但却散发着令人无限神往的奇异光辉。如我来到福清东张水库的鲤尾山脚下，准备去看紫云宝塔时，在附近雇了一名50多岁的农民带路。他告诉我说，小时候曾去塔边玩耍，但已经几十年都没有再去过了，我顿时感到一阵莫名的哀伤。在他的带领下，艰难地穿越丛林，来到亭亭玉立的紫云宝塔，我仿佛见到了昔日的故友，无比亲切。塔上每一块石头、每一幅雕刻，都在诉说着悠远的故事，那些佛菩萨、罗汉、武士、莲花、牡丹花、鲤鱼、麒麟、狮子、仙鹤、麋鹿、猕猴、凤凰、喜鹊、山石、树木等，好像一下子活跃起来。由于太久没有人来探望它们了，它们似乎已经被这个世界遗忘了。如今，我轻轻地用手抚摸着这些斑斑驳驳的浮雕，我要让它们重新焕发出新的生命，新的精神。这时，一缕阳光勉强地透过茂密的森林，洒落在青黄色的塔身上，我听到了悦耳的铃声。福建400多座古塔，正等待着我去探望它们，去亲近它们，去拥抱它们，去和它们促膝长谈。每当夜深人静时，我闭上双眼，这些古塔就会陆续涌现在脑海里，我仿佛也化作一座塔，和它们一起，静静地、孤独地屹立在世外。

在本书写作的过程中，我得到福建工程学院福建省社科研究基地地方文献整理研究中心主任郭丹教授、华南理工大学建筑学院吴庆洲教授、福建师范大学美术学院李豫闽教授、福建工程学院建筑与城乡规划学院林从华教授、厦门大学建筑学院戴志坚教授、苏州大学艺术学院张朋川教授等诸位专家的指导与鼓励，在此表示衷心的感谢。还要感谢福建省社科研究基地地方文献整理研究中心将拙著列入中心成果，给予资助。还需感谢同事高鹏老师、夏松超老师和朋友林孝勇，他们也曾与我一起去考察过古塔，还得感谢那些为我指路或带路的村民们。感谢九州出版社的郭荣荣主任和本书责编黄瑞丽，她们不仅细心审读书稿，还提出许多宝贵意见。我还得到家人的全力支持与帮助，特别是我的夫人林金珠女士，多次不顾劳苦地陪伴我到各地进行调研。

孙群

2017 年 12 月 8 日

于福建工程学院建筑与城乡规划学院